普通高等教育"十一五"国家级规划教材
研究型教学模式系列教材

数据库技术及应用
（第 2 版）

马　涛　　　　主编
唐好魁　闫明霞　朱连江　编
蒋宗礼　　　　主审

电子工业出版社
Publishing House of Electronics Industry
北京·BEIJING

内 容 简 介

  本书是普通高等教育"十一五"国家级规划教材，根据教育部对高等学校非计算机专业计算机基础系列课程的教学基本要求，从实用性和先进性出发，全面介绍有关数据库的基础知识和应用技术。

  本书分为理论和实验两部分。理论部分共 7 章，主要内容包括：数据库技术的基础理论和基本概念、SQL Server 2000 数据库管理系统的功能及用法、SQL 语言、数据库设计的方法、数据库保护的基础理论及应用、数据库新技术和国产数据库介绍。实验部分设计了 8 个实验，便于读者根据课程教学的进度设计和上机操作。本书附录为读者进行管理信息系统的开发提供了实用工具。本书提供教学用多媒体电子课件和实例数据库 EDU_D，并配套网络教学平台。

  本书可作为高等学校非计算机专业的计算机基础课教材，也可作为高职高专院校计算机相关专业的教材，还可供从事数据库开发的读者和计算机技术爱好者学习参考。

图书在版编目（CIP）数据

数据库技术及应用 / 马涛主编. —2 版. —北京：电子工业出版社，2010.5
（研究型教学模式系列教材）
ISBN 978-7-121-10828-0

Ⅰ. ①数…　Ⅱ. ①马…　Ⅲ. ①数据库系统－高等学校－教材　Ⅳ. ①TP311.13

中国版本图书馆 CIP 数据核字（2010）第 082812 号

责任编辑：王羽佳
印　　刷：北京京师印务有限公司
装　　订：
出版发行：电子工业出版社
　　　　　北京市海淀区万寿路 173 信箱　邮编　100036
开　　本：787×1092　1/16　印张：15.5　字数：420 千字
印　　次：2010 年 5 月第 1 次印刷
印　　数：5 000 册　定价：29.00 元

  凡所购买电子工业出版社图书有缺损问题，请向购买书店调换。若书店售缺，请与本社发行部联系，联系及邮购电话：（010）88254888。

  质量投诉请发邮件至 zlts@phei.com.cn，盗版侵权举报请发邮件至 dbqq@phei.com.cn。

  服务热线：（010）88258888。

出 版 说 明

随着科教兴国战略的实施和社会信息化进程的加快,我国高等教育事业的发展迎来了新的机遇,高等学校的计算机基础教育也得到蓬勃发展。经过在多年教学实践中的不断探索,我们总结出适合高等学校非计算机专业学生计算机教育的研究型教学模式。

研究型教学模式的基本形式为:精讲多练,以学生在课题研究中探索式的学习为主、以网络教学平台答疑讨论为辅、以试题库在线测验为补充的教学模式。

研究型教学模式的操作,重点突出以下三个方面:

① 加强自学和实践。课堂教学主要精讲重点内容,而不是面面俱到。在教师的指导下,学生通过自学教材,并借助网络教学平台上的多媒体课件或其他多种学习资料进行学习。同时增加上机实验教学的学时比例,充分利用上机练习掌握所学的内容。

② 以实际训练提高教学效果。在上课前给每个学生(或几个学生为一组)布置一项实际操作或软件开发课题。课题力求既结合实际,又能涵盖课程教学的内容,明确具体要求和进度。学生结合课程进度在规定时间内完成该课题后,教师进行考核。

③ 充分重视辅助教学手段在课程教学中的作用。建设在线考试环境,学生可以随时登录进行在线测试。根据教学进度的安排,每个重要学习单元都组织学生在线测试。另外,在教学平台的辅导答疑论坛,安排专人主持,负责解答学生提出的各种问题,根据学生在答疑论坛发表见解的次数和深度,评定答疑讨论分,并计入平时成绩。

总之,研究型教学模式在重视教学过程的每个环节的同时,把调动学生学习的积极性放到了重要位置,把培养学生数字化学习的能力、自主学习的意识和培养学生创新思维的意识有机地融合到平时的教学过程之中。

为了更好地探索研究型教学模式,2006 年我们组织编写了这套系列教材,使用 3 年以来,结合教学过程中的实际需求和各位同仁的反馈意见,我们对这套教材进行了修订。修订后本系列教材主要包括《信息技术基础(第 2 版)》、《C 语言程序设计(第 2 版)》、《数据库技术及应用(第 2 版)》和《计算机网络技术与应用(第 2 版)》等。同时开发了与本套教材相配合的网络化教学平台软件,已在济南大学的非计算机专业学生中试用,收到了较好的教学效果。本套教材还配有习题解答、实验指导及教学用多媒体电子课件,以利于教师备课和学生自学,请登录华信教育资源网(http://www.hxedu.com.cn)注册下载。

非计算机专业学生的计算机教育,在教学目的、教学内容和教学方法等方面都不同于计算机专业教育。对非计算机专业的学生,计算机教育的重点应该是计算机应用能力的培养。为此,本套教材从应用出发,以应用为目的,更强调实用性,在确保概念严谨的同时,做到通俗易懂、例题丰富、便于自学。我们希望这套教材能使广大非计算机专业的学生受益,并通过研究型教学模式的应用使他们能更好地灵活掌握信息技术的相关知识和技能。

这套教材得到了济南大学教材建设委员会及各方人士的指导、支持和帮助,在此我们表示衷心的感谢。

教材中还可能存在不足之处,竭诚欢迎广大读者和同行批评指正。

研究型教学模式系列教材编写组

前　言

在信息化社会，数据库技术已经成为信息处理技术的核心支撑技术之一，被普遍应用于社会、政治、经济活动中，如办公自动化系统、决策支持系统、电子商务系统、证券交易系统、物流管理系统、教学管理系统等管理信息系统。

作为高等学校非计算机专业的学生，对数据库技术的应用已经成为其基本技能之一。这一技能到底要掌握到什么程度，是值得深思的问题。显然，按照计算机专业要求的深度是不切实际的。

数据库系统主要由数据库管理员、系统分析员、数据库设计人员、应用程序员和用户负责维护和使用，其中部分工作通常是由从事某种行业的非计算机专业人员承担。考察一下在推广或应用中失败的管理信息系统，不难发现，其失败的原因不全是由于数据库系统本身存在问题或者其他计算机专业方面产生的问题。需求分析的偏差导致数据库设计方面的缺陷，进一步造成了系统功能的缺陷，常常成为诸多管理信息系统失败的主要原因。

非计算机专业的学生学习数据库技术，是为以此来改进自己所属专业的工作，他们在需求分析方面占有明显的优势。根据工作实际的需要，通过使用包括数据库技术在内的相关信息技术，进行本行业的信息化建设，推进管理水平和工作效率的提高，这就是非计算机专业的学生学习数据库技术的目的。

本书的作者通过多年对教学模式的研究，总结了一套适合非计算机专业的学生学习数据库技术的方法——基于网络化教学平台，精讲多练，以学生在课题研究中探索式的学习为主，以网站答疑讨论为辅，以试题库在线测验为补充的研究型教学模式。作者希望通过本书、网络教学平台和研究型教学模式的结合，使学生更好地掌握数据库技术。

本书根据难易程度和研究型教学模式的需要，对每节的内容进行了划分：✐表示内容比较简单，以自主学习为主；✍表示精讲多练，是重点内容；📖表示读者可以根据自己的兴趣和需要进一步探讨、研究和学习。

本书是普通高等教育"十一五"国家级规划教材。本书根据教育部对高等学校非计算机专业计算机基础系列课程的教学基本要求编写，从实用性和先进性出发，全面介绍了有关数据库的基础知识和应用技术。本书分为理论和实验两部分。理论部分共 7 章，第 1 章和第 2章介绍了数据库技术的基础理论和基本概念，第 3 章通过数据库实例 EDU_D 介绍了Microsoft SQL Server 2000 数据库管理系统的功能及用法，第 4 章对 SQL 语言进行了重点讲解，第 5 章通过实例讲述了数据库设计的方法，第 6 章介绍了数据库保护的基础理论与技术，第 7 章通过数据库新技术和国产数据库的介绍，开阔了读者的视野。实验部分共设计了 8个实验，便于读者根据课程教学的进度开展设计操作和上机实践操作。附录为读者进行管理信息系统的开发提供了实用工具。

本书在章节安排上也改变了传统的章节次序，将 SQL Server 2000 及 SQL 语言的讲解与练习安排在数据库设计之前，目的是先让读者对抽象的数据库有一个感性的认识，然后再学习数据库设计理论。

对规范化理论部分的讲解，怎样能够让非计算机专业学生听懂，一直是数据库理论教学的难点之一。作者根据多年的教学实践，总结出采用函数依赖图和二维表直观展示精心设计的实例的方法来讲解规范化理论，收到了良好的效果，非计算机专业的学生学习起来比较轻松。

同样，第 2 章对关系和关系运算的介绍，也把重点偏向学生对二维表的感性认识上，使学生能够感觉到关系模型既亲切又熟悉。

读者通过对附录 A、附录 B 的自学，可以对数据库及管理信息系统的开发有个整体的认识，并能够开发一个管理信息系统。

通过本教材的学习，你可以：

- 学习数据库技术的基础知识
- 掌握 SQL Server 2000 的基本用法
- 熟练掌握 SQL 语言
- 设计一个简单的关系数据库
- 通过自主学习开发管理信息系统

本书可作为高等学校非计算机专业数据库技术及应用课程的教材，也可作为高职高专计算机相关专业的教材，还可供从事数据库开发的读者和计算机技术爱好者学习参考。

本书为使用本书作为教材的教师提供教学用多媒体电子课件、实例数据库 EDU_D 和习题参考答案，请登录华信教育资源网（http://www.hxedu.com.cn）免费下载。另外，本书配套网络教学平台（http://cc.ujn.edu.cn），请与作者联系索取。

本书由马涛主持编写并统稿。第 1 章、附录 A 和附录 B 由唐好魁编写，第 3 章、第 4 章、附录 C 和附录 D 由马涛编写，第 2 章、第 5 章和实验篇由闫明霞编写，第 6 章和第 7 章由朱连江编写，多媒体电子课件由闫明霞制作。

以下老师也参与了本书的编写工作：王君、曲守宁、奚越、董吉文、徐龙玺、刘明军、韩玫瑰、蒋彦、李英俊、孙志胜、邢静波、杨雪梅、张晓丽、张苏青、王卫峰、黄艺美、潘玉奇、王信堂、郭庆北、王亚琦、段春笋、董梅、马莉、范玉玲、张芊茜、张琏。

北京工业大学的蒋宗礼教授倾注了大量心血对本书进行了审阅。山东建筑大学的李盛恩教授对本书进行了全面、认真的修改，并提出许多宝贵意见。济南大学的杨波教授、曲守宁教授和董吉文教授参与了本书编写的组织与管理工作，并在技术上给予大力支持，在内容上给予诸多指导。济南大学的郑艳伟老师提出了诸多有价值的建议。在此一并表示衷心的感谢！

本书在编写过程中，参考了大量近年来出版的相关技术资料，吸取了许多同仁和专家的宝贵经验，在此深表谢意！

站在非计算机专业学生的角度，编写一本能够使他们感兴趣且容易学习的教材一直是我们的愿望。但由于编写时间仓促，水平有限，书中难免出现错误或不妥之处，我们诚恳地希望读者和同行批评指正。

作 者

目　　录

第1章 绪 论

　　本章主要介绍与数据库技术有关的基本概念与术语。通过学习，读者可以初步掌握数据库的基本概念、数据模型及其三要素等知识。通过对数据库系统三级模式和两级映像功能的理解，对数据库的系统结构将会有个总体上的认识，进而对数据库宏观的理解和把握。通过对数据库的概念及其系统组成的学习，有助于读者准确定位自己在将来工作中应承担的角色，有利于开展有目的的自主学习。

　　本章列出的一些管理信息系统的课题，是读者进行自主学习的驱动目标，便于在对其中某课题的探索中主动地理解和掌握数据库的知识与技能。

本章导读：

- 数据库的基本概念和术语
- 数据模型及其三要素
- 数据库系统的三级模式、两级映像、数据独立性
- 数据库系统组成

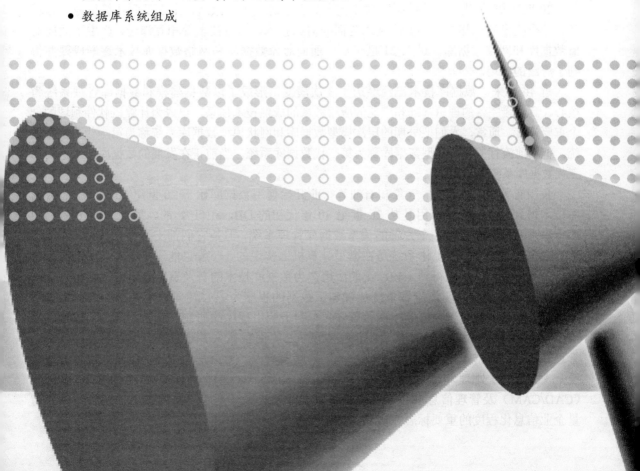

1.1　数据库系统概述

自从第一台计算机面世以来，计算机在生产、生活中的应用发生了很大变化。从 20 世纪 50 年代开始，计算机的应用领域由科学计算逐渐扩展到广义的数据处理的各个领域。到 20 世纪 60 年代末，数据库技术作为数据处理的一种新手段迅速发展起来，成为应用最广泛的计算机应用的技术之一，也是计算机信息系统和应用系统的核心技术和重要基础。

数据库的概念最初产生于 20 世纪 50 年代，当时美国为了战争的需要，把各种情报集中起来存储在计算机中，被称为 Information Base 或 Database。在 20 世纪 60 年代的软件危机中，数据库技术作为软件技术的分支得到了进一步的发展。

1968 年 IBM 公司推出了层次模型的 IMS（Information Management System）数据库系统，1969 年美国数据系统语言协会的数据库任务小组（DBTG）发表的系列报告提出了网状模型，1970 年 IBM 研究中心的研究人员发表了关于关系模型的著名论文。这些事件奠定了现代数据库技术的基础。

20 世纪 70 年代和 80 年代是数据库蓬勃发展的时期，不仅推出了一些网状模型数据库系统和层次模型数据库系统，还围绕关系数据模型进行了大量的研究和开发工作，关系数据库理论和关系模型数据库系统日趋完善。因为关系模型数据库本身具有的优点，它逐渐取代了网状模型数据库和层次模型数据库。到目前为止，关系模型数据库系统仍然是最重要的数据库系统。

20 世纪 90 年代，关系模型数据库技术又有了进一步的改进。由于受到计算机应用领域及其他分支学科的影响，数据库技术与面向对象技术、网络技术等相互渗透，产生了面向对象数据库和网络数据库。进入 21 世纪后，面向对象数据库和网络数据库技术逐渐成熟并得到了广泛的应用。

近 40 年来，数据库技术已经经历了 3 次演变，形成了以数据建模和数据库管理系统为核心，具有较完备的理论基础和广泛的应用领域的成熟技术体系，已成为计算机软件领域的一个重要分支。通常，人们把早期的层次模型数据库和网状模型数据库系统称为第一代数据库系统，把当前流行的关系模型数据库称为第二代数据库系统，当前正在发展的数据库系统称为第三代数据库系统。

我国有关部委、国防、气象和石油等行业开始使用数据库始于 20 世纪 70 年代。而数据库技术得到真正的广泛应用是从 20 世纪 80 年代初的 DBaseII 开始的。尽管 DBase 系列和 XBase 系列都不能称为一个完备的关系数据库管理系统，但是它们都支持关系数据模型，使用起来也非常方便，加上该系统是在微型计算机上实现的，一般也能满足中、小规模的管理信息系统的需要，所以得到了较广泛的应用，为数据库技术的普及奠定了基础。

数据库系统的出现使信息系统从以加工数据的程序为中心转向围绕共享的数据为中心的新阶段。这样既便于数据的集中管理，又有利于应用程序的研制和维护，提高了数据的利用率和相容性。20 世纪 80 年代后不仅在大型机上，而且在大多数微型机上也配置了数据库管理系统，使数据库技术得到了更加广泛的应用与普及。无论是小型事务处理、信息处理系统、联机事务处理和联机分析处理，还是一般企业管理和计算机辅助设计和制造（CAD/CAM）及管理信息系统，都应用了数据库技术。数据库技术的应用程度已经成为衡量企业信息化程度的重要标志之一。

1.1.1 信息与社会～

计算机所处理的数据在计算机中的存储方式与在现实生活中人们所面对的事物是有区别的。人们在现实生活中所面对的所有事物都是能够看得见真实存在的，如何把现实中能够"看得见"、"摸得着"的事物变成计算机能够处理的数据，这中间需要一个复杂的转换过程。比如，如何认识、理解、整理、描述和加工现实生活中的这些事物。从数据转化的顺序来说，数据从现实世界进入到数据库需要经历 3 个阶段，即现实世界阶段、信息世界阶段和机器世界阶段。

现实世界就是人们所生活的客观世界，客观世界存在着的形形色色的事物。

虽然现实世界的事物不能被改变，但仍然可以利用这些事物为人类的生活或生产服务，也就是说，可以在掌握和理解这些事物的基础上抽象出一些特殊的、有意义的信息。这些信息与现实世界的客观事物的根本区别就在于它们是经人类抽象和概念化了的、反映在人们心目中的信息，其中只包含着人们关心的那部分信息。这些信息就构成了信息世界。

尽管信息世界的信息是经过抽象和概念化了的，但它们仍然是计算机无法识别的，所以要对这些信息重新进行加工和转换，使它们能够被计算机所识别，使它们成为计算机能够处理和操作的符号。这些符号，又叫作数据。这些数据构成了机器世界或称为数据世界。

对信息社会而言，事物、信息、数据分别对应着现实世界、信息世界和机器世界，它们之间的对应关系如图 1-1 所示。

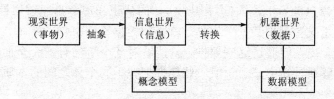

图 1-1　3 个世界之间的对应关系

1. 现实世界

在现实世界中客观存在着各种运动着的事物，各种事物及事物之间也存在着复杂的联系。不同事物之间，存在着不同的特征，这些特征包括静态的和动态的特征。所有的这些特征就是区别于不同事物的标志。在这些特征中，可以抽取出一些有意义的特征来描述不同的事物个体。比如，常选择姓名、学号、班级、籍贯等特征来描述一个学生，而描述一名教师的信息则常选择姓名、年龄、性别、籍贯、所属院系等特征。利用这些特征，就可以在表征各类不同事物的同时，将不同的事物区别开。

世界上的各种事物虽然千差万别，看起来相互独立，但实际上它们之间是互相联系的。因为事物的多样性，事物之间的联系也是多方面的。在应用中，人们只选择那些有意义或感兴趣的联系，而没有必要选择所有的联系。例如，在教学管理系统中，教师和学生之间可以仅选择了"教学"这种有意义的联系。有时又称这种联系为关联。

2. 信息世界

现实世界中的事物及其联系由人们的感观所感知，经过大脑的分析、归纳、抽象形成信息。对这些信息进行记录、整理、归纳和格式化后就构成了信息世界。为了正确直观地反映客观事物及其联系，有必要对所研究的信息世界建立一个抽象的模型，称为信息模型（概念模型）。

在信息世界中，数据库技术涉及以下概念。

（1）实体（Entity）

在现实世界客观存在并可以相互区别的事物被抽象为实体。一个实体对应了现实世界中的一个事物。实体可以是具体的人、事、物，如一本书、一件衣服、一次借书、一次服装展示等，可包含很多我们感兴趣的信息，也可以是抽象的概念或联系，如教师与学院的工作关系（即某位教师在某学院工作）也可以被抽象为一个实体。

（2）实体集（Entity Set）

性质相同的同类实体组成的集合，称为实体集。在现实世界中的事物有很多，有一些事物具有被关注的一些共同的特征和性质，它们可以有类似的描述，可以被放在一起进行研究和处理。例如，一个学校的所有学生，当利用学籍管理系统进行管理时，这些学生的姓名、学号、班级和成绩等就是要关注的特征或性质，把这些学生的上述性质一起研究和处理，则这些学生就构成一个实体集。

（3）属性（Attribute）

客观存在的不同的事物，具有不同的特性。从客观世界抽象出来的不同实体，也具有其各自不同的特性。

实体所具有的某些特性称为属性。

可以用若干个属性来刻画一个实体。例如，对于大学生，有很多特性，如学校、学院、专业、班级、学号、姓名、身高、年龄、籍贯、成绩、入学时间等，这些属性组合起来共同表征了一个具体的学生。

也就是说，在信息世界里，人们对某个实体的认识和理解是通过属性来实现的。所以，要正确、全面地描述或者刻画某一个实体，就必须根据不同事物的特征，合理、全面地抽象出不同事物的属性，使人们通过这些属性，就能够对某个事物有一个全面的理解和把握。而且最重要的是，能够通过其中某一个或一些属性把握不同个体之间的本质的区别。

3．机器世界

用计算机管理信息，必须对信息进行数字化，即将信息用字符和数字来表示。数字化后的信息称为数据，数据是能够被计算机识别并处理的。

当前多媒体技术的发展使计算机能够识别和处理图形、图像、声音等数据。数字化是信息世界到机器世界转换的关键，为数据管理打下了基础。信息世界的信息在机器世界中以数据形式存储。

机器世界对数据的描述常用到如下4个概念。

① 字段（Field）：又叫数据项，它是可以命名的最小信息单位。字段的定义包括字段名（字段的名称）、字段类型（描述该字段的数据类型）、字段长度（限定该字段值的长度）等。

② 记录（Record）：字段的有序集合称为记录，一般对应信息世界中的一个具体的实体。它是对一个具体对象的描述，如（2002178002，男，178），描述了一个学号为2002178002，性别为男，身高为178cm的学生。

③ 文件（File）：同类的记录汇集成文件。文件是描述实体集的。例如，所有图书记录组成了一个图书文件。

④ 关键字（Key）：能唯一标识文件中每个记录的字段或字段集。例如，学生的学号可以作为学生记录的关键字，如果一个字段不能唯一确定一条记录，则可以用多个字段作为关键字来唯一标识一条记录。例如，学号与课程号可以作为学生选课记录的关键字。

机器世界和信息世界术语是相互对应的，它们的对应关系见表1-1。

在数据库中，每个概念都有类型（Type，简称型）和值（Value）的区别。例如，"学生"是一个实体的型，而具体的（张三，男，信息学院，28）是实体的值。又如，"姓名"是属性的型，而"张三"是属性的值。记录也有记录的型和值。有时在不引起误解的情况下，可以不去仔细区别型和值。

表 1-1 信息世界和机器世界的概念的对应关系

信息世界	机器世界
实体	记录
属性	字段
实体集	文件
码	关键字

为了理解上的方便，图 1-2 以学生为例表示了信息在 3 个世界中的有关概念及其联系。需要特别注意的是，实体与属性、型和值的区别，以及 3 个世界中各概念的相应关系。

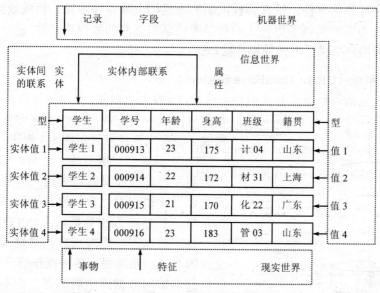

图 1-2 信息 3 个世界的术语联系

1.1.2 数据库的基本概念

1. 数据（Data）

数据是在数据库中存储的基本对象，是用来记录现实世界的信息，并可以被机器识别的符号。

在计算机领域里，数据这个概念已经不局限于普通意义上的数字了，凡是在计算机中用于描述事物特征的记录都可以称为数据，如文字、图形、图像、声音等。例如，当用书号、书名、单价、作者、出版社这几个特征来描述某本书时，（000913，数据库，47.00，张三，电子）就是一本书的数据。于是，就可以从这一数据的含义中得到数据库这本书的有关信息。

数据有一定的格式，如书号一般为长度不超过 13 位的数字字符，单价为小数位数为 2 位的实数。这些格式的规定就是数据的语法，而数据的含义就是数据的语义。通过解释、推理、归纳、分析和综合等，从数据所获得的有意义的内容称为信息。因此，数据是信息存在的一种形式。只有通过解释或处理的数据才能成为有用的信息。

2. 数据库（DB，DataBase）

数据库是以一定的组织形式存储在一起的，能为多个用户所共享，相互关联的数据集合。数据库是存储数据的"仓库"，只不过这个仓库存在于计算机的存储设备上。

数据库中的数据是按一定的数据模型来描述、组织和储存的，具有最小冗余度、较高的数据独立性和易扩展性，并可为用户所共享。例如，图书馆可能同时有描述图书的数据（图书编号，书名，单价，作者，出版社）和图书借阅数据（图书编号，书名，单价，借阅者，借阅时间）。在这两个数据中，图书编号、书名、单价是重复的，称为冗余数据。在构造数据库时，由于数据可以共享，因此，可以消除数据的冗余，只存储一套数据即可。

3．数据库管理系统（DBMS，Database Management System）

数据库管理系统是以统一的方式管理和维护数据库中的数据的一系列软件的集合。

存储在数据库中的数据，必须在一定的管理机制下才可以被方便地访问，并能够保证它的完整性、安全性和共享性。这种管理机制的描述加上数据库本身，构成数据库管理系统。数据库管理系统为用户提供了更正式的数据库共享和更高的数据独立性，进一步减少了数据的冗余度，并为用户提供了方便的操作接口。

4．数据库系统（DBS，DataBase System）

数据库系统包括与数据库有关的整个系统，一般由数据库、数据库管理系统、应用程序、数据库的软硬件支撑环境、数据库管理员和用户等构成。数据库系统可以用图 1-3 表示。

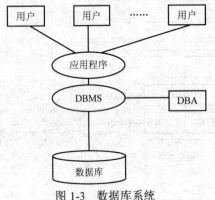

图 1-3　数据库系统

DBS 是为用户服务的。通常，一个数据库系统有两类用户：程序员和终端用户。程序员用高级语言和数据库语言编写数据库应用程序，应用程序根据需要向 DBMS 发出数据请求，由 DBMS 对数据库执行相应的操作。终端用户从终端或客户机上，以交互的方式向系统提出各种操作请求，由 DBMS 相应执行，访问数据库中的数据。在不引起混淆的情况下，常把数据库系统称为数据库。

1.1.3　数据库系统的特点

自 20 世纪 60 年代以来，计算机的应用更加广泛。用于数据管理的规模更为庞大，数据量也急剧膨胀，计算机磁盘技术有了很大的发展，出现了大容量磁盘，在处理方式上，联机实时处理的要求更多。这些变化都促进了数据管理手段的进步，于是，数据库技术应运而生。所以说，数据库技术既以计算机技术的发展为依托，又以数据管理的需求为动力。

数据库系统的一个重要的贡献就是应用系统中的所有数据通过将一系列的应用需求综合起来，构成一个统一的数据集，独立于应用程序并由 DBMS 统一管理，实现数据共享。也就是说，数据库的数据不再面向某个应用或某个程序来实现存储与管理，而是面向整个企业或整个应用。这种特点可用图 1-4 表示。

数据库技术发展到今天，数据库的技术水平和数据库的应用水平，都与过去不可同日而语。但数据库的最基本的特征并未改变。概括起来，数据库系统具有如下特点。

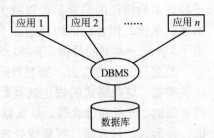

图 1-4　数据库系统面向整个应用提供数据服务

1. 数据结构化

数据结构化是数据库系统和文件系统的根本区别。

在传统的文件系统中，文件的记录内部是有结构的，但这个结构不为系统所管理。传统文件最简单的形式是等长且同格式的记录集合。例如一个学生人事记录文件，每个记录的格式如图 1-5 所示。

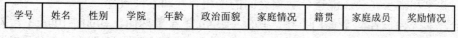

| 学号 | 姓名 | 性别 | 学院 | 年龄 | 政治面貌 | 家庭情况 | 籍贯 | 家庭成员 | 奖励情况 |

图 1-5 学生记录格式实例

其中，前 8 项是每个学生所共有的，基本上是等长的，而后 2 项则是不定长的，信息量大小变化较大。如果采用等长的记录进行数据的存储，为了建立完整的学生档案文件，每个学生记录的长度必须等于信息量最大的记录的长度，因而会浪费大量的存储空间。所以最好是采用变长记录或主记录与详细记录相结合的形式建立文件。也就是将学生人事记录的前 8 项作为主记录，后 2 项作为详细记录，则每个记录的记录格式如图 1-6 所示，学生张三的记录如图 1-7 所示。

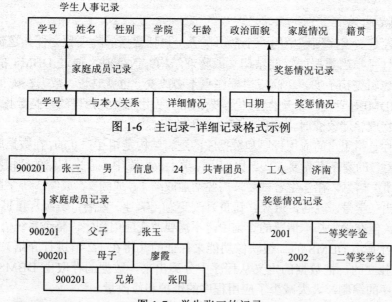

图 1-6 主记录–详细记录格式示例

图 1-7 学生张三的记录

这种数据组织形式为各部分的管理提供了必要的记录，使数据结构化了。这就要求在描述数据时不仅要描述数据本身，还要描述数据之间的联系。

在文件系统中，尽管其记录内部已经有了某些结构，但记录之间没有联系。

实现整体数据的结构化，是数据库的主要特征之一，也是数据库系统与文件系统的本质区别。

如前所述，不仅数据是结构化的，而且存取数据的方式也很灵活，可以存取数据库中的某一个数据项、一组数据项、一个记录或一组记录。而在文件系统中，数据的最小存取单位是记录。

2. 数据的共享性高，冗余度低，容易扩充

数据可以被多个用户、多个应用同时使用。虽然文件系统中的数据也可能被共享，但不

能同时使用。

冗余度是指同一数据被重复存储的程度。在数据库系统中由于数据的结构化，使冗余度尽可能降到最低程度。

由于设计时主要考虑数据结构化，即面向系统，而不是面向某个应用，所以容易扩充。数据库系统可能因为某个应用而产生，但设计时不能只考虑被某个应用所专用。

数据共享和减少冗余还能避免数据之间的不相容性和不一致性。

例如，某人先后在两个部门工作，1986—1990 年在甲部门，1990—1996 年在乙部门，在写档案材料时，甲部门记录为 1986—1990 年，由于信息不共享，加之工作疏忽，乙部门写成了 1989—1996 年，即造成了不相容，两部门之间重复了 1 年。

例如，某学生名为李萍，由于信息不共享，该生所在的学院输入的姓名为"李萍"，但宿舍管理科输入的姓名为"李平"，即造成了数据的不一致。

由于数据面向整个系统，是带结构的数据，不仅可以被多个应用共享，而且容易增加新的应用，这就使得数据库系统易于扩充，可以适应各种用户的要求。可以取整体数据的各种子集用于不同的应用系统，当需求改变或增加时，只要重新选取不同的子集或添加一部分数据便可以满足新的需求。

3．数据独立性高

数据独立性是数据库领域中的一个常用概念，包括数据的物理独立性和逻辑独立性。

物理独立性是指当数据的存储结构（或物理结构）改变时，通过 DBMS 的相应改变可以保持数据的逻辑结构不变，从而应用程序也不必改变。也就是说，数据在磁盘等存储介质上怎样存储由 DMBS 管理，用户程序不需要了解，应用程序要处理的只是数据的逻辑结构。这样当数据的物理存储改变时，应用程序也不用改变。

逻辑独立性是指用户的应用程序和数据库的逻辑结构是相互独立的，在数据库的逻辑结构发生改变时，用户的程序不需要改变。比如，在学生数据库中，原来存储的字段有（学号，姓名，班级，籍贯）信息，在学生考试后，需要增加成绩 1、成绩 2、成绩 3 等字段，虽然数据库的逻辑结构由（学号，姓名，班级，籍贯）改变为（学号，姓名，班级，籍贯，成绩 1，成绩 2，成绩 3），但在学生基本情况的查询中，不需要改变应用程序，整个系统仍然正常运行。

数据独立性是由 DBMS 的二级映像功能来保证的（将在 1.2 节进行介绍）。数据库与应用程序是相互独立的，把数据的定义从程序中分离出来，数据的存取由 DBMS 负责，从而简化了应用程序的编制，大大减少了应用程序的维护和修改量。

4．数据由 DBMS 统一管理和控制

数据库的数据共享是并发的（Concurrency），也就是多个用户可以同时存取数据库中的数据，甚至可以同时读取数据库中的同一个数据。

为此，DBMS 提供以下几个方面的数据控制功能。

（1）数据的安全性（Security）保护

数据的安全性是指保护数据，防止不合法的使用对数据造成泄漏或破坏。每个用户只能按事先约定，对某些数据以某些方式进行使用和处理。

（2）数据的完整性检查

数据的完整性指数据的正确性、有效性和相容性。完整性检查将数据控制在有效的范围内，或要求数据之间满足一定的关系。

- 正确性：如输入成绩时，应该输入数值，而实际输入了字符，即不正确。

- 有效性：如输入年龄时，应该输入 0～150 之间的数据，而实际输入了–5，即无效。
- 相容性：如统计成绩时，优、良、中、及格、不及格的百分比之和应为 100%，而实际输入数据加起来大于 100%，即不相容。

（3）并发控制

当多个用户读取和修改数据库时，可能会发生相互干扰而得到错误的结果或使得数据库的完整性遭到破坏，因此必须对多用户的并发操作进行控制和协调。

（4）数据库恢复

计算机系统的硬件故障、软件故障、操作员的失误及故意的破坏也会影响数据库中的数据的正确性，甚至造成数据库中部分或全部数据的丢失。DBMS 必须具有将数据库从错误状态恢复到某一已知的正确状态（也称为完整状态或一致状态）的功能，这就是数据库的恢复功能。

综上所述，数据库是长期存储在计算机内的有组织的大量的共享数据的集合。它可以供多个用户共享，具有最小冗余度和较高的数据独立性。DBMS 在数据库建立、运行和维护时对数据库进行统一的控制，以保证数据的完整性、安全性，并在多用户同时使用数据库时进行并发控制，在发生故障后对系统进行恢复。

数据库系统的出现，使信息系统从以简单的数据加工为中心，转向围绕共享的数据库为中心的新阶段。这样既便于数据的集中管理，又有利于应用程序的研制和维护，提高了数据的利用率和相容性，提高了决策的可靠性。

目前，数据库已经成为现代信息系统中不可分离的重要组成部分。具有数百万甚至数十亿字节的信息的数据库已经普遍存在于科学技术、工业、农业、商业、服务业和政府部门的信息系统中。

1.1.4 数据库管理系统的功能✐

一般来说，数据库管理系统的功能，主要包括以下 6 个方面。

1. 数据定义

数据定义包括定义构成数据库的模式、存储模式和外模式，各个外模式与模式之间的映射，模式与存储模式之间的映射，有关的约束条件等。例如，为保证数据库中数据具有正确性而定义的完整性规则，以及为保证数据库安全而定义的用户口令和存取权限等。

2. 数据操纵

数据操纵包括对数据库数据的检索、插入、修改和删除等基本操作。

3. 数据库运行管理

对数据库的运行管理是 DBMS 的核心功能，包括对数据库进行并发控制、安全性检查、完整性约束条件的检查和执行、数据库的内部维护（如索引、数据字典的自动维护）等。所有访问数据库的操作都要在这些控制程序的统一管理下进行，以保证数据的安全性、完整性、一致性，以及多用户对数据库的并发使用。

4. 数据组织、存储和管理

数据库中需要存放多种数据，如数据字典、用户数据、存取路径等，DBMS 负责分门别类地组织、存储和管理这些数据，确定以何种文件结构和存取方式物理地组织这些数据，如何实现数据之间的联系，以便提高存储空间的利用率，提高随机查找、顺序查找、增、删、改等操作的时间效率。

5. 数据库的建立和维护

建立数据库包括数据库初始数据的输入与数据转换等。维护数据库包括数据库的转储与恢复、数据库的重组织与重构造、性能的监视与分析等。

6. 数据通信接口

DBMS 需要提供与其他软件系统进行通信定义的功能。例如，提供与其他 DBMS 或文件系统的接口，从而能够将数据转换为另一个 DBMS 文件系统所能够接受的格式，或者接收其他 DBMS 或文件系统的数据。

1.2　数据库模型

数据模型是数据库系统的核心和基础，在各种型号的计算机上实现的 DBMS 都是基于某种数据模型的。

在现实生活中，模型的例子随处可见，一张地图、一座楼的设计图都是具体的模型。这些模型都能很容易使人联想到现实生活中的事物。

人们在对数据库的理论和实践进行研究的基础上提出了各种模型。由于计算机不能直接处理现实世界中的具体事物，所以人们必须事先把具体事物转换成计算机能够处理的数据。

数据库系统的主要功能是处理和表示对象和对象之间的联系。这种联系用模型表示就是数据库模型，它是人们对现实世界的认识和理解，也是对客观现实的近似描述。在不同的数据库管理系统中，应使用不同的数据库模型，但不管采用什么样的模型，都要满足以下基本要求：

- 能按照人们的要求真实地表示和模拟现实世界；
- 容易被人们理解；
- 容易在计算机上实现。

数据库模型更多地强调数据库的框架和数据结构形式，而不关心具体数据。

不同的数据库模型实际上是提供模型化数据和信息的不同工具，根据模型应用的不同目的，可以将这些数据库模型划分为两类，它们分别属于不同的层次。

第一类模型是概念模型。它是按用户的观点来对数据和信息建模，主要用于数据库设计。

第二类模型是数据模型，主要包括网状模型、层次模型、关系模型等。它是按计算机系统的观点对数据建模，主要用于 DBMS 的实现。

1.2.1　概念模型

如果直接将现实世界按具体数据模型进行组织，则需要考虑很多因素，设计工作非常复杂，并且效果也不理想，因此需要一种方法，对现实世界的信息进行描述。人们需要通过这种方法把现实世界抽象为信息世界，然后再通过相应的 DBMS 将信息世界转化为机器世界。在把现实世界抽象为信息世界的过程中，只抽取需要的元素及其关联，这时所形成的模型就是概念模型。在抽象出概念模型后，再把概念模型转换为计算机上某一 DBMS 支持的数据模型。概念模型不涉及数据组织，也不依赖于数据的组织结构，它只是现实世界到机器世界的一个中间描述形式。

目前，描述概念模型最常用的方法是实体-联系方法（即 E-R 方法），它是 P.P.s.chen 于

1976 年提出的。这种方法由于简单、实用，得到了非常普遍的应用。这种方法使用的工具称作 E-R 图，也把这种描述结果称为 E-R 模型。

1. 实体（Entity）

在 E-R 图中用矩形表示一个实体，给一类实体取一个名字，叫作实体名（如学生）。在 E-R 图中，实体名写在矩形框内，如图 1-8 所示，"学生"就是一个实体。

2. 属性（Attribute）

E-R 图中实体的属性用椭圆框表示（见图 1-8），框内是属性名，并用连线连到相应的实体。一个实体可以具有若干个属性。例如，学生可以有姓名、学号、年龄、性别等属性，不同的属性值可以确定具体的学生。在图 1-9 中，学号为 2003001，年龄为 20 岁，男性的学生是李勇。

与属性相关的概念有以下几个。

（1）码（Key）

唯一标识实体的属性集称为码。例如，学生的学号就是一个码（当然也可以是其他的属性或属性集）。对不同的学生实体，码值一定是唯一的，不允许出现多个实体具有相同的码值的情况。图 1-9 中的学号就是学生实体的码。由于存在重名现象，所以通常姓名不被选为码。如图 1-9 中，姓名为王敏的学生有两名。

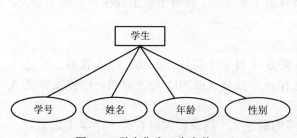

学号	姓名	年龄	性别
2003001	李勇	20	男
2003002	刘晨	21	男
2003003	王敏	22	女
2003004	张力	19	男
2003005	赵霞	22	女
2003006	王敏	23	男

图 1-8 学生作为一个实体　　　　　　图 1-9 实体的码

（2）域（Domain）

实体属性的取值一般受某个条件的约束，如果取值不满足约束条件，则认为是一种非法的值，这个约束条件确定的取值范围称为该属性的域。

例如，学生的性别的域是{"男"，"女"}，而成绩的取值范围通常会是{0,1,2,…,100}。

（3）实体型（Entity Type）

一类实体的实体名及其属性名集合就构成了实体型。在一个数据库中，同一类实体的实体型是相同的，即它们的实体名及实体的属性名都是一样的。为了方便起见，我们认为这些属性的排列顺序也是一致的。

例如，学生（学号，姓名，性别，年龄）就是表示学生实体的实体型。

（4）关系模式（Relation Schema）

对关系的描述称为关系模式，一般表示为：

关系名（属性 1，属性 2，……，属性 n）

例如，学生（学号，姓名，年龄，性别，系别，年级）就是描述学生的关系模式。

（5）实体集（Entity Set）

具有相同实体型的实体组成的集合称为实体集。

例如，在一个学籍管理系统中，一个学校的全体学生具有相同的实体型，这些学生实体的集合就是一个实体集。

3．联系

在现实世界中，事物内部和事物之间是有联系的，这些联系在信息世界中包括实体内部的联系和实体之间的联系。实体内部的联系通常指组成实体的各属性之间的联系，实体之间的联系通常指不同实体集之间的联系。

实体之间的联系可以分为以下 3 类。

（1）一对一联系（1:1）

如果对于实体集 A 中的每个实体，实体集 B 中至多有 1 个（也可以没有）实体与之相联系，反之亦然，则称实体集 A 与实体集 B 之间具有一对一的联系，记为 1:1。

例如，在学校里，一个班只有一个班长，而一个班长只能是一个班的班长，所以班级和班长之间就是一对一的联系。

（2）一对多联系（1:n）

如果对于实体集 A 中的每个实体，实体集 B 中有 n 个实体（$n \geq 0$）与之联系，反之，对于实体集 B 中的每个实体，实体集 A 中至多有 1 个实体与之联系，则称实体集 A 与实体集 B 有一对多联系，记为 1:n。

例如，班级与学生之间的联系。一个班级有若干名学生，而每个学生只在一个班中学习，则班级与学生之间就是一对多的联系。

（3）多对多联系（m:n）

如果对于实体集 A 中的每个实体，实体集 B 中有 n 个实体（$n \geq 0$）与之联系，反之，对于实体集 B 中的每个实体，实体集 A 中也有 m 个实体（$m \geq 0$）与之联系，则称实体集 A 与实体 B 具有多对多的联系，记为 m:n。

例如，课程与学生之间的联系就是多对多的联系。一门课程同时有若干个学生选修，一个学生可以同时选修多门课程。

一般在 E-R 图中，用菱形表示联系，内部写上联系的名称，两端分别用连线连接发生联系的实体，并分别标上联系的类型。

图 1-10 所示为实体之间的联系的 3 种不同的类型。

一般来说，两个以上的实体之间也可以存在一对一、一对多和多对多的联系。

如对于课程、教师和学生这 3 个实体，如果一门课程可以有若干老师讲授，而每名老师可以讲授多门课程，每名学生可以学习多门课程，则老师和学生之间是 $n:p$ 的联系，老师和课程之间是 $n:m$ 的联系，而学生和课程之间是 $p:m$ 的关系，如图 1-11 所示。

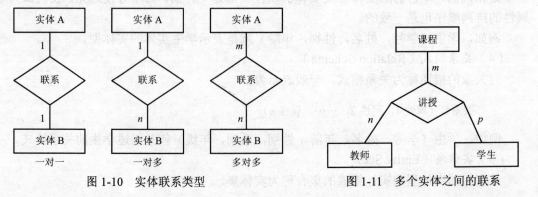

图 1-10　实体联系类型　　　　　　　　　图 1-11　多个实体之间的联系

1.2.2 数据模型

数据模型通常由数据结构、数据操作和完整性约束 3 部分组成。

1. 数据结构

数据结构是所研究的对象类型及其相互关联的集合，它用来描述系统数据集合的结构，可分为语义结构和组织结构两类，是对系统静态特性的描述。

语义结构是指应用实体、应用语义之间的关联，它是与数据类型、内容、性质有关的对象。

组织结构是指用来表达实体及关联的数据的记录和字段结构，它是与数据之间联系有关的对象。

在数据库系统中通常按照数据结构的类型来命名数据模型。例如，层次结构、网状结构和关系结构的模型分别叫作层次模型、网状模型和关系模型。

2. 数据操作

数据操作是指对数据库中各种对象（型）的实例（值）允许执行的操作及这些操作规则的集合。数据操作用来描述系统的信息变化，是对系统动态特性的描述。

数据操作的种类有以下两种。

① 引用类：不改变数据组织结构与值，如查询。

② 更新类：对数据组织结构与值进行修改，如增、删、改。

3. 完整性约束

数据的完整性约束条件是一组完整性规则的集合。完整性规则是给定的数据模型中数据及其联系所具有的制约和依存规则，用以限定符合数据模型的数据库状态及状态的变化，以保证数据的正确性、有效性和相容性。

例如，在学校的管理信息数据库中规定学生入学成绩不能低于 550 分，学生毕业的学分必须达到 120 分等。

1.2.3 常用数据模型

1. 层次模型（Tree type Model）

层次模型也称树型模型。它是以记录为结点，以记录之间的联系为边的有向树。在层次模型中，最高层只有一个记录，该记录称为根记录，根记录以下的记录称为从属记录。一般来说，根记录可以有多个从属记录，每个从属记录又可以有任意多个低一层的从属记录。由此可见，层次模型中的实体联系是一对多的对应关系。

图 1-12 所示为一个简单的层次模型。

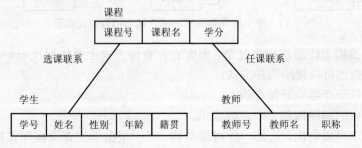

图 1-12 层次模型的示例

从图 1-12 中可以看出，层次模型具有两个突出的问题。首先，在层次模型中具有一定的存取路径，它仅允许自顶向下的查询。按照图 1-12，该模型比较适用于以下查询：查询某课程的情况、查询讲授某课程的教师的情况、查询选修某课程的学生的情况。但在查询某教师所教授的学生情况时，因为教师和学生之间没有自顶向下的路径，所以无法查询。这时需要把查询分成两个子查询，先查询某教师讲授的课程，当得到所讲授的课程时，再查询选修这些课程的学生情况。因此，在设计层次模型时，要仔细考虑存取路径的问题，因为路径一经确定就不能改变。由于路径的问题，给用户带来了不必要的麻烦，尤其是用户要花费时间和精力去解决那些由层次结构产生的问题。层次结构中引入的记录越多，层次变得越复杂，问题会变得越糟糕，从而使应用程序变得比问题要求的还要复杂，其结果是程序员在编写、调试和维护程序时花费的时间将比查询本身需要的时间还多。

另外，层次模型比较适合于表示数据记录之间一对多的联系，而表示多对多和多对一的联系，则非常不方便。

2. 网状模型（Network Model）

为了克服层次模型的局限性，美国数据系统语言协会 CODASYL 的数据库任务小组（DBTG）在其发表的报告中首先提出了网状模型。在网状模型中用结点表示实体，用系表示两个实体之间的联系。网状模型是一种较通用的模型，从图论的观点看，它是一个不加任何条件的无向图。网状模型与层次模型的根本区别如下：

- 一个子结点可以有很多的父结点；
- 在两个结点之间可以有两个或多种联系。

显然层次模型是网状模型的特殊形式。网状模型是层次模型的一般形式。

图 1-13 所示为学生选课系统数据库的网状模型的数值化后的实例。为了简化，图中只取 000913、000914、000915 三名学生和 C_1、C_2、C_3 三门课程。从图 1-13 中可以看出，所有的实体记录都具有一个以其为始点和终点的循环链表，而每个系都处于两个链表中，一个是课程链，一个是学生链。从而根据学生查找课程和根据课程查找学生都非常方便。这种以两个结点和一个系构成的结构是网状模型的基本结构，一个结点可以处于几个基本结构中，这样就形成了网状结构。

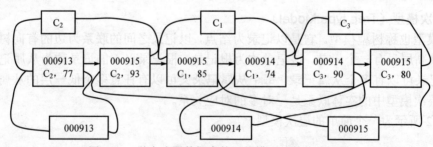

图 1-13　学生选课数据库的网状模型的数值化图示

网状模型在结构上比层次模型复杂，因而它在查询方式上要比层次模型优越。在网状模型中，对数据的查询可以使用两种方式：

- 从网络中任一个结点开始查询；
- 沿着网络中的路径按任一个方向查询。

从网状结构中可以看出，这是一种对称结构。对于根据学生查课程和根据课程查学生这种对称的查询，在网状模型中所使用的查询语句格式是相同的。尽管网状模型比层次模型具有对称性，也不能使其查询变得简单，因为它支持的数据结构种类较多，这就势必造成操作的复杂性。因此，网状模型的主要缺点是数据结构本身及其相应的数据操作语言都极为复杂。一般来说，结构越复杂，功能就越强，所要处理的操作也越复杂，因此相应的数据操作语言也变得更为复杂。而且由于其结构的复杂，给数据库的设计带来了很大困难。

3. 关系模型（Relational Model）

在现实生活中，经常用到数据表格，如学生的成绩单、老师的工资表等。如果在 DB 中也能够以表格的形式来表达和管理信息，会使用户感到更方便。1970 年 IBM 公司的 E. F. Codd 提出了关系模型，开创了数据库系统的新纪元。

关系模型是以关系代数为理论基础，以集合为操作对象的数据模型，其表现形式正好是在现实生活中经常用到数据表格——二维表。对一些非常复杂的表格，通常在关系模型中可以用多个二维表来表示。这些二维表通常有一定的联系，人们从不同的二维表中抽取有用的信息，构建新的表格来表达这些联系。

表 1-2、表 1-3 和表 1-4 所示为关于学生成绩和教师授课的表。

表 1-2　学生成绩单

学号	姓名	班级	数据结构成绩
20043781001	赵杰	计算机 01	56
20043781102	钱小小	计算机 02	67
20043781200	孙大海	计算机 02	79
20043781354	李灵	计算机 03	90
……	……	……	……

表 1-3　教师数据表

教师姓名	年龄	所教课程	所教班级
周发	45	数据结构	计算机 01
吴明	33	数据结构	计算机 02
郑秋	57	数据结构	计算机 03
王宛如	26	操作系统	计算机 01
……	……	……	……

表 1-4　学生和任课老师联系表

学生学号	数据结构任课老师
20043781001	周发
20043781102	吴明
20043781200	吴明
20043781354	郑秋
……	……

在关系模型中，通常把二维表称为关系。表中的每一行称为元组，相当于通常所说的记录，每一列称为属性，相当于记录中的一个数据项。一个关系若有 k 个属性则称为 k 元关系。

一个关系有如下性质：

- 没有两个元组在所有属性上的值是完全相同的；
- 行的次序无关；
- 列的次序无关。

关系模型具有以下特点。

① 描述的一致性。无论实体还是实体之间的联系都用关系来描述，这就保证了数据操作语言相应的一致性。对于每一种基本操作功能（插入、删除、查询等），都只需要一种操作运算。

② 利用公共属性连接。关系模型中各关系之间都是通过公共属性发生联系的。例如学生关系和选课关系是通过公共属性学号实现连接的，而选课关系与课程关系可以通过课程号连接。

③ 结构简单直观。采用表结构，用户容易理解，更接近于一般用户的习惯，并且在计算机中实现也比较方便。

④ 有严格的理论基础。关系的数学基础是关系代数，对关系进行的数据操作相当于关系代数中的关系运算。这样，在关系模型中的定义与操作均建立在严格的数学理论基础之上。

⑤ 语言表达简练。在进行数据库查询时，不必像前两种模型那样需要事先规定路径，而是用严密的关系运算表达式来描述查询，从而使查询语句的表达非常简单直观。

关系模型的缺点是在查询时，需要执行一系列的查表、拆表和并表操作，故执行时间较长。不过，目前的关系数据库系统大都采用查询优化技术，使得查询操作基本克服了速度慢的缺陷。

1.3　数据库系统结构

1.3.1　数据库系统的三级模式结构

在数据模型中有型（Type）和值（Value）的概念。型是指对某一类数据的结构和属性的说明，值是型的一个具体赋值。

模式仅仅涉及对型的描述，不涉及具体的值。模式的一个具体值称为模式的一个实例。同一个模式可以有很多实例。模式是相对稳定的，而实例是相对变动的，因为数据库中的数据是在不断更新的。模式反映的是数据的结构及其联系，而实例反映的是数据库某一时刻的状态。

例如，学生（学号，姓名，性别，系别，年龄，籍贯）定义了一个学生关系，那么（900201，李明，男，计算机，22，江苏）则是该关系的一个实例。

实际的数据库系统软件产品多种多样，支持不同的数据模型，使用不同的数据库语言，建立在不同的操作系统之上，数据的存储结构也各不相同，但是大多数数据库系统在总的体系结构上都具有三级模式的结构特征。数据库系统的三级模式结构由外模式、模式和内模式组成，如图 1-14 所示。

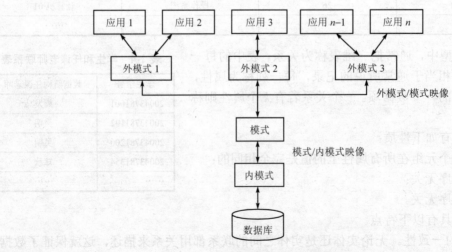

图 1-14　数据库系统的三级模式结构

数据库系统的三级模式对应数据的三个抽象级别，数据的具体组织由 DBMS 管理，这使得用户能够逻辑、抽象地处理数据，而不必关心数据在计算机中的表示和存储。为了实现这 3 个层次的联系和转换，数据库系统在这三级模式中提供了外模式/模式和模式/内模式的两级映像功能。

1．模式（Schema）

模式，也称为逻辑模式，是数据库中全体数据的逻辑结构和特性的描述。模式不涉及数据的物理存储细节和硬件环境，也与具体的用户无关。模式通常以某一种数据模型为基础，除了定义数据的逻辑结构外，还要定义与数据有关的安全性、完整性要求。例如，数据记录由哪些数据项构成，数据项的名字、类型、取值范围等，而且要定义数据之间的关系。

数据库系统提供模式描述语言（模式 DDL）来严格地描述这些内容。用模式 DDL 写出的一个数据库逻辑结构的全部语句称为某一个数据库的模式。模式是对数据库结构的一种描述，而不是数据库本身，它是数据的一个框架。

2．外模式（External Schema）

外模式，也称为子模式或用户模式，它针对某一具体用户而设置，是这类用户看到和使用的局部数据的逻辑结构和特征的描述，也就是这类用户的数据视图。同一外模式可以为某一用户的任意多个应用使用。

比如有一个学生数据库，实体包括（姓名，学号，班级，籍贯，性别，成绩 1，成绩 2，成绩 3，成绩 4）等属性，这是这个数据库的模式，但在学籍管理系统中，不要求某个用户接触到班级、籍贯、性别信息。那么可以定义一个视图作为外模式，使实体只包含有（姓名，学号，成绩 1，成绩 2，成绩 3，成绩 4），这种专门给某用户定义的视图是原数据库的一个子集，该用户所能看到的只是视图中的字段的值，而其他的值看不到。

数据库系统提供外模式描述语言（外模式 DDL）来描述用户数据视图。用外模式 DDL 写出的一个用户数据视图的逻辑结构的全部语句称为此用户的外模式。外模式 DDL 和用户选用的程序设计语言具有相容的语法。

3．内模式（Internal Schema）

内模式描述了数据库的存储方式，定义了所有的内部记录的类型、索引和文件的结构，以及如何对数据进行控制的要求，又称为存储模式。

我们能看到的是数据库逻辑结构，但数据在计算机中的存储方式并不是我们所看到的那样。一个数据库的数据具体在物理上是如何存储的，是由数据库系统的内模式来定义的。

1.3.2 二级映像与数据独立性

数据库系统的三级模式对应数据的三个抽象级别，它把数据的具体组织工作留给 DBMS 管理，使用户能方便地处理数据，而不用关心数据在计算机中的具体表示方法与存储方式。为了能够在内部实现这三个抽象层次的联系和转换，数据库管理系统在这三级模式之间提供了二级映像功能。

1．外模式/模式映像

模式描述的是数据的全局逻辑结构，外模式描述的是数据的局部逻辑结构。对一个给定的模式，可以根据不同用户的需求，设计出多个不同的外模式。在外模式和模式之间定义一个映像来反映外模式与模式之间的对应关系，当模式改变时（如增加新的关系、新的属性、改变属性的数据类型等），由数据库管理员对各个外模式/模式的映像做相应的修改，可以使外模式保持不变。由于应用程序是依据数据的外模式编写的，所以应用程序不必修改，就能保证数据与程序的逻辑独立性，简称数据的逻辑独立性。

对于每一个外模式，数据库系统都有一个外模式/模式映像。这些映像定义通常包含在各自外模式的描述中。

2．模式/内模式映像

在数据库的模式和内模式之间，定义一个数据库全局逻辑结构和存储结构之间的对应关系，这个关系就是模式/内模式映像。

由于数据库只有一个模式，也只有一个内模式，所以模式/内模式映像是唯一的。当数据库的存储结构改变时，由数据库管理系统对模式/内模式映像做相应的改变，可以使模式保持不变，保证了数据库的物理独立性，简称数据的物理独立性。

数据与程序之间的独立性，使得数据的定义和描述可以从应用程序中分离出来。另外，由于数据的存取有 DBMS 管理，用户不必考虑存取路径等细节，简化了应用程序的编制，大大减少了应用程序的维护和修改。

1.4　数据库系统的组成🖋

数据库系统由数据库、数据库管理系统、应用程序、数据库的软硬件支撑环境、数据库管理员等部分组成。

1.4.1　硬件支撑环境

硬件是存储数据库和运行数据库管理系统的物质基础。数据库系统对硬件的要求是，有足够大的内存以存放操作系统、DBMS 例行程序、应用程序、数据库表等，有大容量的直接存取外存储器供存放数据和系统副本，有较强的数据通道能力以提高数据处理速度。有些数据库系统还要求提供网络环境。

1.4.2　软件系统

数据库系统的软件主要包括以下几种。

1．数据库管理系统（DBMS）

DBMS 是数据库系统的核心，用于数据库的建立、使用和维护。

2．支持 DBMS 运行的操作系统（OS）

DBMS 向操作系统申请所需的软、硬件资源，并接受操作系统的控制和调度，操作系统是 DBMS 与硬件之间的接口。

3．具有与数据库接口的高级语言及其编译系统

为了开发数据库应用系统，还需要有各种高级语言及其编译系统。这些高级语言应具有与数据库的接口，这需要扩充或修改原有的编译系统或研制新编译系统来标识和转换高级语言中存取数据库的语句，实现对数据库的访问。例如，Microsoft 的开放数据库连接（ODBC，Microsoft Open Database Connectivity）软件标准，使基于 Windows 的应用程序可方便地访

问多种数据库系统的数据。Microsoft 的开放数据库连接标准不仅定义了 SQL 语法规则，而且还定义了 C 语言与 SQL 之间的程序设计接口。经过编译的 C 语言或 C++ 语言程序有可能对任何带有 ODBC 驱动程序的 DBMS 进行访问。

4．以 DBMS 为核心的应用开发工具软件

应用开发工具软件是系统为应用开发人员和最终用户提供的功能强大、效率高的应用生成器或第四代非过程语言等软件工具，如表格软件、图形系统、数据加载程序等。这些工具软件为数据库系统的开发和应用提供了有力的支持。

5．为特定应用环境开发的数据库应用系统

为特定应用环境开发的数据库应用系统是利用应用开发工具软件开发的专门用于某一个特定应用的系统。该系统一般针对于某个企事业单位或某个部门的工作需要，如针对于学校的学生的学籍管理系统。

1.4.3　数据库

通俗地讲，数据库是一个单位、组织需要管理的全部相关数据的集合，并以一定的组织形式存于存储介质中。它是数据库系统的基本成分，通常包括两部分内容：一个是按照一定的数据模型组织并实际存储的所有应用需要的数据，存放在数据库中；另一个是存放在数据字典（Data Dictionary）中的各级模式的描述信息，主要包括所有数据的结构名、意义、描述定义、存储格式、完整性约束、使用权限等信息。关系数据库的数据字典主要包括对基本表、视图的定义，以及存取路径（索引、散列等）、访问权限和用于查询优化的统计数据等的描述。

由于数据字典包含了数据库系统中的大量描述信息（而不是用户数据），因此也称为描述数据库。

在结构上，数据字典也是一个数据库，为了区分物理数据库中的数据和数据字典中的数据，通常数据字典中的数据称为元数据，组成数据字典文件的属性称为元属性。

数据字典是 DBMS 存取和管理数据的基本依据，主要由系统管理和使用。在关系数据库系统中，数据字典通常包含下列文件。

① 表示数据库文件的文件：每条记录对应一个数据库文件定义，记录了文件的名字、码、文件类型等。

② 表示数据库中属性的文件：每条记录对应一个属性定义，指出该属性所在文件的文件名、数据类型、长度及取值范围、是否可为空值等。

③ 视图定义文件：每条记录对应一个视图定义，有视图名、定义语句等元属性。

④ 同义词文件：每条记录对应一个同义词定义，指出所代表的一个数据库文件。

⑤ 授权关系文件：每条记录对应一个数据库文件的一次授权关系定义，包含授权种类（读、写等）、授权人和被授权人等元属性。

⑥ 索引关系文件：每条记录对应一个索引定义，记录索引对象、性质等。

1.4.4　人员

人员是指开发、管理和使用数据库系统的人员，主要包括数据库管理员、系统分析员和数据库设计人员、应用程序员和最终用户。不同的人员涉及不同的数据抽象级别，具有不同的数据视图，拥有不同的职责。

1. 数据库系统管理员

数据库的设计、建立、管理、维护和协调各用户对系统数据库的要求等工作只靠一个DBMS是远远不够的，还要有专门的人员完成，这些人被称为数据库管理员（DBA，DataBase Administrator）。DBA应该对程序语言和系统软件都比较熟悉，还要了解各应用部门的所有业务工作。DBA不一定只是一个人，尤其对一些大型数据库系统，它往往是一个工作小组。

DBA是控制数据整体结构的一组人员，负责数据库系统的正常运行，承担创建、监控和维护数据库结构的责任。DBA必须熟悉企业全部数据的性质和用途，并对所有用户的需求有充分的了解。DBA还必须对系统的性能非常熟悉，兼有系统分析员和运筹学专家的品质。

DBA有两个很重要的工具：一个是语义系列的使用程序，如DBMS中的装配、重组、日志、恢复、统计分析等程序；另一个是数据字典（DD，Data Dictionary）系统，管理着三级结构的定义。DBA可以通过DD掌握整个系统的工作情况。

由于职责重要和任务复杂，DBA一般由业务水平较高、资历较深的人员担任。

DBA的主要职责如下。

（1）参与数据库系统的设计与建立

在设计和建立数据库时，DBA参与系统分析与系统设计，决定整个数据库的内容。首先全面调查用户需求，列出用户问题表，建立数据模式，并写出数据库的概念模式。然后与用户一起建立外模式，根据应用需求决定数据库的存储结构和存取策略，建立数据库的内模式。最后将数据库各级模式经过编译生成目标模式并装入系统，然后把数据装入数据库。

（2）决定数据库的存储结构和存取策略

DBA要综合各用户的应用要求，与数据库设计人员共同决定数据的存储结构和存取策略，以求获得较高的存取效率和存储空间利用率。

（3）对系统的运行进行监控

在数据库运行期间，为了保证有效地使用DBMS，要对用户的存取权限进行监督和控制，并收集、统计数据库运行的有关状态信息，记录数据库数据的变化。在此基础上响应系统的某些变化，改善系统的"时空"性能，提高系统的执行效率。

（4）定义数据的安全性要求和完整性约束条件

DBA负责确定用户对数据库的存取权限、数据的保密级别和完整性约束条件，以保证数据库数据的完整性和安全性。

（5）负责数据库性能的改进和数据库的重建及重构工作

DBA负责在系统运行期间监控系统的空间利用率、处理效率等性能指标，对运行情况借助于监视和分析实用程序进行统计分析，并根据实际应用环境不断改进数据库的设计，提高数据库的性能。

在数据库运行过程中，由于数据的不断插入、删除、修改，时间一长会影响系统的功能，因此，DBA要定期对数据库进行重组，以提高数据库的运行性能。

当用户对数据库的需求增加或修改时，DBA还要对数据库模式进行必要的修改，以及由此引起的数据库的修改，即对数据库进行重构。

DBA负责数据库的恢复。数据库在运行过程中，由于软、硬件故障，会受到破坏，所以有DBA决定数据库的后援（即如何建立数据库的副本）和恢复策略，负责恢复数据库的数据。

DBA在执行上述任务时，通常可以利用若干专用程序工具软件实现各种操作。

2．系统分析员

系统分析员负责应用系统的需求分析和规范说明，与 DBA 和用户一起确定数据库系统的硬件平台和软件配置，并参与数据库系统的设计。

3．数据库设计人员

数据库设计人员负责数据库中数据的确定、数据库各级模式的设计，必须参加用户需求调查和系统分析。

4．应用程序员

应用程序员负责设计和编制应用系统的程序模块，并进行调试和安装。

5．用户

用户通过应用系统的用户接口使用数据库。对简单用户，主要工作是对数据库进行查询和修改，而一些高级用户能够直接使用数据库查询语言访问数据库。

总之，在各种人员中，用户对应于应用系统的具体数据，应用程序员对应于外模式，DBA、系统分析员和数据库设计人员对应于外模式、模式、内模式和数据库这几个抽象级别工作。

本 章 小 结

本章通过对 3 个世界及其关系的论述，介绍了实体、属性、码等一系列数据库的基本概念和术语，以及信息世界和机器世界术语的对应关系。并通过比较介绍了数据库的基本特点和 DBMS 的功能。

数据库模型是数据库系统的核心和基础，本章介绍了数据模型的三要素、概念模型的相关知识，以及 3 种主要的数据库模型及它们之间的区别。

概念模型是用于进行数据建模的重要工具，E-R 模型是概念模型中最具代表性的方法，实体、属性、联系是 E-R 模型中的重要概念。本章还具体介绍了实体的 3 种常用的联系方式。

数据库系统的结构部分主要介绍了模式、外模式和内模式这三级模式，外模式/模式、模式/内模式二级映像功能，阐述了三级模式之间的关系和二级映像对数据独立性的作用。

数据库的组成主要介绍了数据库所要求的软件和硬件要求，以及数据库和 DBA 的作用和分类。

学习本章的重点应该放在基本概念和基础知识上，为后续章节的学习打下良好的基础。

习 题 1

1.1 选择题

1．现实世界中客观存在并能相互区别的事物称为（ ）。

    A．实体   B．实体集   C．字段   D．记录

2．现实世界中事物的特性在信息世界中称为（ ）。

    A．实体   B．实体标识符   C．属性   D．关键码

3．在下列实体类型的联系中，属于一对一联系的是（ ）。

    A．教研室对教师的联系   B．父亲对孩子的联系

    C．省和省会的联系   D．供应商和工程项目的供货联系

4. 层次模型必须满足的一个条件是（　　）。

    A．每个结点都可以有一个以上的父结点　B．有且仅有一个结点无父结点

    C．不能有结点无父结点　　　　　　　　D．可以有一个以上结点无父结点

5. 采用二维表格结构表达实体类型及其实体间联系的数据模型是（　　）。

    A．层次模型　　　B．网状模型　　　　C．关系模型　　　　D．实体联系模型

6. 数据逻辑独立性是指（　　）。

    A．模式改变，外模式和应用程序不变　　B．模式改变，内模式不变

    C．内模式改变，模式不变　　　　　　　D．内模式改变，外模式和应用程序不变

7. 物理数据独立性是指（　　）。

    A．模式改变，外模式和应用程序不变　　B．模式改变，内模式不变

    C．内模式改变，模式不变　　　　　　　D．内模式改变，外模式和应用程序不变

8. 数据库（DB）、DBMS、DBS 三者之间的关系是（　　）。

    A．DB 包括 DBMS 和 DBS　　　　　　B．DBS 包括 DB 和 DBMS

    C．DBMS 包括 DB 和 DBS　　　　　　D．DBS 与 DB 和 DBMS 无关

9. 在数据库系统中，用（　　）描述全部数据的整体逻辑结构。

    A．外模式　　　　B．存储模式　　　　C．内模式　　　　　D．模式

10. 在数据库系统中，用户使用的数据视图用（　　）来描述，它是用户与数据库系统之间的接口。

    A．外模式　　　　B．存储模式　　　　C．内模式　　　　　D．模式

11. 数据库系统达到了数据独立性是因为采用了（　　）。

    A．层次模型　　　B．网状模型　　　　C．关系模型　　　　D．三级模式结构

12. 在数据库系统中，使用专门的查询语言操作数据库的人员是（　　）。

    A．数据库管理员　　　　　　　　　　　B．专业人员

    C．应用程序员　　　　　　　　　　　　D．最终用户

13. 在数据库中，负责物理结构与逻辑结构的定义的人员是（　　）。

    A．数据库管理员　　　　　　　　　　　B．专业人员

    C．应用程序员　　　　　　　　　　　　D．最终用户

1.2　填空题

1. 数据库中存储的基本对象是＿＿＿＿＿＿＿。

2. ＿＿＿＿＿＿是指数据库的整体逻辑结构改变时，尽量不影响用户的逻辑结构及应用程序。

3. ＿＿＿＿＿＿是指数据库的物理结构改变时，尽量不影响整体逻辑结构、用户的逻辑结构及应用程序。

4. 根据不同的数据模型，数据库管理系统可分为＿＿＿＿＿＿、＿＿＿＿＿＿、＿＿＿＿＿＿和面向对象型。

5. 数据模型应当满足＿＿＿＿＿＿、＿＿＿＿＿＿和＿＿＿＿＿＿三方面的要求。

6. 在现实世界中，事物的个体在信息世界中称为＿＿＿＿＿＿，在机器世界中称为＿＿＿＿＿＿。

7. 在现实世界中，事物的每一个特性在信息世界中称为＿＿＿＿＿＿，在机器世界中称为＿＿＿＿＿＿。

8．能唯一标识实体的属性集称为＿＿＿＿＿＿＿＿＿。

9．属性的取值范围称为该属性的＿＿＿＿＿＿＿＿＿。

10．两个不同的实体集的实体间有＿＿＿＿＿＿＿、＿＿＿＿＿＿＿＿和＿＿＿＿＿＿＿＿三种联系。

11．表示实体和实体之间联系的模型，称为＿＿＿＿＿＿＿＿＿。

12．最著名、最常用的概念模型是＿＿＿＿＿＿＿＿＿。

13．常用的数据模型有＿＿＿＿＿＿＿、＿＿＿＿＿＿＿＿和＿＿＿＿＿＿＿＿＿。

14．数据模型的三要素包含数据结构、＿＿＿＿＿＿＿＿和＿＿＿＿＿＿＿＿＿。

15．在 E-R 图中，用＿＿＿＿＿＿＿＿表示实体，用＿＿＿＿＿＿＿＿表示联系，用＿＿＿＿＿＿＿＿表示实体和联系类型的属性。

16．用树型结构表示实体及实体间联系的数据模型称为＿＿＿＿＿＿＿＿。在该模型中，上层记录类型和下层记录类型之间的联系是＿＿＿＿＿＿＿＿＿。

17．用有向图结构表示实体及实体间联系的数据模型称为＿＿＿＿＿＿＿＿＿。

18．用二维表表示实体及实体间联系的数据模型称为＿＿＿＿＿＿＿＿＿。

19．关系模型由一个或多个＿＿＿＿＿＿＿＿组成集合。

20．数据库系统结构分为＿＿＿＿＿＿＿，＿＿＿＿＿＿＿＿和＿＿＿＿＿＿＿＿三级。

21．DBMS 提供了＿＿＿＿＿＿＿＿和＿＿＿＿＿＿＿＿功能，保证了数据库系统具有较高的数据独立性。

22．在数据库的三级模型结构中，单个用户使用的数据视图的描述，称为＿＿＿＿＿＿＿＿。全局数据视图的描述，称为＿＿＿＿＿＿＿＿，物理存储数据视图的描述，称为＿＿＿＿＿＿＿＿。

23．数据独立性是指＿＿＿＿＿＿＿＿和＿＿＿＿＿＿＿＿之间相互独立，不受影响。

24．数据独立性分为＿＿＿＿＿＿＿＿独立性和＿＿＿＿＿＿＿＿独立性两级。

25．DBS 中最重要的软件是＿＿＿＿＿＿＿＿，最重要的用户是＿＿＿＿＿＿＿＿。

1.3 问答题

1．简述数据、数据库、数据库管理系统、数据库系统的概念。

2．实体型与关系模式有什么区别？

3．数据库系统有哪些特点？

4．什么是数据模型？数据模型的作用及三要素是什么？

5．试述数据库系统三级模式结构，其优点是什么？

6．什么是数据库的逻辑独立性？什么是数据库的物理独立性？为什么数据库系统具有数据和程序的独立性。

7．数据库系统由哪几部分组成？

8．DBA 的职责是什么？

1.4 综合题

1．试给出 3 个实际部门的 E-R 图，要求实体之间具有一对一、一对多、多对多的各种不同的联系。

2．某工厂生产若干产品，每种产品由不同的零件组成，有的零件可以用在不同的产品中。这些零件由不同的原材料制成，不同零件所用的材料可以相同。这些零件按所属的不同产品分别放在仓库中，试用 E-R 图画出此工厂产品、零件、材料、仓库的概念模型。

3．某百货公司有若干连锁商店，每家商店经营若干商品，每家商店有若干职工，但每个职工只能服务于一家商店，试描述该百货公司的 E-R 模型，并给出每个实体、联系的属性。

1.5　设计操作题

在学习本课程的过程中，要求自行设计一个信息管理系统的数据库。题目根据情况自己选定，最好能够结合生产实际，具有一定的实用价值，也可以参考以下题目：病历管理系统、药物管理系统、户口管理系统、教材管理系统、列车时刻查询决策系统、光盘管理系统、计算机配件库存管理系统、人事管理系统、工资管理系统、单位住房管理系统、成绩管理系统、学籍管理系统、财务管理系统、图书管理系统、公寓管理系统、民航售票管理系统、合同管理系统、学生档案管理系统、水电管理系统、试题库管理系统、机房管理系统、学费管理系统、考务管理系统、排课系统、气象信息收集及预测系统。

要求学习过程中带着自己选定的课题学习，边学习边思考。学习结束时，完成此设计。

学习本章后，请思考以下问题：

1. 自己要设计的信息管理系统的信息世界和机器世界会是什么样子？

2. 自己毕业后在工作岗位上可能扮演数据库系统的什么角色？做哪些工作是本行业最需要且贡献最大的？

第 2 章　关系数据库

　　本章通过一些直观的实例，对关系数据模型的基本概念、关系数据模型的组成进行了重点讲解。通过展示二维表的方法，介绍了关系运算，便于读者理解选择、投影和连接这 3 种最基本的关系运算方法，为读者自主学习其他关系运算打下基础。

本章导读：

- 关系数据模型的基本概念
- 关系数据模型的组成
- 简单的关系运算

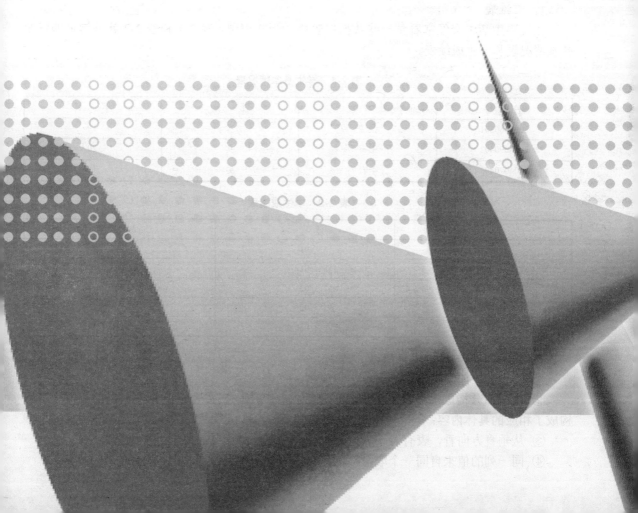

2.1　关系数据模型

2.1.1　关系数据模型概述

第 1 章介绍了 3 种主要的数据模型：层次模型、网状模型、关系模型。其中，关系模型简单灵活，有着坚实的理论基础，已经成为当前最流行的数据模型。

关系模型是以关系代数为理论基础，以集合为操作对象的数据模型。1970 年 IBM 公司的 E. F. Codd 在题为"A Relational Model of Data for Shared Data Banks"的论文中，系统而严格地提出了关系模型，开创了数据库系统的新纪元。

关系数据库管理系统（RDBMS，Relation Database Management System）是支持关系模型的数据库管理系统。目前国际上著名的关系数据库管理系统有 DB2、Oracle、Sybase、SQL Server 等。东软集团有限公司的 OpenBase、人大金仓数据库公司的 Kingbase ES、武汉华工达梦数据库公司的 DM 和中国航天科技集团公司的 OSCAR 已经成为我国自主开发的支柱型关系数据库产品。

2.1.2　关系数据模型的基本概念

1．二维表

在现实生活中会经常看到一些数据以表格的形式出现。表 2-1 和表 2-2 就是常见的学生基本情况表和学生成绩表。

表 2-1　学生基本情况表

学　号	姓　名	性　别	年　龄
2005060201	张瑞	男	19
2005090402	王青	女	20
2004070403	李岩	男	19

表 2-2　学生成绩表

学　号	课程号	成　绩
2005060201	01	89
2005070403	01	69
2005060201	02	75
2005090402	02	80
2005090402	03	69

不难看出，这种二维表具有以下特点：

① 有表名，如学生基本情况、学生成绩；

② 由两部分构成，一个表头和若干行数据，其中，表头表示出表中数据的组成，各行构成了相应的具体内容；

③ 从垂直方向看，表有若干列，每列都有列名，如学号、姓名和年龄等；

④ 同一列的值来自同一个取值范围，如成绩的取值范围通常是 0～100 之间的整数；

⑤ 每一行的数据描述一个具体的事物，如一个学生的基本信息或某门课的成绩，通常称为一条记录。

2．域

域是一组具有相同数据类型的值的集合，又称为值域（用 D 表示），如整数、实数、字符串的集合。在一张二维表中某一列的取值范围也称作域。例如：

$D_1=\{2005060201，2005090402，2005070403\}$

$D_2=\{$男，女$\}$

$D_3=\{01,02,03\}$

其中，D_1、D_2 和 D_3 为域名，分别表示学生基本情况表和学生成绩表中的学号、性别、课程号的集合。

3．笛卡儿积

如果从上例的 D_1 和 D_2 中分别取出元素构成一些两个元素组成的二元组合，所有可能的组合有 6 种情况：（2005060201，男），（2005060201，女），（2005090402，男），（2005090402，女），（2005070403，男），（2005070403，女），把它们放在一起就构成了一个集合，这个集合就是 D_1 与 D_2 构成的笛卡儿积。

一般地，笛卡儿积就是一组给定域 D_1，D_2，$\cdots$，D_n 构成的集合。这组域可以包含相同的元素，也可以完全不同，也可以部分或全部相同。D_1，D_2，$\cdots$，D_n 的笛卡儿积表示为：

$$D_1 \times D_2 \times \cdots \times D_n=\{\,(d_1,\ d_2,\ \cdots,\ d_n)\,|d_i \in D_i,\ i=1,\ 2,\ \cdots,\ n\}$$

例如，$D_1=\{2005060201，2005090402，2005070403\}$，$D_3=\{01,02,03\}$，则构成的笛卡儿积为：

$D_1 \times D_3=\{$（2005060201，01），（2005060201，02），（2005060201，03），（2005090402，01），（2005090402，02），（2005090402，03），（2005070403，01），（2005070403，02），（2005070403，02）$\}$

4．关系

从用户的角度考虑，关系就是一张二维表。可以将表 2-1 所示的二维表表示成如图 2-1 所示的关系。

关系模式为：学生基本情况（学号，姓名，性别，年龄）。

不难看出，关系模式表示关系的构成形式，相当于表头表达的内容。关系则给出表中的每一行，表示这个表目前的内容。注意到关系中的每一行的各列都依次是学号、姓名、性别、年龄，正好与关系模式"学生基本情况"（学号，姓名，性别，年龄）中的（学号，姓名，性别，年龄）依次对应。所以，通常关系的数学定义为：笛卡儿积 $D_1 \times D_2 \times \cdots \times D_n$ 的任一有限子集称为定义在域 D_1，D_2，$\cdots$，D_n 上的一个 n 元关系（Relation）。

也就是说从一组集合的笛卡儿积中，抽取出能反映现实问题的、具有实际意义的子集，该子集即为一个关系。

上例中 $D_1 \times D_3$ 笛卡儿积的子集可以构成学生选课关系 T_1，如表 2-3 所示。

5．元组

关系中的每一行称为一个元组（又称作记录）。一个元组描述了现实世界中的一个实体值。

例如，表 2-2 中的（2005060201，01，89）元组描述的是，学号为 2005060201 的同学选修 01 号课程的成绩为 89 分。

表 2-3 学生选课关系

学号	课程号
2005060201	01
2005070403	01
2005060201	02
2005090402	02
2005090402	03

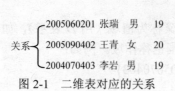

关系 { 2005060201 张瑞 男 19
2005090402 王青 女 20
2004070403 李岩 男 19

图 2-1 二维表对应的关系

6. 属性

关系中的每一列称为属性（又称作字段）。属性描述的是现实世界中某个实体集的一些特征。

例如表 2-1 中，学号、性别、姓名、年龄属性描述的是实体型学生的一些特征。当然，这些特征是人们所关心的。

7. 属性组

关系中多个属性的组合称为属性组，记作（属性 1，属性 2，…，属性 n）。例如，学号和课程号的组合记作（学号，课程号）。

8. 码

若关系中的某一个属性组的值能唯一地标识每个元组，则称该属性组为码（Key），也称作关键字。

同一个实体型的两个实体是可以区分的，在现实生活中可以根据颜色或大小（高矮）区分两张桌子，根据人的相貌区分两个人，即实体型的两个实体之间总是可以由某个或某几个特征（属性）来区分。

在关系中，如何区分两个元组呢？关系模型规定在一个关系中不能有两个完全一样的元组。所谓两个元组不完全一样就是说两个元组在某一个或某一组属性上具有不同的值，这个属性或这组属性就是码（Key）。因此，在关系中，可以由码来区分两个不同的元组。

例如，在"学生基本情况（学号，姓名，性别，年龄）"关系中，任何两个元组的学号都不相同，所以学号是该关系的码。在"学生选课（学号，课程号）关系"中一个学生可以选修多门课程，在该关系中存在学号相同的两个元组，一门课程也可以被多名学生选，在该关系中也存在课程号相同的两个元组，所以学号和课程号都不能单独作为该关系的码。但在该关系中不存在学号和课程号都相同的两个元组，所以可以用学号和课程号的组合来区分两个不同的元组，学号和课程号的组合也就是该关系的码。

对于码这个概念，有两点注意事项。第一，码是由语义决定的。例如，在关系"学生基本情况（学号，姓名，性别，年龄）"中有 3 个元组，从表 2-1 中可以看出，在姓名属性上任何两个元组的值都不相同，但是姓名不能作为码，因为可能存在同名现象，而学号可以作为码，因为在编制学号时保证每个学号是唯一的，并且一个学号只能指派给一个学生。如果在设计系统时，根据实际应用提出了学生不能重名这样的规定，那么姓名也可以作为码。第二，码具有最小性。例如，在学生基本情况关系中，任何两个元组在学号和性别属性组上的取值都不相同，但是去掉性别属性后，任何两个元组学号的值也不相同，所以说（学号，性别）属性组不是码，因为它们不具有最小性。

9. 候选码

若在一个关系中有多个码，则每一个码都被称为候选码。例如，在学生基本情况关系中，在不允许学生重名的语义下，学号和姓名都是候选码。但请注意，学生成绩关系中学号和课程号都不是候选码，而（学号，课程号）是候选码。

10．主码

根据实际应用一般选定一个候选码用来作为一个实体区分其他实体的标志，这个码被称作主码（Primary Key），也被称作主键、主关键字。每一个关系都有且只有一个主码。

11．主属性

所有候选码包含的属性都称为主属性。例如，在关系"学生基本情况（学号，姓名，性别，年龄）"中，在不允许学生重名的语义下，学号和姓名都是主属性。学生成绩关系中，（学号，课程号）为候选码，所以其中的学号和课程号都是主属性。

12．非主属性

不包含在任何候选码中的属性称为非主属性。例如，学生基本情况关系中的性别、年龄等。

13．数据冗余

数据冗余是指数据的重复，即同一数据在一个关系中出现多次的现象。例如，表 2-4 所示的学生关系中的院长，一个学院有多少个学生，院长在该关系中就出现了多少次。

表 2-4　学生关系

学号	姓名	性别	学院	院长
2005060201	张君	男	信息	李平
2005090402	王青	女	信息	李平
2004070403	李岩	男	材料	周正

📖思考：性别这一属性是不是数据冗余？

2.1.3　关系数据模型的组成

关系数据模型简称关系模型，由关系数据结构、关系操作和关系完整性约束 3 部分组成。如图 2-2 所示。

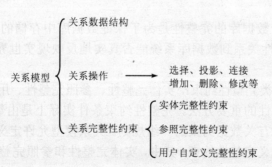

图 2-2　关系数据模型的组成

1．数据结构

关系模型的数据结构是关系，无论是实体还是实体之间的联系均由关系表示。在用户看来，关系模型中数据的逻辑结构是一张二维表。关系模型的这种简单的数据结构能够表达丰富的语义，能描述现实世界的实体及实体间的各种联系。

一个关系是一张二维表，表中的行表示某个对象，列表示对象的某个属性。行也称为元组，列也称为属性。关系有以下特性：

① 任何列中的所有数据项都必须属于同一类型，即每一列中的分量都来自于同一个域；

② 不同的列可取自相同的域，但要给定不同的列名，列的次序可交换；

③ 关系中的任何两行必须是不能完全相同的，行的顺序无关紧要；

④ 每一分量必须是不可再分的数据项。

例如，表 2-5 就不是一个关系，因为在这个表中的工资分量又分为基本工资、职务工资、津贴 3 个分量，所以不是一个关系。

表 2-5　职工工资表

职工编号	姓名	工资（元）			扣款（元）	实发工资（元）
		基本工资	职务工资	津贴		
00001	张三	481	207	30	25	693
00002	李四	540	207	30	0	777

关系可以有 3 种类型的表对应：基本表、查询表和视图表。基本表是根据数据库系统的实际需要而建立的表，它是实际存储数据的逻辑表示。查询表是查询结果对应的表。视图表是由基本表或其他图表导出的表，是虚表，不对应实际存储的数据。基本表对应于关系模式中的模式，查询表、视图表对应于关系模式中的外模式。

2．关系操作

关系操作也叫关系运算，是采用集合运算形式进行的操作。也就是说，操作的对象和结果都是集合（即一次对多个元组进行操作或操作的结果是多个元组）。

关系模型中的关系操作能力早期通常用代数方法或逻辑方法来表示，分别称为关系代数和关系演算。关系代数采用对关系的运算来表达查询要求，关系演算用谓词来表达查询要求。实际的 SQL 查询语言（select）除了提供关系代数或关系演算的功能外，还提供了许多附加功能，如集函数、关系赋值、算术运算等。

关系模型中常用的操作包括选择、投影、连接、除、并、交、差等运算。

3．关系的完整性

在关系型数据库中，数据库的完整性是为了保证数据库中存储的数据的准确性和一致性。数据库是否具备完整性关系到数据库系统能否真实地反映现实世界，因此维护数据库的完整性是非常重要的。

关系模型中可以有三类完整性约束：实体完整性、参照完整性、用户自定义完整性。

约束是实现数据完整性的重要方法。完整性约束条件实际上是由数据库管理员 DBA 或应用程序员事先规定好的有关数据约束的一组规则。关系模型允许定义实体完整性约束、参照完整性约束和用户自定义完整性约束。其中，实体完整性和参照完整性约束是关系模型必须满足的约束条件。

（1）实体完整性

一个基本关系通常对应于现实世界的一个实体集。例如，关系"学生（学号，姓名，性别，出生日期，所在系）"对应于学生的集合，"学生选课（学号，课程号，成绩）"对应于学生和课程之间的联系这个实体集。

现实世界中的实体是可区分的。例如，学生实体集中的每个学生都可以用学号区分，即它们具有唯一性标识——学号。在学生选课实体集中多个学生可以选同一门课程，同一位学生可以选多门不同的课程，而学号和课程号的任何一个单项都不能区分学生选课的结果，因此，在选课结果的集合中，用学号和课程号的组合来进行唯一性的区分，即它们具有唯一性标识——学号和课程号。

关系模型中以码作为唯一性标识。包含在候选码中的属性即主属性不能取空值。所谓空值就是"不知道"或"无意义"的值。如果主属性取空值，就说明存在某个不可标识的实体，即存在不可区分的实体，这与现实世界的应用环境相矛盾，因此这个实体一定不是一个完整的实体。

实体完整性规则为，若属性 A 是基本关系 R 的主属性，则属性 A 不能取空值。

例如，在关系"学生（学号，姓名，性别，出生日期，所在系）"中，学号属性为码，则学号不能取空值。实体完整性规则规定基本关系的所有主属性都不能取空值。例如，在学生选课关系中（学号、课程号）为主码，则学号和课程号两个属性分别都不能取空值。

（2）参照完整性

现实世界中的实体之间往往存在某种联系，在关系模型中实体及实体间的联系都是用关系来描述的，这样就自然存在着关系与关系之间属性的引用。先看下面的 3 个例子。

【例 2-1】　学生实体和系实体可以用如下关系表示，其中主码用下划线标识：

学生（<u>学号</u>，姓名，性别，出生日期，所在系）

系（<u>系名</u>，系主任，联系电话）

这两个关系之间存在着属性间的引用，即"学生"关系中的"所在系"与"系"关系的主码"系名"所指是相同的。显然，"学生"关系中的"所在系"必须是确实存在的系名，即"系"关系中必须有该系的记录。也就是说，"学生"关系中的某个属性的取值需要参照"系"关系的属性取值。

【例 2-2】　学生和课程之间多对多的联系可以用以下 3 个关系表示，其中主码用下划线标识：

学生（<u>学号</u>，姓名，性别，出生日期）

课程（<u>课程号</u>，课程名，学分）

学生选课（<u>学号，课程号</u>，成绩）

这 3 个关系之间也存在属性间的引用，即关系"学生选课"引用了关系"学生"的主码"学号"和关系"课程"的主码"课程号"。同样，关系"学生选课"中的学号必须是确实存在的学生的学号，即关系"学生"中有该学生的记录。关系"学生选课"中的课程号必须是确实存在的课程的课程号，即关系"课程"中有这个课程的记录。换句话说，关系"学生选课"中的学号、课程号属性的取值需要参照关系"学生"和关系"课程"的属性取值。

不仅两个或两个以上的关系间可以存在引用关系，同一关系内部属性间也可能存在引用关系。

【例 2-3】　在关系"学生 2（<u>学号</u>，姓名，性别，出生日期，班长）"中，"学号"属性是主码，如果要求"班长"表示该学生所在班的班长的学号，则它引用了本关系的"学号"属性，即"班长"必须是确实存在的学生的学号。

在参照完整性约束中涉及一个非常重要的概念——外码（又称外关键字、外键）。

外码的定义为，设 F 是基本关系 R 的一个或一组属性，但不是关系 R 的主码，如果 F

与基本关系 S 的主码 K_S 相对应，则称 F 是基本关系 R 的外码，并称基本关系 R 为参照关系，称基本关系 S 为被参照关系或目标关系。关系 R 和 S 可以是同一个关系。显然，目标关系 S 的主码 K_S 和参照关系的外码 F 必须定义在同一个域上。

在例 2-1 中，学生关系的"所在系"属性与系关系的主码"系名"相对应，因此，"所在系"属性是学生关系的外码。这里系关系为被参照关系，学生关系为参照关系，如图 2-3 所示。

在例 2-2 中，学生选课关系的"学号"属性与学生关系的主码"学号"相对应，"课程号"属性与课程关系的主码"课程号"相对应，因此"学号"和"课程号"属性是学生选课关系的外码。这里的学生关系和课程关系均为被参照关系，学生选课关系为参照关系。

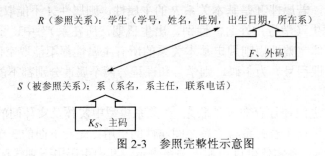

图 2-3　参照完整性示意图

在例 2-3 中，"班长"属性与本关系主码"学号"属性相对应，因此"班长"是外码。学生 2 关系既是参照关系也是被参照关系。

需要指出的是，外码并不一定要与相应的主码同名。不过，在实际应用中，为了便于识别，当外码与相应的主码属于不同关系时，往往给它们取相同的名字。参照完整性规则就是定义外码与主码之间的引用规则。

参照完整性规则：若基本关系 R 中含有与另一个基本关系 S 的主码 K_S 相对应的属性组 F（F 称为 R 的外部码），则对于 R 中每个元组在 F 上的取值必须是：或者取空值；或者等于 S 中某个元组的主码值。关系 S 的主码 K_S 和 F 定义在同一个域上。基本关系 R 和 S 可以是同一个关系。

（3）用户自定义完整性

实体完整性和参照完整性用于任何关系数据库系统，用户自定义完整性则是针对某一个具体数据库应用的约束条件。

根据应用环境变化的需要，用户往往还需要定义一些特殊的约束条件，这种用户针对某一个具体关系数据库的应用而定义的约束条件称为用户定义的完整性。

用户自定义完整性反映了某一个具体应用所涉及的数据必须满足的语义要求。关系模型应提供定义和检验这类完整性的机制，以便用统一的系统方法来处理它们而不要由应用程序承担这一功能。

SQL server 支持 6 种类型的约束：非空约束、检查约束、默认值约束、唯一性约束、主关键字约束和外关键字约束。

非空约束是指该表中某一列的列值不允许为空；检查约束是指该表中的某一列的列值按照一定的取值范围或格式取值；默认值约束是指用户在向某一列中插入数据时，如果没有为该列指定数据，那么系统就将默认值赋给该列；唯一性约束确保表中的两个数据行在非主键列中没有相同的两个列值，但唯一性约束可以允许有空值；主关键字约束是定义主键，表本身并不要求一定要有主键，但应该养成给表定义主键的习惯；外关键字约束是定义外关键字。

非空约束、默认值约束、检查约束可以实现用户自定义完整性，主关键字约束和唯一性约束可以实现实体完整性，外关键字约束可实现参照完整性。数据的完整性和用于实现完整性的方法——约束之间的关系见表 2-6。

表 2-6 完整性和约束之间的关系表

数据完整性	实体完整性	参照完整性	用户自定义完整性
用于实现完整性的约束	主关键字约束、唯一性约束	外关键字约束	检查约束、默认值、非空约束

2.2　关系运算简介📖

关系模型的数学基础是关系代数。关系代数通过对关系的运算来表达对关系的操作，是关系数据操纵的一种传统表达方式。关系代数的运算对象是关系，运算结果也是关系。关系代数用到的运算符包括 4 类：集合运算符、专门的关系运算符、算术比较符和逻辑运算符。集合运算是基本的关系运算，包括并、交、差、广义笛卡儿积这 4 种运算。专门的关系运算包括选择、投影、连接。算术比较符包括<、<=、>、>=、!=、==这 6 种运算符。逻辑运算符包括 NOT、AND、OR。

2.2.1　集合运算

集合运算是二目运算，包括并、交、差、广义笛卡儿积这 4 种运算。

设关系 R 和关系 S 具有 n 个属性的关系，称为 n 目关系。当 n 目关系 R 和 S 相应的属性值取自同一个域时，则可以定义并、交、差运算如下。

1. 并：关系 R 与关系 S 的并由属于 R 或属于 S 的元组组成，记作，$R \cup S = \{t | t \in R \vee t \in S\}$。
2. 交：关系 R 与关系 S 的交由既属于 R 又属于 S 的元组组成，记作，$R \cap S = \{t | t \in R \wedge t \in S\}$。
3. 差：关系 R 与关系 S 的差由属于 R 而不属于 S 的所有元组组成，记作，$R - S = \{t | t \in R \wedge t \notin S\}$。
4. 广义笛卡儿积：两个分别为 n 目和 m 目的关系 R 和 S 的广义笛卡儿积是一个 $n+m$ 目的关系。该关系的元组的前 n 列是关系 R 的一个元组，后 m 列是关系 S 的一个元组。记作：

$$R \times S = \{ \widehat{t_R \ t_S} \mid t_R \in R \ \wedge \ t_S \in S \}$$

2.2.2　选择运算

选择运算（σ 运算）是从给定关系中选取满足一定条件的元组，其运算结果是一个新的关系。也就是说，对数据表中的记录进行横向选择。

选择运算可表示为：

$$\sigma_{条件}（关系）$$

【例 2-4】 从表 2-7 所示的学生关系中选出所有计算机系的学生。

解：根据题目要求只将"系名='计算机系'"作为条件，而对编号、姓名、性别、出生年月不作要求。因此，可进行选择操作如下：

$$\sigma_{系名='计算机系'}（学生）$$

在应用中通过 select 查询语句实现（该内容在第 4 章中讲解）。实现方法如下：

```
select * from 学生 where 系名='计算机系'
```

运算结果如表 2-8 所示。

表 2-7　学生关系

编号	系名	姓名	性别	出生年月
03004	计算机系	柴宏	男	1979.10.10
02001	外语系	丁英囡	女	1979.08.02
03001	计算机系	郭健	男	1978.08.07
04001	数学系	姜瑞青	男	1981.06.02
05001	电子工程系	翁超雷	男	1980.08.10
05002	电子工程系	房芳	女	1976.09.02
03002	计算机系	宋江明	男	1981.01.03
03003	计算机系	白蕾	女	1979.05.04

表 2-8　运算结果

编号	系名	姓名	性别	出生年月
03004	计算机系	柴宏	男	1979.10.10
03001	计算机系	郭健	男	1978.08.07
03002	计算机系	宋江明	男	1981.01.03
03003	计算机系	白蕾	女	1979.05.04

如果要求从学生关系中查询出计算机系的男生，则运算表达式为：

$$\sigma_{\text{系名}='\text{计算机系}'\text{and 性别}='\text{男}'}（\text{学生}）$$

2.2.3　投影运算

投影运算（Π 运算）是从一个关系中选择指定属性的操作，它的结果是一个带有所选属性的新关系。表示为：

$$\Pi_{\text{属性}1,\text{属性}2,\cdots\cdots,\text{属性}n}（\text{关系}）$$

【例 2-5】 从表 2-7 所示的学生关系中查询出所有学生的系名及姓名。

解： 根据题目要求，只需指定系名、姓名属性，因此，可用下式进行选择操作：

$$\Pi_{\text{系名, 姓名}}（\text{学生}）$$

用 SQL 查询语句实现：

select 系名，姓名 from 学生

运算结果如表 2-9 所示。

表 2-9　$\Pi_{\text{系名, 姓名}}$（学生）的运算结果

系名	姓名
计算机系	柴宏
外语系	丁英囡
计算机系	郭健
数学系	姜瑞青
电子工程系	翁超雷
电子工程系	房芳
计算机系	宋江明
计算机系	白蕾

2.2.4　连接运算

连接运算是从两个关系的笛卡儿积中选取满足一定连接条件的元组集合。连接操作是一个笛卡儿积和选择操作的组合。R 和 S 两个关系的连接操作定义为，首先，形成 R 与 S 的笛

卡儿积，然后选择某些元组（选择的标准是连接时所指定的条件）：

$$R \underset{F}{\bowtie} S$$

式中，F 为连接条件。

连接运算中有两种最重要也是最常用的连接：一种是等值连接（Equi Join），另一种是自然连接（Natural Join）。

连接条件 F 中的比较运算符为"＝"时的连接运算称为等值连接，它是从关系 R 与 S 的笛卡儿积中选取与 A、B 属性值相等的那些元组。即等值连接为：

$$R \underset{AB}{\bowtie} S = \{ \widehat{t_R \, t_S} \mid t_R \in R \land t_S \in S \land t_R[A] = t_S[B] \}$$

自然连接（Natural Join）是一种特殊的等值连接，它要求两个关系中进行比较的分量必须是相同的属性组，并且要在结果中把重复的属性去掉。即若 R 和 S 具有相同的属性组 B，则自然连接可以记作：

$$R \bowtie S = \{ \widehat{t_R \, t_S} \mid t_R \in R \land t_S \in S \land t_R[B] = t_S[B] \}$$

一般的连接操作是从行的角度进行的运算。但自然连接还需要取消重复列，所以是同时从行和列的角度进行运算的。

【例 2-6】 从表 2-10 学生表和表 2-11 选课表中，根据实际需要查询关于学生的全部信息（包括基本情况和所选课程情况），如表 2-12 所示。

解： 先对学生关系和选课关系作笛卡儿积，结果如表 2-12 所示。然后对笛卡儿积中的元组按条件"学生.编号=选课.编号"做选择运算，结果如表 2-13 所示，表示为：

学生 $\bowtie$ 选课

用 SQL 查询语句实现：

Select 学生.编号,学生.姓名,学生.系名 from 学生,选课 where 学生.编号=选课.编号

表 2-10 学生

编号	姓名	系名
03004	柴宏	计算机系
03002	宋江明	计算机系

表 2-11 选课

编号	选课
03004	VFP 数据库
03004	数据结构
03002	C 语言

表 2-12 学生和选课关系的笛卡儿积

编号 1	姓名	系名	编号 2	选课
03004	柴宏	计算机系	03004	VFP 数据库
03004	柴宏	计算机系	03004	数据结构
03004	柴宏	计算机系	03002	C 语言
03002	宋江明	计算机系	03004	VFP 数据库
03002	宋江明	计算机系	03004	数据结构
03002	宋江明	计算机系	03002	C 语言

表 2-13　自然连接运算

编号	姓名	系名	选课
03004	柴宏	计算机系	VFP 数据库
03004	柴宏	计算机系	数据结构
03002	宋江明	计算机系	C 语言

本 章 小 结

本章详细讲解了关系、元组、属性、码、候选码、主码、主属性、非主属性等关系数据库的基本概念。这些概念在以后的学习中将不断地涉及，因此必须透彻理解和熟练掌握。

关系模型由关系数据结构（即二维表）、关系的操作及关系的完整性约束组成。

关系的完整性分为实体完整性、参照完整性、用户自定义完整性 3 类。

实体完整性的本质是要求关系的主属性不能取空值。

理解参照完整性的基础是外码的定义，只要能够把握住参照关系、被参照关系，并且能够熟练地找出这些关系的主码，那么理解外码、进一步理解参照完整性就变得非常简单了。因此，在研究某个关系时，准确地把握住主码是分析各类问题的关键。也就是说，分析某个关系首先要从分析该关系的主码入手。

对于非计算机专业的读者来说，能够直观地理解选择、投影、连接运算就基本上能够满足需要，更多其他的内容，读者可以通过网络教学平台进一步自主学习。

习 题 2

1.1　单项选择题

1. 在关系模型中，一个关键字（　　）。
   A. 可由多个任意属性组成
   B. 至多由一个属性组成
   C. 可由一个或多个其值能唯一标识该关系模式中任何元组的属性组成
   D. 以上都不是

2. 同一个关系模型的任两个元组值（　　）。
   A. 不能全同　　　B. 可全同　　　　C. 必须全同　　　D. 以上都不是

3. 一个关系中的各个元组（　　）。
   A. 前后顺序不能任意颠倒，一定要按照输入的顺序排列
   B. 前后顺序可以任意颠倒，不影响库中的数据关系
   C. 前后顺序可以任意颠倒，但排列顺序不同，统计处理的结果就可能不同
   D. 前后顺序不能任意颠倒，一定要按照关键字段值的顺序排列

4. 设学生关系模式为：学生（学号，姓名，年龄，性别，成绩，专业），则该关系模式的主码是（　　）。
   A. 姓名　　　　　B. 学号，姓名　　　C. 学号　　　　D. 学号，姓名，年龄

5. 有一个关系：学生（学号，姓名，系别），规定学号的值域是 8 个数字组成的字符串，这一规则属于（　　）。

A．实体完整性约束　　　　　　　　　B．参照完整性约束

C．用户自定义完整性约束　　　　　　D．关键字完整性约束

6．已知关系 1：厂商（厂商号，厂名），关系 1 的主码为厂商号；关系 2：产品（产品号，颜色，厂商号），关系 2 的主码为产品号，外码为厂商号。假设两个关系中已经存在如表 2-14 和表 2-15 所示的元组，若再往产品关系中插入如下元组：Ⅰ（P03，红，C02），Ⅱ（P01，蓝，C01），Ⅲ（P04，白，C04），Ⅳ（P05，黑，null）

能够插入的元组是（　　）。

表 2-14　厂商

厂商号	厂名
C01	宏达
C02	立仁
C03	广源

表 2-15　产品

产品号	颜色	厂商号
P01	红	C01
P02	黄	C03

A．Ⅰ，Ⅱ，Ⅳ　　B．Ⅰ，Ⅲ　　　　C．Ⅰ，Ⅱ　　　　D．Ⅰ，Ⅳ

7．在关系 S（NAME，SNO，DEPART）中规定 DEPART 属性只能是计算机。这一规定属于（　　）完整性

A．用户自定义完整性　　　　　　　　B．参照完整性

C．实体完整性　　　　　　　　　　　D．固定完整性

8．在下面的两个关系中，职工号和部门号分别为职工关系和部门关系的主码。

职工（职工号，职工名，部门号，职务，工资）

部门（部门号，部门名，部门人数，工资总额）

在这两个关系的属性中，只有一个属性是外码，它是（　　）。

A．职工关系的职工号　　　　　　　　B．职工关系的部门号

C．部门关系的部门号　　　　　　　　D．部门关系的部门名

1.2　填空题

1．关系操作的特点是＿＿＿＿＿＿＿＿操作。

2．在一个实体表示的信息中，称＿＿＿＿＿＿＿＿为关键字。

3．已知"系（系编号，系名称，系主任，电话，地点）"和"学生（学号，姓名，性别，入学日期，专业、系编号）"两个关系，"系"关系的主关键字是＿＿＿＿＿＿＿＿，"学生"关系的主关键字是＿＿＿＿＿＿＿＿，外关键字是＿＿＿＿＿＿＿＿。

4．在关系数据库中，二维表称为一个＿＿＿＿＿＿＿＿，表的每一行称为＿＿＿＿＿＿＿＿，表的每一列称为＿＿＿＿＿＿＿＿。

5．关系数据库是以＿＿＿＿＿＿＿＿为基础的数据库，利用＿＿＿＿＿＿＿＿描述现实世界，一个关系既可以描述＿＿＿＿＿＿＿＿，也可以描述＿＿＿＿＿＿＿＿。

6．＿＿＿＿＿＿＿＿运算是从一个现有的关系中选取某些属性，组成一个新的关系。

1.3　简答题

1．试述关系数据模型的 3 个组成部分。

2．解释下列术语：域、笛卡儿积、主码、候选码、外码、元组、属性。

1.4   综合题

设有一个 SC 数据库，包括 STUDENT、SC 和 COURSE 3 个关系模式：

STUDENT(SNO ,SNAME, SSEX, SAGE, SDEPT);
COURSE(CNO, CNAME, CPNO, CCREDIT);
SC(SNO , CNO, GRADE);

学生表 STUDENT 由学号（SNO）、姓名（SNAME）、性别（SSEX）、年龄（SAGE）、系名（SDEPT）组成，课程表 COURSE 由课程号（CNO）、课程名（CNAME）、先修课程（CPNO）、学分（CCREDIT）组成，学生选课表 SC 由学号（SNO）、课程号（CNO）、成绩（GRADE）组成。有如表 2-16～表 2-18 所示的数据。

表 2-16   STUDENT 表

SNO	SNAME	SSEX	SAGE	SDEPT
15001	李勇	男	20	CS
15002	吕晨	女	19	IS
15003	王敏	女	18	MA
15004	张立	男	19	IS

表 2-17   COURSE 表

CNO	CNAME	CPNO	CCREDIT
1	数据库	5	4
2	数学		2
3	信息系统	1	4
4	操作系统	6	3
5	数据结构	7	4
6	数据处理		2
7	PASCAL	6	4

表 2-18   SC 表

SNO	CNO	GRADE
15001	1	92
15001	2	85
15001	3	88
15002	2	90
15002	3	80

使用关系运算完成以下查询：

1．查询选修了 2 号课程的学生的学号；

2．查询选修了信息系统这门课程的学生的学号；

3．查询所有学生的学号、姓名、年龄。

第 3 章　SQL Server 2000

本章重点介绍 SQL Server 2000 的安装及其常用工具的使用方法，介绍了 EDU_D
数据库的创建过程。

通过读者主动地练习和探索，掌握 SQL Server 2000 的安装方法，能够使用企业管
理器建立 SQL Server 注册、创建数据库、数据库表等。读者可以使用查询设计器初步
感受 SQL 语言的构造方法，掌握查询分析器的主要用法，利用导入/导出数据服务实
现 SQL Server 数据库与多种数据库进行数据的交流与转换。

本章导读：

- SQL Server 2000 的安装和配置方法
- SQL Server 2000 管理工具的使用
- SQL Server 2000 数据库的基本构成
- SQL Server 2000 数据库的维护与管理，数据表的维护与管理

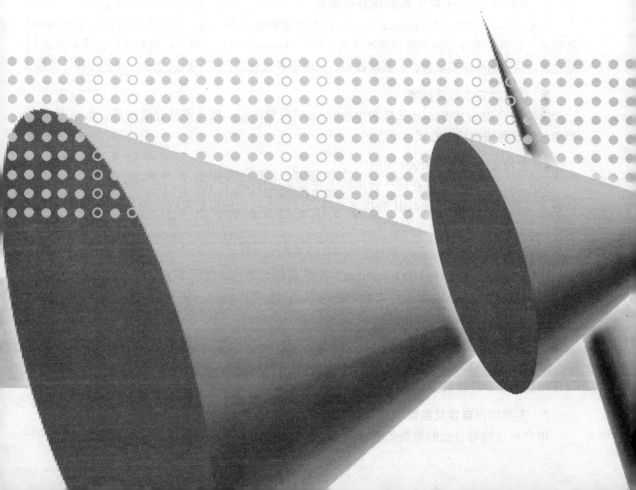

3.1　SQL Server 2000 的特点✎

SQL Server 2000 是微软公司于 2000 年推出的一个客户-服务器（C/S）体系结构的大型关系型数据库管理系统（RDBMS），在客户机与 SQL Server 之间实现了 Transact-SQL 命令和信息的请求与应答，是一个高性能的数据库管理系统。它提供了与 Windows NT/2000 在线程、调度服务、性能监视器和事件浏览等技术在应用上的集成，并提供了客户端和服务器端的数据库管理工具，它是目前在市场上得到广泛应用的大型专业数据库管理系统。概括起来，它主要有以下特点。

1．客户-服务器体系结构

SQL Server 使用客户-服务器（C/S）体系结构把工作负载划分成在服务器上运行的任务和在客户机上运行的任务，程序也分为客户程序和服务程序。

客户程序负责业务逻辑和向用户显示数据。客户程序通常运行于客户机上，但也可以运行于安装有 SQL Server 的服务器上。

服务程序负责管理数据库和分配可用的服务器资源，如内存、网络带宽和磁盘操作等。C/S 体系结构的核心是充分利用数据库服务器的性能和资源，将大量复杂的运算、数据处理、检索等操作，放在服务器主机上处理，而只把处理结果传回到提出请求的客户端，这就提高了数据处理效率，并减少了网络通信线路的负载。

2．支持 Transact-SQL 结构化查询语言

SQL Server 2000 支持 Transact-SQL 事务型结构化查询语言。Transact-SQL 是 SQL 的增强版本，它提供了许多附加的功能和函数。利用 Transact-SQL，用户可以创建数据库和其他数据对象，从数据库中提取数据，修改数据，实现事务性处理，保证数据处理的安全性和一致性。

3．独特的安全认证技术

支持用户的 SQL Server 认证和 Windows 域账户认证，以及系统登录账户、数据库账户和角色管理等账户认证方式。

4．支持多个 SQL Server 实例

SQL Server 2000 支持在同一台主机上安装和运行 16 个 SQL Server 服务器实例，一个实例最多支持 32 个处理器、64GB 的物理内存。这样，不同的应用就可以使用各自的 SQL Server 服务器实例，做到运行中互不影响。

5．支持 XML 语言

XML（eXtensive Markup Language）即扩展标记语言。使用 SQL Server 2000 关系数据库引擎，可以存储 XML 数据，而查询则能以 XML 格式返回，并可以使用超文本传输协议（HTTP，HyperText Transfer Protocol）来访问 SQL Server。

6．数据仓库处理能力

SQL Server 2000 增加了 OLAP（联机分析处理）功能，这就使很多中小企业用户也可以使用数据仓库进行数据分析。

7．支持用户自定义函数

用户可以编写自己的数据处理函数，并且使用自定义的函数就像使用系统函数和程序中

的函数一样方便，这就大大提高了编程的灵活性和运行效率。

8．支持 OLE DB

通过对 OLE DB 和 ADO 对象模型的支持，用户可以使用各种开发工具，实现对数据库的操作，实现 C/S 或 B/S 模式数据库应用编程。

SQL Server 2000 还在排序、全文检索、索引、分布式查询、备份和还原等多方面进行了性能优化。

3.2　SQL Server 2000 的安装✎

3.2.1　SQL Server 2000 的运行环境要求

SQL Server 2000 服务器对配置的要求比一般微型计算机要高，最好是专用服务器。SQL Server 客户端主要安装了一些管理工具，相对服务器的要求可以低一些，基本要求见表 3-1。

表 3-1　安装 SQL Server 2000 的硬件基本要求

硬件项目	基本配置要求
主机	不低于 Pentium 166MHz
内存	不低于 64MB
硬盘空间	需要约 200MB 的服务器组件空间
显示器	需要设置成 800×600 模式，才能使用其图形分析工具

SQL Server 2000 提供了企业版（Enterprise）、开发版（Developer）、标准版（Standard）、个人版（Personal）等多个版本，而不同的版本要求安装的系统平台也不同，所以在安装 SQL Server 之前必须参考操作系统和 SQL Server 版本兼容表，见表 3-2，其中，阴影部分是各个不同的 SQL Server 版本所支持的操作系统。要根据操作系统选择合适的版本，例如，如果操作系统是 Windows XP，就不能选择 Enterprise 版和 CE 版，如果操作系统是 WinCE，就只能选择 CE 版了。

表 3-2　操作系统和 SQL Server 版本兼容表

	Windows 2000、NT 4(SP5)	Windows 2000 Professional、NT 4 Workstation(SP5)、Windows XP	Windows 98、Windows Me	WinCE
Enterprise				
Developer				
120-day Evaluation				
Standard				
Personal				
CE				

3.2.2　SQL Server 2000 的安装

SQL Server 2000 的安装比较容易，本节简要介绍在服务器上安装 SQL Server 2000 企业版的过程。在安装之前，首先应该了解 SQL Server 2000 的服务器组件。

SQL Server 2000 由两部分组成：服务器组件和客户端工具。

1. SQL Server 的服务器组件

SQL Server 的服务器组件是以 Windows 服务（Windows Services）方式运行的。一般认为 SQL Server 包含 4 种 Windows 服务（这里只关注 OLTP，暂时不考虑 OLAP），分别是 MSSqlServer、DTC Distributed Transaction Coordinator、SQLServerAgent、Search Service。

MSSqlServer 是最常用的服务，一般的数据库功能都是由它提供的，如文件管理、查询处理、数据存储等。DTC 是分布式事务协调器，支持跨越两个或多个服务器的更新操作来保证事务的完整性。SQLServerAgent 负责 SQL Server 自动化工作，如果需要 SQL Server 在指定时间执行某一个存储过程，就需要用到这个服务了。Search Service 是全文查询服务，负责全文检索方面的工作。

把 SQL Server 服务器组件作为 Windows 服务程序，主要是因为 Windows 服务程序能够在用户没有登录的情况下使用。把 SQL Server 的核心功能分为 4 个 Windows 服务程序，主要是考虑了以下因素：

① 这些 Windows 服务程序各自负担的任务，功能上是可分割的；

② 不是每个应用都需要使用 4 个服务所提供的所有功能，让用户有选择地关闭一些服务，可以节省系统资源，也可以节省用户花在管理上的精力；

③ 分开为多个服务程序，就可以为每一个服务设定操作系统级的安全策略。

2. 客户端工具

SQL Server 2000 的核心是服务器组件，但用户直接接触的却不是服务器组件（虽然真正负责数据处理的是它们），而是客户端工具。服务器组件是引擎，客户端工具是用户界面，两者是相辅相成的。

SQL Server 2000 的客户端工具主要有：企业管理器、查询分析器、事件探查器、服务管理器、客户端网络实用工具、服务器网络实用工具、导入和导出数据（DTS）等。

服务器组件与客户端工具功能上是配套的，客户端工具需要用最简单的形式表达最丰富的服务器组件的功能。服务器组件和客户端工具物理上是离散的。客户端工具要与服务器组件连通，需要一些用于通信的动态链接库。SQL Server 2000 的通信库支持多种网络协议，如 TCP/IP、命名管道等。

只要客户端工具与服务器组件在功能上是配套（兼容）的，就可以通过一定的协议连接。因此，只要在自己的计算机上安装一套客户端工具，就可以连接世界各地的 SQL Server 服务器了，当然需要对方开放足够的权限。

由此可见，安装 SQL Server 2000 实际上就是安装服务器组件和客户端工具。当然，可以选择同时安装服务器组件和客户端工具，或者只安装其中的一个，甚至只选择安装更少的东西。

另外要注意，安装 SQL Server 2000 前一定要用 Administrator 权限的账号登录，否则将没有权利在计算机上安装 SQL Server 2000。确定所要安装的计算机上没有运行任何版本的 SQL Server 或带有 SQL Server 的程序。具体安装步骤如下：

① 将企业版安装光盘插入光驱，系统自动启动 autorun.exe 程序，在弹出的 SQL Server 安装窗口上选择"安装 SQL Server 2000 组件"选项，如图 3-1 所示。

② 在弹出的"安装组件"窗口中选择"安装数据库服务器"选项，如图 3-2 所示。

图 3-1　SQL Server 2000 安装窗口　　　　图 3-2　"安装组件"窗口

③ 在弹出的窗口中，单击"下一步"按钮，在"计算机名"对话框中，选择要将 SQL Server 2000 安装的主机位置，这里选择"本地计算机"，如图 3-3 所示。

④ 单击"下一步"按钮，在"安装选择"对话框中选择"创建新的 SQL Server 实例，或安装客户端工具"选项，如图 3-4 所示。对初次安装的用户，应使用这一安装模式，不必使用"高级选项"进行安装，因为"高级选项"中的内容均可在安装完成后进行调整。

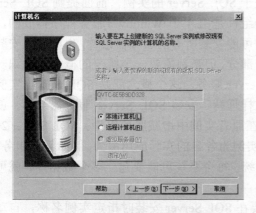
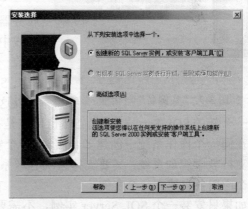

图 3-3　"计算机名"对话框　　　　　　图 3-4　"安装选择"对话框

⑤ 单击"下一步"按钮，在"用户信息"对话框中输入用户的"姓名"和"公司"信息，如图 3-5 所示。

⑥ 单击"下一步"按钮，在"软件许可协议"对话框中选择"是"选项，然后进入"安装定义"对话框如图 3-6 所示，"安装定义"对话框提供了 3 个安装类型选项。

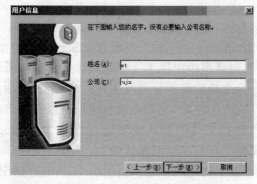
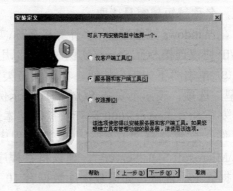

图 3-5　"用户信息"对话框　　　　　　图 3-6　"安装定义"对话框

- "仅客户端工具"选项：只安装客户端工具。当已经安装过数据库服务器，只需要安装客户端工具与已存在的数据库服务器连接时，应该选择这一选项。这是各个版本都要提供的基本工具。
- "服务器和客户端工具"选项：既安装服务器端工具，也安装客户端工具。这是最全面的安装选项。但在表 3-2 中，SQL Server 2000 不为对应的 Windows 版本提供该工具时将不会出现此选项。
- "仅连接"选项：只安装微软的数据访问组件和网络库。

当选择"服务器和客户端工具"一项时，将服务器和客户端工具同时安装在同一台计算机上，这对于管理 SQL Server 很有用处。而且，在同一台计算机上，可以完成相关的所有操作，对于学习 SQL Server 很方便。如果已经在其他计算机上安装了 SQL Server，则可以只安装客户端工具，用于对其他计算机上 SQL Server 的存取。

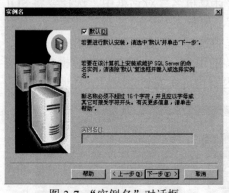

图 3-7　"实例名"对话框

⑦ 单击"下一步"按钮，在"实例名"对话框中选择"默认"选项如图 3-7 所示。表示本 SQL Server 的实例名称将与所在系统的名称相同。例如，系统名称是"mt"，则 SQL Server 的名字也是"mt"。

关于 SQL Server 的实例，前面提到 SQL Server 服务器组件是由 4 个 Windows 服务程序构成的，在实践中可能安装所有的服务器组件，也可能只安装其中的一部分，但是都需要一个统一的概念来标识一组 SQL Server 服务，这个概念就是 SQL Server 实例。可以这样理解，安装 SQL Server 服务器组件，就是创建一个新的 SQL Server 实例（当然也可能是在原有实例中增减服务组件）。SQL Server 2000 允许在同一个操作系统中创建多个实例，各个实例为各自的实际应用服务。例如某台服务器，既要支持教学管理系统，又要支持医院管理系统，每个系统可能要建立多个数据库，就可以为每个应用各自建立一个实例。

如果只安装一个 SQL Server 实例，不需要在 SQL Server 安装时指定实例名称，自动使用默认名称。那么在 Windows 域里计算机的名称就是 SQL Server 实例的名称，使用 TCP/IP 协议连接 SQL Server 实例时，可以用 IP 地址表示 SQL Server 2000 实例。

如果一个操作系统中安装了多个 SQL Server 2000 的实例，则需要在 SQL Server 安装时指定实例名称。但不能用 Default 或 MSSQLServer 及 SQL Server 的保留关键字等。最好将实例名限制在 10 个字符之内，实例名会出现在各种 SQL Server 和系统工具的用户界面中，因此，名称越短越容易读取。

在 Windows 域里可以用"计算机名称\实例名称"的形式表示 SQL Server 2000 实例。使用 TCP/IP 协议连接 SQL Server 实例时，可以用"IP 地址\实例名称"表示 SQL Server 2000 实例。

⑧ 单击"下一步"按钮，在"安装类型"对话框中出现了 3 个选项，如图 3-8 所示。"典型"选项，表示不安装 SQL 的代码示例、全文检索和部分开发工具；"最小"选项，表示只安装 SQL Server 2000 运行所需的基本选项；"自定义"选项，表示用户可以自主选择所需组件。这里选择"自定义"选项。程序和数据文件的默认安装位置都是"C:\Program Files\Microsoft SQL Server\"。建议将"程序文件"存放在当前系统盘上，"数据文件"存放到数据盘上。注意，如果数据库数据有 10 万条以上的记录，应预留至少 1GB 的存储空间，以应付需求庞大的日志空间和索引空间。

⑨ 单击"下一步"按钮，在出现的"选择组件"对话框中，列出了 SQL Server 2000 的安装组件。最好选择"代码示例"组件，以备代码调试过程中参考使用，如图 3-9 所示。

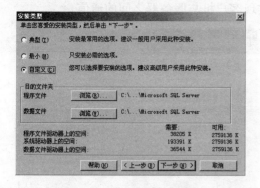

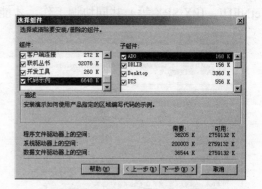

图 3-8　"安装类型"对话框　　　　　　　　　　图 3-9　"选择组件"对话框

⑩ 单击"下一步"按钮，在图 3-10 所示的"服务账户"对话框中，选择"对每个服务使用同一账户，自动启动 SQL Server 服务"选项，表示所有 SQL Server 服务使用同一服务账号。如果选择"自定义每个服务的设置"，表示分别为不同的服务设置不同的账号，这时，用户可以选中 SQL Server 服务单选按钮或 SQL Server 代理单选按钮，分别为这两个服务设置服务账号。在"服务设置"处，选择"使用本地系统账户"。如果需要"使用域用户账户"的话，应先将该用户添加至 Windows Server 的本机管理员组中。

⑪ 单击"下一步"按钮，在"身份验证模式"对话框中设置服务器登录模式，如图 3-11 所示。选择"混合模式"选项，然后设置管理员 sa 账号的密码，也可以将该密码设置为空，以方便登录。如果是真正的应用系统，则一定要设置和保管好该密码。如果需要更高的安全性，则可以选择"Windows 身份验证模式"，这时 SQL Server 利用 Windows 操作系统的用户安全特性控制登录访问，实现 SQL Server 与 Windows NT（或 Windows 2000、Windows 2003）的登录安全集成。

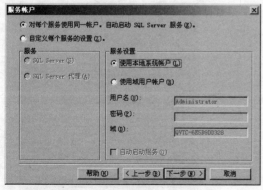

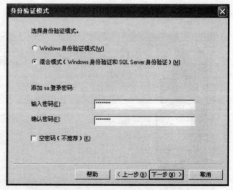

图 3-10　"服务账户"对话框　　　　　　　　　图 3-11　"身份验证模式"对话框

⑫ 单击"下一步"按钮，在图 3-12 所示的"排序规则设置"对话框中使用默认的"排序规则指示器"选项即 Chinese_PRC。

⑬ 单击"下一步"按钮，弹出"网络库"对话框，用于指定安装哪些网络库，如图 3-13 所示。SQL Server 使用网络库在客户机和服务器之间进行通信。SQL Server2000 支持多种网

络库，如命名管道、TCP/IP 套接字、多协议、NWLink IPX/SPX、AppleTalk ADSP 和 Banyan VINES。这些网络库由一个或一些动态链接库提供，它们必须与网络协议（如 TCP/IP、NetNEUI、IPX/SPX 等）共同协调工作，才能实现客户机与服务器之间的通信。

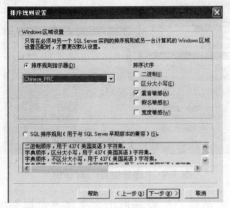

图 3-12 "排序规则设置" 对话框

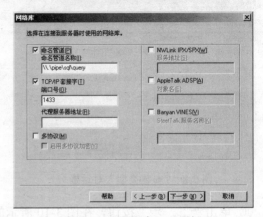

图 3-13 "网络库" 对话框

其中，"命名管道" 选项只有在 Windows NT 和 Windows 2000 中存在，所以在 Windows 98/XP 环境下安装 SQL Server 2000 时这一选项是禁止的。

用户可以按照需要选择安装网络库，在安装完毕后还可以用服务器网络工具进行修改。TCP/IP 协议默认监听 1433 端口来接收客户机的连接请求，如果网络管理员分配了另外的端口，则需要填写 "端口号" 编辑框。

⑭ 单击 "下一步" 按钮，进入 "开始复制文件" 对话框，然后单击 "下一步" 按钮，开始复制文件，如图 3-14 所示。

⑮ 单击 "下一步" 按钮，在 "选择许可模式" 对话框中根据您购买的类型和数量输入相应数值，如图 3-15 所示。"每客户" 表示同一时间最多允许的连接数，"处理器许可证" 表示该服务器最多能安装多少个 CPU。

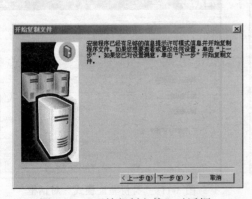

图 3-14 "开始复制文件" 对话框

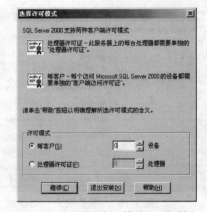

图 3-15 "选择许可模式" 对话框

⑯ 单击 "继续" 按钮，进入程序安装进程，直到出现安装完成提示窗口。

SQL Server 数据库的安装完成后，会再次回到如图 3-2 所示的 "安装组件" 窗口，用户可以继续安装其他 SQL Server 部件，如联机分析服务和英语查询。

3.3　SQL Server 的启动

SQL Server 2000 安装后，会在"SQL Server 服务管理器"中自动设置为"当启动 OS 时自动启动服务"，当启动主机时会自动启动 SQL Server 服务器。也可以通过以下两种常用方式启动 SQL Server。

1. 通过"SQL Server 服务管理器"启动 SQL Server

SQL Server 2000 安装后，服务管理器就作为程序选项安装在 Microsoft SQL Server 程序组中，可以单击该程序选项，启动"SQL Server 服务管理器"，如图 3-16 所示。

在"SQL Server 服务管理器"启动窗口的服务器栏中选择要启动的实例，在服务栏目选择 SQL Server，单击"开始/继续"按钮，信号灯由红变绿，表示 SQL Server 启动成功。

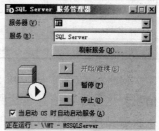

图 3-16　"SQL Server
服务管理器"对话框

2. 通过"SQL Server 企业管理器"启动 SQL Server

在"SQL Server 企业管理器"窗口的左边，展开"Microsoft SQL Servers"和"SQL Server 组"，找到 SQL Server 服务器（如 mt），并在该服务器上单击鼠标右键，在弹出的快捷菜单中，选择"启动"，如图 3-17 所示。或者在该服务器上双击鼠标左键，此时，该服务器上的信号灯由红变绿，表示 SQL Server 启动成功，如图 3-18 所示。

图 3-17　企业管理器启动窗口

图 3-18　SQL Server 启动后的窗口

3.4　系统数据库与数据库对象简介

3.4.1　系统数据库简介

SQL Server 安装完成后，会在 SQL Server 服务器下构造一些对象文件夹，其中就有"数据库"对象文件夹，通过 SQL Server 管理工具"SQL Server 企业管理器"可以显示数据库文件夹下的所有数据库对象，如图 3-18 所示。在该对象文件夹下，系统自动安装了 6 个数据库对象，其中有 4 个是系统数据库，另外两个是样本数据库，见表 3-3。

表 3-3　数据库对象的构成

数据库名称	数据库存储文件	数据库日志文件	说　明
Master	Master.mdf	Mastlog.ldf	系统数据库
Model	Model.mdf	Modellog.ldf	系统数据库
Msdb	Msdbdata.mdf	Msdblog.ldf	系统数据库
Tempdb	Tempdb.mdf	Tempdb.ldf	系统数据库
Pubs	Pubs.mdf	Pubs.ldf	样本数据库
Northwind	Northwind.mdf	Northwind.ldf	样本数据库

　　Master 数据库是 SQL Server 系统最重要的数据库，它记录了 SQL Server 系统的所有系统信息。这些系统信息包括所有的登录信息、系统设置信息、SQL Server 的初始化信息和其他系统数据库及用户数据库的相关信息。因此，创建一个数据库、更改系统的配置、添加个人登录账户，以及任何会更改系统数据库 Master 的操作之后，应当及时备份 Master 系统数据库。

　　Model 数据库是所有用户数据库和 Tempdb 数据库的模板数据库。它含有 Master 数据库的所有系统表子集，这些系统数据库是每个用户定义数据库时都需要的。当创建新的数据库时，SQL Server 便会复制 Model 数据库并以此作为新数据库的模板，因此利用它可以大大简化数据库及其对象的创建和设置工作。

　　Msdb 数据库是代理服务数据库。它为报警、任务调度和记录操作员的操作提供存储空间。

　　Tempdb 数据库是一个临时数据库。它为所有的临时表、临时存储过程及其他临时操作提供存储空间，即所有数据库的临时表和存储过程都存储在 Tempdb 上。SQL Server 每次启动时，Tempdb 数据库都被重新建立。当用户与 SQL Server 断开连接时，其临时表和存储过程被自动删除。

　　Pubs 和 Northwind 数据库是 SQL Server 自带的两个样本实例数据库，可以作为 SQL Server 的学习工具。Pubs 数据库存储了一个虚构的图书出版公司的基本信息，Northwind 数据库则包含了一个虚构的公司的销售数据。

3.4.2　系统数据表简介

　　系统目录由描述 SQL Server 系统的数据库、基表、视图和索引等对象的结构系统表组成。SQL Server 经常访问系统目录，检索系统正常运行所需的必要信息。在 SQL Server 和其他关系数据库系统中，所有的系统表与基表都有相同的逻辑结构，因此，用于检索和修改基表信息的 Transact-SQL 语句，同样可以用于检索和修改系统表中的信息。

　　下面简要介绍几个最重要的系统表。有关系统表的详细信息，读者可以自行查看 SQL Server 2000 帮助文档。

- Sysobjects 表：SQL Server 的主系统表，出现在每个数据库中。每个数据库对象都在该表中有一条记录。
- Syscolumns 表：出现在 Master 数据库和每个用户自定义的数据库中，对基表或视图的每个列和存储过程中的每个参数都有一条记录。
- Sysindexes 表：出现在 Master 数据库和每个用户自定义的数据库中，每个索引和没有聚簇索引的每个表都有一条记录，它还对包括文本/图像数据的每个表都有一条记录。
- Sysusers 表：出现在 Master 数据库和每个用户自定义的数据库中，对整个数据库中的每个 Windows NT/2000 用户、Windows NT/2000 用户组、SQL Server 用户或 SQL

Server 角色都有一条记录。

- Sysdatabases 表：对 SQL Server 系统上的每个系统数据库和用户自定义的数据库都有一条记录，只出现在 Master 数据库中。
- Sysdepends 表：对表、视图和存储过程之间的每个依赖关系都有一条记录，出现在 Master 数据库和每个用户自定义的数据库中。

3.4.3　系统存储过程简介

存储过程是一组编译在单个执行计划中的 Transact-SQL 语句。

在一个存储过程内，可以设计、编码和测试执行某个常用任务所需的 SQL 语句组。之后，每个需要执行该任务的应用程序只需执行此存储过程即可。

使用 SQL Server 中的存储过程而不使用存储在客户计算机本地的 Transact-SQL 程序的优势如下。

① 允许模块化程序设计。在一些应用中，只需要把经常调用的过程创建一次并将其存储在数据库中，以后即可在程序中多次调用该过程。存储过程可由在数据库编程方面有专长的人员创建，并可独立于程序源代码而单独修改。

② 允许更快执行。如果某操作需要大量 Transact-SQL 代码或需重复执行，存储过程将比 Transact-SQL 批代码的执行要快。

③ 减少网络流量。一个需要数百行 Transact-SQL 代码的操作由一条执行过程代码的单独语句就可以实现了，而不需要在网络中发送数百行代码。

④ 可作为安全机制使用。即使对于没有直接执行存储过程中语句的权限的用户，也可以授予他们执行该存储过程的权限。

SQL Server 存储过程是用 Transact-SQL 语句 CREATE PROCEDURE 创建的，并可用 ALTER PROCEDURE 语句进行修改。存储过程定义包含两个主要组成部分——过程名称及其参数的说明，以及过程的主体（其中包含执行过程操作的 Transact-SQL 语句）。

3.4.4　数据库对象简介

数据库对象是 SQL Server 服务器管理对象集合中最重要的管理对象，这些数据库对象会集成在"SQL Server 企业管理器"中的"SQL Server 服务器"的对象列表中，如图 3-19 所示。可以作为数据库对象的主要包括数据库表、视图、存储过程、用户、角色、规则等，其类型和功能见表 3-4。

图 3-19　数据库对象列表

表 3-4　数据库对象描述表

数据库对象	描　　　　述
表	由行和列构成，是存储数据的地方
视图	视图是一个虚拟表，其内容由查询定义获得
存储过程	是一组编译在单个执行计划中的 Transact-SQL 语句

续表

数据库对象	描　述
扩展存储过程	一般由 xp 开头的一组提供从 SQL Server 到外部程序的接口，以便进行各种维护活动的存储过程
用户	SQL Server 登录用户和对应数据库用户
角色	管理数据库对象和数据的一组权限集合
规则	限制表中列字段的取值范围
默认	自动填充的默认值
用户定义的数据类型	基于系统数据类型的用户自定义的数据类型
用户定义的函数	由一个或多个 Transact-SQL 语句组成的子程序，可用于封装代码以便重新使用
全文目录	用于全文检索

3.5　SQL Server 2000 常用工具📖

　　SQL Server 2000 提供了许多实用的管理工具，可以用于对服务器、客户机的管理，同时提供了大量数据库开发向导工具，这些工具大大提高了客户管理和应用 SQL Server 2000 的能力。

图 3-20　SQL Server 2000 常用工具

　　SQL Server 2000 安装完成后，在"Microsoft SQL Server"程序组中安装了 9 个常用的数据库管理和应用工具程序，如图 3-20 所示。

　　对于数据库应用者来说，最常用和最适用的是 SQL Server 企业管理器和查询分析器。因此，这里重点介绍这两个重要工具。

3.5.1　SQL Server 企业管理器

　　SQL Server 企业管理器（SQL Server Enterprise Manager）是基于微软管理控制台（Microsoft Management Console）的集成服务管理平台，是 SQL Server 中最重要的管理工具，用户和系统管理员可以使用它来管理 SQL Server、主机、服务和其他应用。

　　SQL Server 企业管理器以目录树的层叠列表形式来管理所有的 SQL Server 对象，所有 SQL Server 对象的建立和管理都可以通过它来完成。利用 SQL Server 企业管理器可以完成的操作主要有：

- 管理 SQL Server 服务器，注册服务器，配置本地和远程服务器；
- 创建和管理数据库；
- 创建和管理表、视图、存储过程、触发器、角色、规则、默认值等数据库对象和用户自定义的数据类型；
- 导入和导出数据，数据转换；
- 备份数据库、事务日志和恢复数据库等；
- 复制数据库；
- 设置任务调度；
- 设置运行报警；
- 管理用户账户，包括管理登录、用户、权限等；
- 建立 Transact-SQL 命令语句及管理和控制 SQL Mail。

1．SQL Server 服务器组的创建与管理

打开"SQL Server 企业管理器"，在"SQL Server 组"上单击鼠标右键，在弹出的菜单中，选择"新建 SQL Server 组"菜单项，如图 3-21 所示。然后在弹出的"服务器组"对话框中输入新组名称 newgroup，如图 3-22 所示。

图 3-21　新建 SQL Server 组菜单窗口　　　图 3-22　"服务器组"对话框

此时，新的 SQL Server 组名称 newgroup 就添加到了 Microsoft SQL Servers 目录树中，然后就可以通过单击"新建 SQL Server 注册"，将新的 SQL Server 服务器注册到该组中。

要删除或重命名 SQL Server 组可以在图 3-21 所示的菜单中选择相应的选项。

2．更改 SQL Server 服务账号

安装 SQL Server 2000 之后，可以使用企业管理器改变 SQL Server 数据库服务和其他 SQL Server 相关服务的账号，新的用户账号将在下一次服务启动时生效。具体操作如下：

① 打开企业管理器。

② 打开一个服务器组。

③ 右击一个服务器，在弹出的快捷菜单中选择"属性"。

④ 在"属性"对话框中选择"安全性"选项卡。

⑤ 在"启动服务账号"区域中，如果"本账号"被选中，则说明 SQL Server 服务账号是一个 Windows NT/2000 域账号，则输入账号和口令。

⑥ 确认修改后，单击"确定"按钮。

3．SQL Server 注册的创建与管理

SQL Server 中可以管理多个数据库服务器。通常情况下是一个本地数据库服务器和多个远程数据库服务器。

安装 SQL Server 后，通常会将本机自动作为一个数据库服务器，进行数据库管理和维护。对于其他远程数据库服务器，只有注册了数据库服务器后，才可以对它进行管理。

（1）SQL Server 注册的创建

假设有一个远程数据库服务器，IP 地址为 211.64.93.19，在这个数据库服务器的实例中有已知用户 student，该用户的口令为：student。用户 student 对其中数据库 EDU_D 拥有查询信息的权限，为了查询该服务器的信息，应在本地计算机建立该 SQL Server 注册。

① 在"SQL Server 组"上单击鼠标右键，在弹出的快捷菜单中，选择"新建 SQL Server 注册"菜单项，如图 3-23 所示。

图 3-23　新建 SQL Server 注册菜单窗口

　　② 然后在弹出的如图 3-24 所示的"注册 SQL Server 向导"对话框 1 中单击"下一步"按钮。

　　③ 在弹出的如图 3-25 所示的"注册 SQL Server 向导"对话框 2 中的"可用的服务器"栏中输入要注册服务器的 IP 地址，然后单击"添加"按钮，该地址就显示到"添加的服务器"栏中，然后单击"下一步"按钮。

图 3-24　"注册 SQL Server 向导"对话框 1

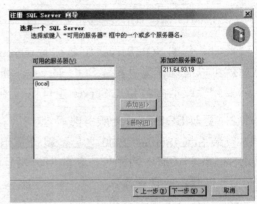

图 3-25　"注册 SQL Server 向导"对话框 2

　　④ 在弹出的如图 3-26 所示的"注册 SQL Server 向导"对话框 3 中选择"系统管理员给我分配的 SQL Server 登录信息（SQL Server 身份验证）"，然后单击"下一步"按钮。

　　⑤ 在弹出的如图 3-27 所示的"注册 SQL Server 向导"对话框 4 中输入登录名 student，密码 student，然后单击"下一步"按钮。

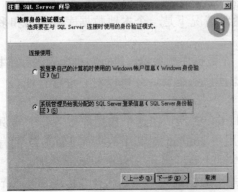

图 3-26　"注册 SQL Server 向导"对话框 3

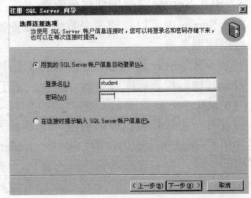

图 3-27　"注册 SQL Server 向导" 对话框 4

⑥ 在弹出的如图 3-28 所示的"注册 SQL Server 向导"对话框 5 中选择"在现有 SQL Server 组中添加 SQL Server"，然后单击"下一步"按钮。

⑦ 在弹出的如图 3-29 所示的"注册 SQL Server 向导"对话框 6 中单击"完成"按钮。

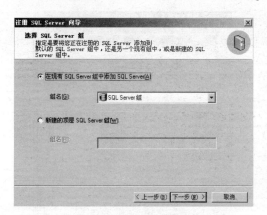

图 3-28　"注册 SQL Server 向导"对话框 5　　　图 3-29　"注册 SQL Server 向导"对话框 6

⑧ 在弹出的如图 3-30 所示的"注册 SQL Server 消息"对话框中显示服务器注册成功信息，如果该服务器未能连通，将显示注册不成功信息，需要查找原因重新注册。如果注册成功，单击"关闭"按钮，就完成了远程 SQL Server 服务器的注册。

注册成功后，在控制台根目录的 SQL Server 组中就显示了远程的数据库服务器实例，将其左方的"+"符号展开，就可以看到该实例中的数据库信息了，注册 SQL Server 后远程数据库窗口如图 3-31 所示。

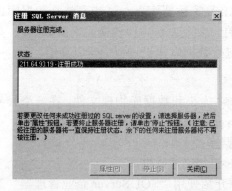

图 3-30　"注册 SQL Server 消息"对话框　　　图 3-31　注册 SQL Server 后远程数据库窗口

（2）SQL Server 注册的删除

在选中的 SQL Server 服务器上单击鼠标右键，在弹出的菜单中选择"删除"菜单项，即可删除此数据库注册。

（3）SQL Server 注册属性的编辑

在选中的 SQL Server 服务器上单击鼠标右键，在弹出的菜单中选择"编辑 SQL Server 注册属性"菜单项，就会弹出如图 3-32 所示的"已注册的 SQL Server 属性"对话框，进行相应的注册属性编辑。利用这一功能，不同的数据库用户可以在同一台计算机上变更注册身份。

4．SQL Server 属性配置

在选中的 SQL Server 服务器上单击鼠标右键，在弹出的菜单中选择"属性"菜单项，

弹出如图 3-33 所示的"SQL Server 属性（配置）"对话框。在其中，可以对 SQL Server 服务器的运行环境参数进行重新设置，如 SQL Server 使用内存设置、SQL Server 登录账户身份认证类型等。

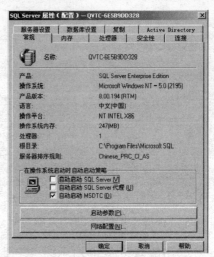

图 3-32　"已注册的 SQL Server 属性"对话框　　　　图 3-33　"SQL Server 属性（配置）"对话框

　　创建了 SQL Server 注册后，就可以在已有的 SQL Server 注册中创建数据库了。下面以本书常用的某高校教学管理信息系统数据库 EDU_D 为例，介绍该数据库的创建过程与方法。

　　EDU_D 是应用于某高校教学管理信息系统的数据库，该数据库共包含学生基本情况（STU_INFO）、教师情况（GTECH）、课程代码（GCOURSE）、学院代码（GDEPT）、专业代码（GFIED）、班级情况（GBAN）、选课情况（XK）等数据库表。这些表就是数据库设计者在现实世界根据高校教学管理的特点抽象出来的一个个关系实体转换而来的二维表，其结构及部分样本数据将在用 SQL Server 企业管理器进行数据库建设过程中予以介绍。

5. SQL Server 数据库的创建与删除

　　创建数据库的过程实际上就是为数据库定义名称、大小和数据库物理文件。在一个服务器中，最多只能创建 32767 个数据库。创建 SQL Server 数据库一般采用以下两种方法：

　　① 使用"SQL Server 企业管理器"工具创建数据库；

　　② 使用 Transact-SQL 语法 CREATE DATABASE 语句创建数据库。

图 3-34　使用企业管理器创建数据库的方法

　　本章介绍使用"SQL Server 企业管理器"工具创建数据库的方法，使用 Transact-SQL 语法 CREATE DATABASE 语句创建数据库的方法将在第 4 章中介绍。

　　"SQL Server 企业管理器"可以通过右键菜单项（或"操作"主菜单）的"新建数据库"功能创建数据库，主要步骤如下。

　　① 选中左边树形目录中的"数据库"对象，单击鼠标右键（或"操作"主菜单），在弹出的快捷菜单中选择"新建数据库"菜单项，如图 3-34 所示。

② 在弹出的"数据库属性"对话框中输入数据库的名称"EDU_D"后，分别在"数据文件"和"事务日志"标签中输入 EDU_D 数据库的数据文件和日志文件的名称、初始大小、文件增长方式（自动增长或按百分比增长）、最大文件大小和存储路径等属性值，如图 3-35 和图 3-36 所示。

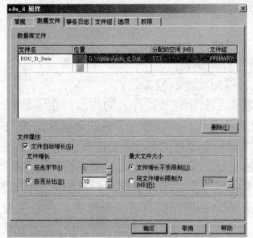 

图 3-35　创建数据库文件对话框　　　　　　　图 3-36　创建事务日志文件对话框

注意：这里所说的数据库属性与前面所讲的关系的属性不同，这里指的是数据库文件的属性。

③ 数据库文件的属性值填写完成后，单击"确定"按钮返回"SQL Server 企业管理器"控制窗口。此时会在窗口左侧树形列表中显示刚建立的数据库 EDU_D。

若要删除已创建的数据库，只要在该数据库对象上单击鼠标右键，在弹出的快捷菜单中选择"删除"选项即可。

数据库建立以后，就可以创建该数据库所包含的数据库表了。

6．SQL Server 数据库表的创建与管理

数据库中的表是数据库对象中最重要的对象之一。每个数据库表对应于一个关系实体，表是由行（又称为记录）和列（又称为字段或关系实体的属性）组成的一个二维关系。表中的列存储关系实体的属性信息，如学生的学号、姓名、年龄、性别和专业等属性。实体的信息是以记录为单位存储在表中的，因此，表是数据库中存储数据的主要形式。

例如有关系：

学生（学号，姓名，年龄，性别，专业）

在数据库中该关系将被转换为一个以关系名"学生"命名的数据库表——学生。

该表由学号、姓名、年龄、性别、专业 5 个列组成，每个行就是关系的一个元组，称为一行或一条记录。

同时，表可以使用约束、规则、触发器、默认值和定制的数据类型等，以保证存储数据的完整性和一致性。为加快数据的检索速度，还可以在表上建立索引，并可以在多个表中创建检索视图（View），以提高数据查询的性能。这些内容将在以后的章节逐步介绍。

首先创建示例数据库 EDU_D 中结构最简单的学院代码表 GDEPT，表中的数据是某高校现有的各个学院及同级部门的标准名称和具有唯一性的代码。建立这样的代码表的主要目

的是保证校内信息的标准化和规范化，避免相同的学院名称在数据库中出现不一致的现象。例如，"信息科学与工程学院"有时会出现"信息科学学院"、"信息学院"等不规范的名称。数据的不一致会给数据统计、查询等带来误差，造成语义方面的误解和信息管理方面的混乱。另外，利用系统代码对规范的名称进行管理，也有利于数据的快速录入和统一管理，这是在信息管理中为实现信息的标准化、规范化而采取的必要手段。

（1）SQL Server 数据库表的创建

创建 SQL Server 数据库表一般采用以下两种方法：

① 使用"SQL Server 企业管理器"工具创建数据库表；

② 使用 Transact-SQL 语法 CREATE TABLE 语句创建数据库表。

在此首先介绍使用"SQL Server 企业管理器"工具创建数据库表的方法。在每个数据库中最多可以创建 200 万个表。创建表包括：设计表的名称，一般来说，表的名称就是该关系的名称；设计表的各个列的名称，通常列名就是该关系各个属性的名称；设计表中各个列的分布、列的数据类型、列的特性等。其中，最主要的部分是定义各列的数据类型。数据类型的确定非常重要，既要考虑到该列的值的性质，又要考虑尽量少占用存储空间，减少网络传输的数据量，增强数据信息的通用性。关于 SQL Server 2000 的数据类型请参阅附录 C 的相关叙述。

另外，关于列名的命名，根据不同的习惯人们采用了不同的方法。通用的命名方法是，列名的头字母用表名的头字母并大写，后几位字母为该列名的英文语义。例如：

　　　　学生表：Student(Sno,Sname,Ssex,Sage,Sdept)

　　　　课程表：Course(Cno,Cname,Cpno,Ccredit)

清华大学开发的学籍管理系统，以及目前全国所有高校都使用的学历证书电子注册管理系统（云南大学开发）都采用了汉语拼音头字母的命名方法，增加了应用程序的可读性。本书介绍的实例也采用这一命名方法。例如：

　　　　学生表：Student(xh,xm,xb,nl,xy)

要创建数据库表，首先在控制台根目录的数据库中选择表对象，单击鼠标右键，弹出如图 3-37 所示的菜单，选择"新建表"菜单，然后弹出如图 3-38 所示的"设计表"窗口。

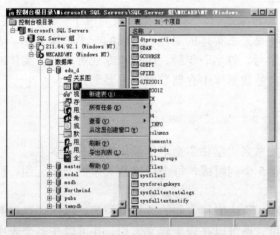

图 3-37　"新建表"菜单窗口

图 3-38　"设计表"窗口

在"列名"栏分别输入数据表各列的列名 XSH（系所号）和 XSM（系所名），将分别存放学院的代码和名称；在"数据类型"栏分别选择 char 和 varchar 类型；"长度"是指该列的值要占用的字节数；"允许空"是指是否允许用户在数据管理中置空值，由于学院代码表存放的是学校当前设置的学院，因此不允许置空值。

另外，为了增强数据库的可读性，也可以在列所对应的"描述"栏输入相关的描述（对该列语义的描述）。例如，XSH 列可以描述为"学院代码"，XSM 列可以描述为"学院名称"。然后关闭窗口并按照该表所表示关系的名称 GDEPT 进行保存。

数据库表 GDEPT 创建之后，可以在如图 3-39 所示的打开的数据库表数据管理窗口中看到新建的表 GDEPT。在该表名之上单击鼠标右键，在弹出的快捷菜单中选择"返回所有行"，将弹出如图 3-40 所示的 GDEPT 表数据管理窗口，在其中录入数据。如果录入错误，也可以在此进行修改。图 3-40 所示的内容，就是某高校学院代码表 GDEPT 的数据。

图 3-39   打开的数据库表数据管理窗口

按照同样方法，可建立如图 3-41 所示的学生基本情况表（STU_INFO），其各列的语义如表 3-5 所示。该表的部分数据如图 3-42 所示。

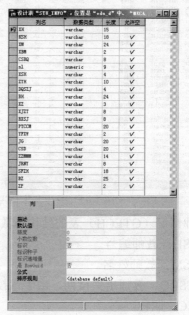

图 3-40   GDEPT 表数据管理窗口   图 3-41   学生基本情况表 STU_INFO 结构示意图

表 3-5　学生基本情况表（STU_INFO）结构及语义一览表

列　名	语　义	数据类型	长　度	备　注
XH	学号	varchar	15	主键、非空
KSH	高考考号	varchar	18	
XM	姓名	varchar	24	
XBM	性别	varchar	2	
CSRQ	出生日期	varchar	8	
NL	年龄	numeric	9	可以不要，是本书为教学中举例的方便而增加的一列
XSH	学院代码	varchar	4	
ZYH	专业代码	varchar	10	
DQSZJ	当前所在级	varchar	4	
BH	班级名称	varchar	24	
XZ	学制	varchar	3	
XJZT	学籍状态	varchar	8	
RXSJ	入学时间	varchar	8	
PYCCM	培养层次	varchar	20	
YFXW	有否学位	varchar	2	
JG	籍贯	varchar	20	
CSD	出生地	varchar	20	
ZZMMM	政治面貌	varchar	14	
JRNY	加入年月	varchar	8	
SFZH	身份证号	varchar	18	
BZ	备注	varchar	25	
ZP	照片	varchar	2	

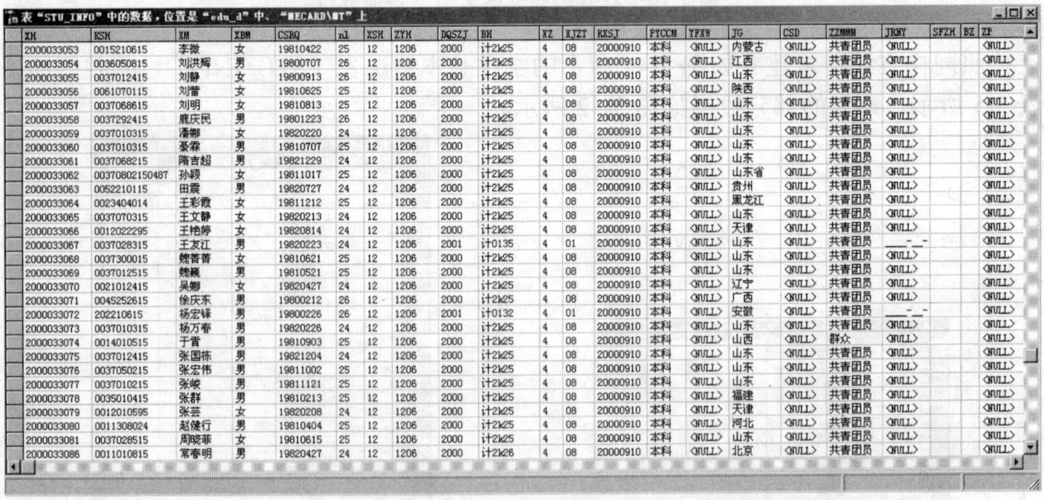
表“STU_INFO”中的数据，位置是“edu_d”中、“[illegible]ECARD\[illegible]T”上

XH	KSH	XM	XBM	CSRQ	nl	XSH	ZYH	DQSZJ	BH	XZ	XJZT	RXSJ	PYCCM	YFXW	JG	CSD	ZZMMM	JRNY	SFZH	BZ	ZP
2000033053	0015210615	李微	女	19810422	25	12	1206	2000	计2k25	4	08	20000910	本科	<NULL>	内蒙古	<NULL>	共青团员	<NULL>			<NULL>
2000033054	0036050815	刘洪辉	男	19800707	26	12	1206	2000	计2k25	4	08	20000910	本科	<NULL>	江西	<NULL>	共青团员	<NULL>			<NULL>
2000033055	0037012415	刘静	女	19800913	26	12	1206	2000	计2k25	4	08	20000910	本科	<NULL>	山东	<NULL>	共青团员	<NULL>			<NULL>
2000033056	0061070115	刘蕾	女	19810625	25	12	1206	2000	计2k25	4	08	20000910	本科	<NULL>	陕西	<NULL>	共青团员	<NULL>			<NULL>
2000033057	0037068615	刘明	女	19810813	25	12	1206	2000	计2k25	4	08	20000910	本科	<NULL>	山东	<NULL>	共青团员	<NULL>			<NULL>
2000033058	0037292415	鹿庆民	男	19801223	26	12	1206	2000	计2k25	4	08	20000910	本科	<NULL>	山东	<NULL>	共青团员	<NULL>			<NULL>
2000033059	0037010315	潘娜	女	19820220	24	12	1206	2000	计2k25	4	08	20000910	本科	<NULL>	山东	<NULL>	共青团员	<NULL>			<NULL>
2000033060	0037010315	綦霖	男	19810707	25	12	1206	2000	计2k25	4	08	20000910	本科	<NULL>	山东	<NULL>	共青团员	<NULL>			<NULL>
2000033061	0037068215	隋吉超	男	19821229	24	12	1206	2000	计2k25	4	08	20000910	本科	<NULL>	山东	<NULL>	共青团员	<NULL>			<NULL>
2000033062	00370802150487	孙颖	女	19811017	25	12	1206	2000	计2k25	4	08	20000910	本科	<NULL>	山东省	<NULL>	共青团员	<NULL>			<NULL>
2000033063	0052210115	田震	男	19820727	24	12	1206	2000	计2k25	4	08	20000910	本科	<NULL>	贵州	<NULL>	共青团员	<NULL>			<NULL>
2000033064	0023404014	王彩霞	女	19811212	25	12	1206	2000	计2k25	4	08	20000910	本科	<NULL>	黑龙江	<NULL>	共青团员	<NULL>			<NULL>
2000033065	0037070315	王文静	女	19820213	24	12	1206	2000	计2k25	4	08	20000910	本科	<NULL>	山东	<NULL>	共青团员	<NULL>			<NULL>
2000033066	0012022295	王艳婷	女	19820814	24	12	1206	2000	计2k25	4	08	20000910	本科	<NULL>	天津	<NULL>	共青团员	<NULL>			<NULL>
2000033067	0037028315	王友江	男	19820223	24	12	1206	2001	计0135	4	01	20000910	本科	<NULL>	山东	<NULL>	共青团员	____-__-			<NULL>
2000033068	0037300015	魏菁菁	女	19810621	25	12	1206	2000	计2k25	4	08	20000910	本科	<NULL>	山东	<NULL>	共青团员	<NULL>			<NULL>
2000033069	0037012515	魏巍	男	19810521	25	12	1206	2000	计2k25	4	08	20000910	本科	<NULL>	山东	<NULL>	共青团员	<NULL>			<NULL>
2000033070	0021012415	吴娜	女	19820427	24	12	1206	2000	计2k25	4	08	20000910	本科	<NULL>	辽宁	<NULL>	共青团员	<NULL>			<NULL>
2000033071	0045252615	徐庆东	男	19800212	26	12	1206	2000	计2k25	4	08	20000910	本科	<NULL>	广西	<NULL>	共青团员	<NULL>			<NULL>
2000033072	202210615	杨宏铎	男	19800226	26	12	1206	2001	计0132	4	01	20000910	本科	<NULL>	安徽	<NULL>	共青团员	____-__-			<NULL>
2000033073	0037010315	杨万春	男	19820226	24	12	1206	2000	计2k25	4	08	20000910	本科	<NULL>	山东	<NULL>	共青团员	<NULL>			<NULL>
2000033074	0014010515	于营	男	19810903	25	12	1206	2000	计2k25	4	08	20000910	本科	<NULL>	山西	<NULL>	群众	<NULL>			<NULL>
2000033075	0037012415	张国栋	男	19821204	24	12	1206	2000	计2k25	4	08	20000910	本科	<NULL>	山东	<NULL>	共青团员	<NULL>			<NULL>
2000033076	0037050215	张宏伟	男	19811002	25	12	1206	2000	计2k25	4	08	20000910	本科	<NULL>	山东	<NULL>	共青团员	<NULL>			<NULL>
2000033077	0037010215	张峻	男	19811121	25	12	1206	2000	计2k25	4	08	20000910	本科	<NULL>	山东	<NULL>	共青团员	<NULL>			<NULL>
2000033078	0035010415	张群	男	19810213	25	12	1206	2000	计2k25	4	08	20000910	本科	<NULL>	福建	<NULL>	共青团员	<NULL>			<NULL>
2000033079	0012010595	张芸	女	19820208	24	12	1206	2000	计2k25	4	08	20000910	本科	<NULL>	天津	<NULL>	共青团员	<NULL>			<NULL>
2000033080	0011308024	赵健行	男	19810404	25	12	1206	2000	计2k25	4	08	20000910	本科	<NULL>	河北	<NULL>	共青团员	<NULL>			<NULL>
2000033081	0037028515	周晓菲	女	19810615	25	12	1206	2000	计2k25	4	08	20000910	本科	<NULL>	山东	<NULL>	共青团员	<NULL>			<NULL>
2000033086	0011010815	常春明	男	19820427	24	12	1206	2000	计2k26	4	08	20000910	本科	<NULL>	北京	<NULL>	共青团员	<NULL>			<NULL>

图 3-42　学生基本情况表（STU_INFO）的部分数据示意图

教师情况（GTECH）表的结构与数据如图 3-43 和图 3-44 所示，各列的语义如下。

- JSH：教师编号。
- JSM：教师姓名。
- CSRQ：教师出生日期，由于该校未录入出生日期的值，系统默认为 1900-1-1。
- ZC：职称。
- XB：性别。

- PASSWORD：教师用户密码。
- XSH：所在学院代码。

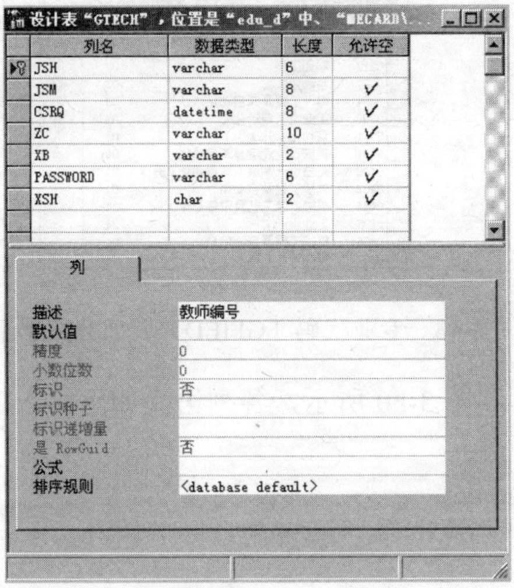

设计表"GTECH"，位置是"edu_d"中、"■ECARD\...

列名	数据类型	长度	允许空
JSH	varchar	6	
JSM	varchar	8	✓
CSRQ	datetime	8	✓
ZC	varchar	10	✓
XB	varchar	2	✓
PASSWORD	varchar	6	✓
XSH	char	2	✓

列

描述	教师编号
默认值	
精度	0
小数位数	0
标识	否
标识种子	
标识递增量	
是 RowGuid	否
公式	
排序规则	<database default>

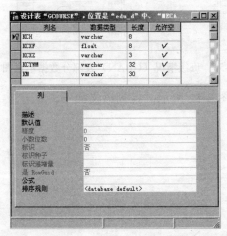

图 3-43　教师情况表（GTECH）结构示意图

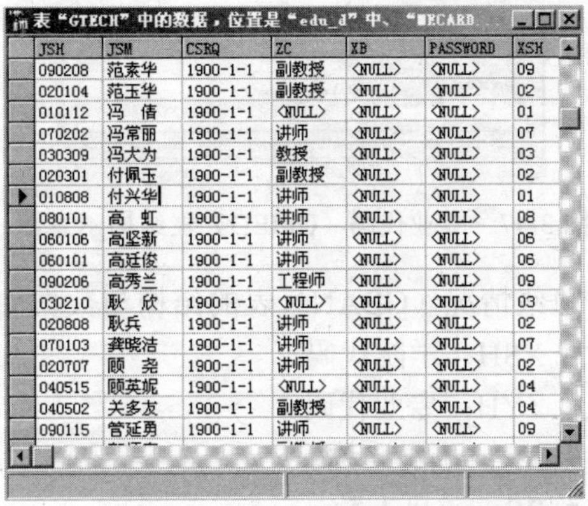

表"GTECH"中的数据，位置是"edu_d"中、"■ECARD...

JSH	JSM	CSRQ	ZC	XB	PASSWORD	XSH
090208	范素华	1900-1-1	副教授	<NULL>	<NULL>	09
020104	范玉华	1900-1-1	副教授	<NULL>	<NULL>	02
010112	冯　倩	1900-1-1	<NULL>	<NULL>	<NULL>	01
070202	冯常丽	1900-1-1	讲师	<NULL>	<NULL>	07
030309	冯大为	1900-1-1	教授	<NULL>	<NULL>	03
020301	付佩玉	1900-1-1	副教授	<NULL>	<NULL>	02
010808	付兴华	1900-1-1	讲师	<NULL>	<NULL>	01
080101	高　虹	1900-1-1	讲师	<NULL>	<NULL>	08
060106	高坚新	1900-1-1	讲师	<NULL>	<NULL>	06
060101	高廷俊	1900-1-1	讲师	<NULL>	<NULL>	06
090206	高秀兰	1900-1-1	工程师	<NULL>	<NULL>	09
030210	耿　欣	1900-1-1	<NULL>	<NULL>	<NULL>	03
020808	耿兵	1900-1-1	讲师	<NULL>	<NULL>	02
070103	龚晓洁	1900-1-1	讲师	<NULL>	<NULL>	07
020707	顾　尧	1900-1-1	讲师	<NULL>	<NULL>	02
040515	顾英妮	1900-1-1	<NULL>	<NULL>	<NULL>	04
040502	关多友	1900-1-1	副教授	<NULL>	<NULL>	04
090115	管延勇	1900-1-1	讲师	<NULL>	<NULL>	09

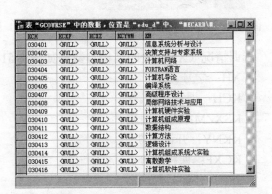

图 3-44　教师情况表（GTECH）部分数据示意图

课程代码（GCOURSE）表的结构与数据如图 3-45 和图 3-46 所示，各列的语义如下。

- KCH：课程代码，不允许空，要求值唯一，设置为主键。
- KCXF：课程学分数。
- KCXZ：课程性质，指考试课程、考查课程等。
- KCYWM：课程英文名称，制作英文成绩单用。
- KM：课程名称。

设计表"GCOURSE"，位置是"edu_d"中、"■ECA...

列名	数据类型	长度	允许空
KCH	varchar	8	
KCXF	float	8	✓
KCXZ	varchar	3	✓
KCYWM	varchar	32	✓
KM	varchar	30	✓

列

描述	
默认值	
精度	0
小数位数	0
标识	否
标识种子	
标识递增量	
是 RowGuid	否
公式	
排序规则	<database default>

表"GCOURSE"中的数据，位置是"edu_d"中、"■ECARD\■...

KCH	KCXF	KCXZ	KCYWM	KM
030401	<NULL>	<NULL>	<NULL>	信息系统分析与设计
030402	<NULL>	<NULL>	<NULL>	决策支持与专家系统
030403	<NULL>	<NULL>	<NULL>	计算机网络
030404	<NULL>	<NULL>	<NULL>	FORTRAN语言
030405	<NULL>	<NULL>	<NULL>	计算机导论
030406	<NULL>	<NULL>	<NULL>	编译系统
030407	<NULL>	<NULL>	<NULL>	高级程序设计
030408	<NULL>	<NULL>	<NULL>	局部网络技术与应用
030409	<NULL>	<NULL>	<NULL>	计算机硬件实验
030410	<NULL>	<NULL>	<NULL>	计算机组成原理
030411	<NULL>	<NULL>	<NULL>	数据结构
030412	<NULL>	<NULL>	<NULL>	计算方法
030413	<NULL>	<NULL>	<NULL>	逻辑设计
030414	<NULL>	<NULL>	<NULL>	计算机组成系统大实验
030415	<NULL>	<NULL>	<NULL>	离散数学
030416	<NULL>	<NULL>	<NULL>	计算机软件实验

图 3-45　课程代码（GCOURSE）表结构示意图　图 3-46　课程代码（GCOURSE）表部分数据示意图

专业代码（GFIED）表的结构与数据如图 3-47 和图 3-48 所示，各列语义如下。

- ZYH：专业代码，置为主键，值唯一，不允许空。
- ZYM：专业名称。
- XSH：所在学院代码，其值必须与 GDEPT 表中的学院代码一致。

图 3-47 专业代码（GFIED）表结构示意图

图 3-48 专业代码（GFIED）表部分数据示意图

班级情况（GBAN）表的结构与数据如图 3-49 和图 3-50 所示，各列语义如下。

- XSH：学院代码。
- ZYH：专业代码。
- BH：班级名称。
- RS：该班人数。

图 3-49 班级情况（GBAN）表结构示意图

图 3-50 班级情况（GBAN）表部分数据示意图

选课情况（XK）表的结构与数据如图 3-51 和图 3-52 所示，各列语义如下。

- XH：学号。
- KCH：课程代码。
- KSXZM：考试性质。
- KKNY：开课学期。
- KCXF：课程学分。
- JSH：任课教师编号。
- BZ：备注。
- KSCJ：考试成绩。

通过上述操作，一个教学管理信息系统的数据库 EDU_D 已经建立，其中主要的数据库表也已建立。当然，为教学方便，该数据库的大部分数据库表已经被作者进行了简化处理，实际应用中的数据库要比本书介绍的复杂得多。其中，作为例子的数据也经作者处理成为虚构的数据，不代表实际情况，这些数据也不能作为任何实事依据，在此特别声明。

图 3-51　选课情况（XK）表结构示意图　　　图 3-52　选课情况（XK）表部分数据示意图

（2）SQL Server 数据库表结构的修改

当数据库表创建后，如果需要对其结构进行修改，选择该表并单击鼠标右键，在弹出的菜单中选择"设计表"菜单，就会再次弹出"表设计"对话框进行表结构的修改。

在修改数据库表结构时，为了保证数据的完整性，往往需要进行数据库约束条件的设置。这里粗略介绍数据库约束条件的设置方法，具体概念将在后面的章节逐步讲解。

数据完整性（Data Integrity）是指数据的精确性（Accuracy）和可靠性（Reliability）。它是因防止数据库中存在不符合语义规定的数据和因错误信息的输入/输出造成无效操作或错误信息而提出的。

SQL Server 2000 将数据完整性分为 3 类：实体完整性、引用完整性和域完整性。其中，引用完整性对应于第 2 章所讲的参照完整性，域完整性对应于用户定义的完整性。

实体完整性用于保证表中每个数据行唯一，并防止用户往表中输入重复的数据行。例如，已经建立的数据库表 STU_INFO，其中的 XH（学号）列，存放的是每个学生的学号，该学号的设置是因为高校中学生的重名现象越来越多，为了便于管理，需要给每个学生一个不变的唯一的编号，将每个学生区分开来，因此，学号成为学生之间信息区别的唯一标识。如果在表中的某行，学号为空，则该行将失去任何信息意义，如果两行或两行以上有同一个学号，则说明同一个学生的信息重复录入了多次，或者其中某些学号录入错误。这些错误数据的存在，破坏了学生基本情况实体（STU_INFO）的完整性。为避免这些错误的出现，数据库管理系统建立了实体完整性的约束机制。

实现实体完整性的主要方法有两种，就是创建主关键字约束和唯一性约束。另外，索引和 IDENTITY 属性的设置也能实现实体完整性。

引用完整性是指，当一个表引用了另一个表的数据时，要防止不正确的数据更新。例如，已经建立的学院代码表（GDEPT）中的学院代码列 XSH 存放的是学校中各个学院的代码，学生基本情况表（STU_INFO）的学院代码列 XSH 存放的是该生所在学院的学院代码，如果某生的 XSH 的值是 86，而学院代码表（GDEPT）中没有这个代码，则说明该学院不存在或数据更新错误。可见，学生基本情况表（STU_INFO）的学院代码列 XSH 的值都是引用了学院代码表（GDEPT）的学院代码列 XSH 的值，这两个值必须对应起来。只有这样，引用表 STU_INFO 的数据才完整。为保证此类表的数据的完整，SQL Server 也建立了实现引用完整性的约束机制。

引用完整性主要通过外关键字来实现，上例中学院代码表（GDEPT）中的学院代码列 XSH 是主关键字，而学生基本情况表（STU_INFO）的学院代码列 XSH 就是外关键字。通过引用完整性，SQL Server 将禁止用户执行如下操作：

- 往外关键字列中插入主关键字列中没有的值；
- 修改外关键字列，而不修改主关键字列的值；
- 先从主关键字列所属的表中删除数据行。

域完整性用于限制用户往列中输入的数据。域完整性主要有以下 3 种：

- 第 1 种是限制列值的类型，如学生的成绩（KSCJ）要求录入的是数据，不能用字符。可以通过数据类型实现；
- 第 2 种是限制列值的格式，如电话号码要求是"0531-82765900"这样的固定格式，可以通过检查约束和规则实现；
- 第 3 种限制列值的取值范围，如学生的成绩（KSCJ）要求在 0～100 之间，可以通过外关键字约束、检查约束、默认值约束及默认值对象、非空约束和规则来实现。

约束是实现数据完整性的重要方法，SQL Server 支持 6 种类型的约束：非空约束、检查约束、默认值约束、唯一性约束、主关键字约束和外关键字约束。

约束与完整性的关系可以总结为：非空约束、默认值约束、检查约束可实现域完整性；主关键字约束和唯一性约束可实现实体完整性；外关键字约束既可实现域完整性，也可实现引用完整性。

下面介绍 SQL Server 2000 在创建数据库表或修改数据库表的结构时对数据完整性约束条件的设置方法。

如前所述，打开表设计器窗口，开始设置各类约束条件。

图 3-53　非空约束、默认值
约束的设置方法

① 非空约束（NOT NULL）

非空约束用于指定列不能接受 NULL 值如图 3-53 所示，去掉允许空的选项，就设置了非空约束。在课程代码表中，KCH 是课程代码，不允许为空；KM 是课程名称，一般与代码同时确定，也不允许为空；课程学分（KCXF）、课程性质（KCXZ）、英文名称（KCYWM）可以以后再定，因此允许取空值。

② 默认值约束（DEFAULT）

默认值约束用于指定该列默认采用的值。在默认值栏目输入默认值即可，如大部分课程都是考试课，KCXZ 的默认值设为"考试"。

③ 检查约束（CHECK）

通过限制用户往列中输入的内容来实现域完整性。检查约束是依存于表的非独立数据库对象，用于限制输入到表列中的数据的范围。检查约束作用于 SQL 语句中的 INSERT 语句和 UPDATE 语句，即作用于对数据表的插入、更新数据的操作。此内容将要在第 4 章讲述。检查约束可以作用于同一表的一列或多列，不能作用于 IDENTITY 列，也不能用于 TIMESTAMP 或 UNIQUEIDENTIFIER 类型的列。

如果要设置检查约束，先在如图 3-54 所示的快捷菜单中选择"CHECK 约束"菜单项，弹出如图 3-55 所示的 "属性" 对话框。单击 "新建" 按钮，在约束名中输入检查约束的名称。在 "约束表达式" 中输入检查约束的条件，如考试成绩只能取值为 0~100 分，则表达式为((KSCJ)>=0 and (KSCJ)<=100)。

 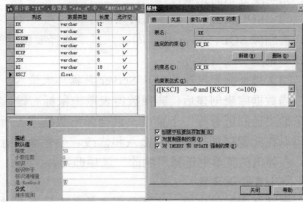

图 3-54　主关键字约束的设置方法　　　　　图 3-55　检查约束的设置方法

　④ 唯一性约束（UNIQUE）

　唯一性约束用于保证列值的唯一性，保证任意两个数据行的某列具有不同的非空列值，唯一性约束将生成唯一性索引。因此，唯一性约束的设置，应在如图 3-54 所示的快捷菜单中选择 "索引/键" 菜单，弹出如图 3-56 所示的 "属性" 对话框。单击 "新建" 按钮，选择 "创建 UNIQUE（U）" 选项，系统将在类型中显示 "唯一" 字样，并自动选择 "约束" 选项，表示唯一性约束创建成功。

　⑤ 主关键字约束（PRIMARY KEY）

　主关键字约束用于将一列或多列组合作为数据行唯一性的标识。如果某列作为主关键字之一，将禁止输入 NULL 值。如图 3-55 所示，在设计表窗口，选择要设置为主关键字的列名，单击鼠标右键，在弹出的快捷菜单中选择 "设置主键" 菜单项，即可将该列设置为主关键字。

　⑥ 外关键字约束（FOREIGN KEY）

　外关键字约束是指该列的值是其他表的主关键字的值。用于在两个表之间保持一致性。外关键字列不能取任意值，而只能从对应的表中现有的主关键字值中取值。与主关键字列不同的是，外关键字列可以取相同的值，

图 3-56　唯一性约束的设置方法

也就是说可以有多个包含相同外关键字的数据行，对应于主关键字列所属表的一个数据行。

　外关键字约束的设置，既可以在企业管理器的 "关系图" 中创建，也可以在图 3-55 所示的快捷菜单中选择 "关系" 菜单，弹出如图 3-57 所示的 "属性" 对话框。单击 "新建" 按钮，选择主键表的主键和外键表的外键，注意这两个列的数据类型和长度必须一致。如果选择了 "创建中检查现存数据" 项，则此时系统检查现有的两个数据库表的两个列的值是否一致，否则，将给出提示。如果选择 "对复制强制关系"，表示向表中复制数据时检查数据是否符合外关键字约束条件；如果选择 "对 INSERT 和 UPDATE 强制关系"，当选择 "级联更新相关的字段" 时，在更新数据表的数据时检查更新的数据是否符合外关键字约束条件，

而当选择"级联删除相关的记录"时，在删除主键表的数据时，外键表的相同数据将同时被删除，删除外键表的数据时，系统不对外关键字约束条件进行检查。

在设计数据库表时，除了进行上述约束条件的设置外，在某些应用中，还要通过设置规则，来实现数据的完整性。

（3）SQL Server 数据库表的删除

若删除 SQL Server 数据库表，只要选择要删除的表并单击鼠标右键，在弹出的菜单中选择"删除"选项即可。

（4）用企业管理器对 SQL Server 数据库表输入、查询、删除数据

当数据库表创建后，选择数据表单击鼠标右键，在如图 3-39 所示菜单中选择"打开表"菜单的"返回所有行"子菜单，就会弹出数据库表所有数据信息的窗口，供用户查阅数据，也可以在此窗口进行数据的输入和修改。要删除某行（元组），在该行的最左边单击鼠标右键，在弹出的菜单中选择"删除"选项即可。

（5）查询设计器

当数据库表创建后，选择数据表并单击鼠标右键，在如图 3-39 所示的菜单中选择"打开表"菜单的"查询"子菜单，就会弹出查询设计器窗口，如图 3-58 所示。利用查询设计器可以轻松设计查询所使用的 SQL 语句。设计完毕，单击工具栏中的运行命令按钮"！"就会在结果窗格中显示出查询结果。

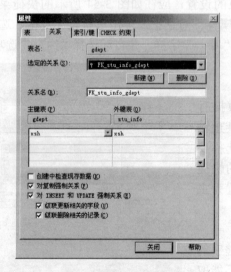

图 3-57　外关键字约束的设置方法　　　　图 3-58　查询设计器窗口

📖 **研究性学习内容**

查询设计器的功能非常强大，而且直观好用，有利于初学者进行直观的探索性学习。通过对查询设计器的研究，可以逐步学会 SQL 查询语句及其用法。因此，关于查询设计器的具体使用方法，要求读者先不要查阅资料，通过上机实践进行研究性学习，在探索过程中发现问题，掌握有用的技术和基本技能。在实验过程中，可以参考以下问题：

- 关系图、网格、SQL、结果窗格如何显示和隐藏；
- 怎样利用关系图窗格设计 SQL 查询语句；
- 怎样利用网格窗格设计 SQL 查询语句；

- 通过关系图窗格和网格窗格设计 SQL 查询语句，并运行，进一步研究什么是 SQL 查询语言，这种语言有什么特点；
- 尝试自己在 SQL 窗格直接输入一些 SQL 查询语句，并运行，观察关系图、网格窗格的变化，验证查询出的数据是否符合自己的意愿。

实践证明，通过这种学习方法，读者可以获得许多意想不到的学习成果，这是培养自主学习能力的有效方法和途径。

3.5.2　SQL 查询分析器

SQL 查询分析器（SQL Query Analyzer）支持用户以交互的方式输入和执行各种 Transact-SQL 语句，在这个过程中，可以及时查看执行结果，完成对数据库中数据的分析和处理。这是一个非常实用的工具，对掌握 SQL 语言，深入理解 SQL Server 的管理工作有很大帮助。使用查询分析器可以完成的操作如下：

- 查看现有的数据库及公用对象；
- 查看数据库中的表、视图和函数等；
- 用户可以输入 SQL 脚本，可显示脚本的执行结果；
- 由预定义脚本（SQL Script）快速创建常用的数据库对象；
- 快速复制现有的数据库对象；
- 可以调试并执行存储过程；
- 调试查询性能问题，可以显示执行计划、显示服务器跟踪等；
- 快速插入、更新或删除数据表中的数据记录。

可以通过"Microsoft SQL Server"程序组选项打开"查询分析器"，也可以通过"SQL Server 企业管理器"集成平台运行"查询分析器"，即单击"SQL Server 企业管理器"中的"工具"菜单项，选择"SQL 查询分析器"。

首先要进行数据库服务器的登录，如图 3-59 所示。登录数据库服务器后，即显示"SQL 查询分析器"窗口，如图 3-60 所示。该窗口由"查询"窗口、"对象浏览器"窗口组成，其中"查询"窗口由编辑窗格、结果显示窗格等组成。

图 3-59　查询分析器登录窗口

首先，在工具栏的数据库下拉列表框中选中要操作的数据库，在编辑窗格中输入 SQL 语句，单击工具栏的"执行查询"按钮（或按 F5 键）就可以执行该语句了。执行结果在结果显示网格中显示。

对象浏览器是一种基于树的工具，用于浏览数据库中的对象。除浏览外，对象浏览器还提供对象脚本、存储过程执行，以及对表和视图对象的访问。

"对象浏览器"窗口由两个窗格组成：对象窗格，列出数据库内的对象和公用对象，如内置函数和基本数据类型；模板窗格，提供对 Templates 目录的访问。

可以从对象浏览器实现执行"SELECT * FROM 数据表"查询的效果，方法是：

① 在对象浏览器中展开一个服务器，再展开一个数据库。

② 展开一个文件夹，用鼠标右键单击表，然后单击"打开"命令。

查询结果将显示在一个独立的结果窗口中。

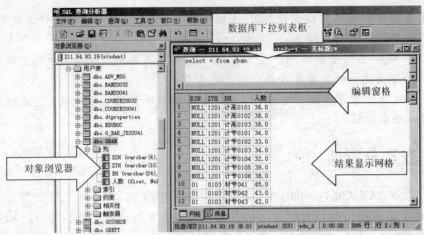

图 3-60　"SQL 查询分析器"窗口

3.5.3　导入与导出数据

在对数据库的数据进行管理的过程中，往往需要将其他系统产生的批量数据转入当前的数据库中，或者需要将当前数据库的一些特定数据转到其他系统去。SQL Server 2000 提供了专门的工具供用户完成此类导入与导出数据的操作。

导入与导出数据通过一个数据转换服务向导程序实现，简称 DTS。其作用是使 SQL Server 与任何 OLE DB、ODBC、JDBC 或文本文件等多种不同类型的数据库之间实现数据传递。导入数据是从 Microsoft SQL Server 的外部数据源中检索数据，并将数据插入到 SQL Server 数据库表的过程。导出数据是将 SQL Server 实例中的数据转换为某些用户指定格式的过程，如将 SQL Server 表的内容复制到 Microsoft Access 数据库中。

由于导入与导出数据工具是通过数据转换服务向导程序实现的，因此，读者只要上机实践几次就可以掌握这一工具的用法。在此只对一些关键性的问题做一介绍，其他细节留给读者进行探索性学习。

图 3-61　GDEPT 表

例如，在 EDU_D 数据库中有学院代码表 GDEPT，如图 3-61 所示。因某个应用的需要，要求提供 Excel 格式的学院代码数据，可以按如下步骤实现。

① 在 Windows "开始"菜单中打开 SQL Server 的"导入和导出数据"子菜单，或在企业管理器中选择"操作"→"所有任务"→"导出数据"菜单，打开"DTS 导入/导出向导"对话框，如图 3-62 所示。然后，单击"下一步"按钮。

② 在如图 3-63 所示的"选择数据源"对话框中选择数据源为"用于 SQL Server 的 Microsoft OLE DB 提供程序"，然后选择作为数据源的数据库服务器、输入用户名、密码，并注意选择要导出的数据库表所在的数据库 EDU_D。然后单击"下一步"按钮。

③ 在弹出的如图 3-64 所示的"选择目的"对话框中选择目的为 Microsoft Excel 97-2000，在文件名文本框中输入要转出数据的存放路径和文件名。然后单击"下一步"按钮。

④ 在如图 3-65 所示的"指定表复制或查询"对话框中选择"从源数据库复制表和视图"选项。当然，如果会使用 SQL 查询语句，也可以选择通过查询语句将查询结果直接导出到指定的文件。然后单击"下一步"按钮。

图 3-62 "DTS 导入/导出向导"对话框

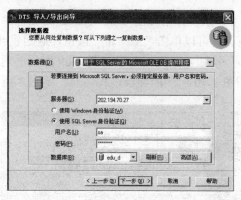

图 3-63 "选择数据源"对话框

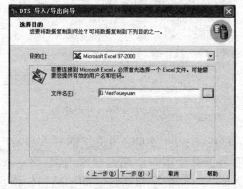

图 3-64 "选择目的"对话框

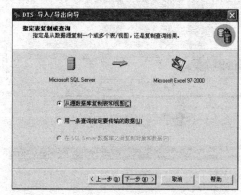

图 3-65 "指定表复制或查询"对话框

⑤ 系统弹出如图 3-66 所示的"选择源表和视图"对话框,在"表/工作表/Excel 命名区域"列出了源数据库的所有用户表和视图供用户选择,本例只选择院系代码表 GDEPT。系统默认目的 Excel 工作表的名称与源数据库表一致,如果用户需要对目的工作表重新命名,可以在目的列更改。在转换列,单击"…",可以使用系统提供的 ActiveX 脚本对数据的数据类型等多个属性进行转换。读者可以在自主学习过程中,对"目的"和"转换"两列做一些更改的试验,也可以单击"预览"按钮,观察将要导出的结果。然后单击"下一步"按钮。

⑥ 系统弹出如图 3-67 所示的"保存、调度和复制包"对话框,用户可选择是否保存此 DTS 包,或者安排包在以后执行,本列只选择"立即运行"。然后单击"下一步"按钮。

图 3-66 "选择源表和视图"对话框

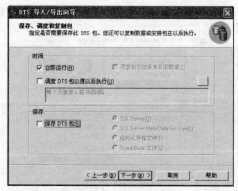

图 3-67 "保存、调度和复制包"对话框

⑦ 系统弹出如图 3-68 所示的对话框，要求用户进一步审阅所选择的导出信息，如果发现有误，可以单击"上一步"按钮，返回重新操作，进行修改，如果确认无误，可以单击"下一步"按钮。系统将弹出如图 3-69 所示的对话框确认导出数据，单击"确定"按钮，系统显示如图 3-70 所示的导出过程信息，单击"完成"按钮，完成导出数据到 Excel 工作表的操作。

图 3-68　审阅导出信息

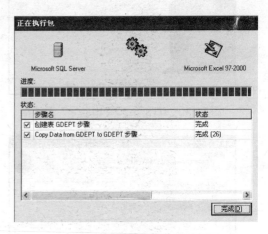

图 3-70　导出过程信息

图 3-69　导出数据确认

SQL Server 2000 所提供的导入与导出数据服务能够让用户实现数据库内部、不同数据库之间、不同数据库系统之间的数据转换、信息交流。对于数据库的复制、转移、异地备份等工作，系统也提供了两种方式：数据库的备份与恢复、数据库的附加与分离。数据库的备份与恢复，将在 6.2.3 节中介绍。

3.5.4　数据库的附加与分离

数据库的附加与分离操作起来非常简单。分离数据库的方法是，在企业管理器里选择要分离的数据库，单击鼠标右键，在图 3-71 所示的快捷菜单中选择"分离数据库"子菜单项即可。

系统弹出如图 3-72 所示的"分离数据库"对话框，单击"确定"按钮，即可将该数据库从当前的实例中分离出来。然后，用户可以找到存储该数据库的目录，将扩展名为.mdf 的数据文件和扩展名为.ldf 的日志文件同时复制到目的服务器的存储目录。

图 3-71　分离数据库子菜单

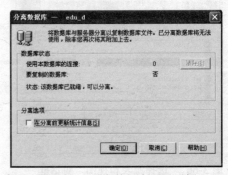

图 3-72　"分离数据库"对话框

如果要在目的服务器使用上述方法复制来的数据库，应该使用附加数据库的方法，将数据文件和日志文件附加到目的服务器的实例中。附加数据库的方法是分离数据库的逆向操作，操作方法基本一样，在此不再赘述。

本 章 小 结

本章对 SQL Server 2000 的安装进行了简单介绍，安装前一定要根据不同的系统平台选择匹配的 SQL Server 2000 的版本。

本章简单介绍了 SQL Server 2000 的 4 个系统数据库——Master、Model、Msdb、Tempdb 和两个样本数据库——Pubs、Northwind，以及 Sysobjects、Syscolumns、Sysindexes、Sysusers、Sysdatabases、Sysdepends 六个系统数据表。

数据库对象主要有数据库表、视图、存储过程、用户、角色、规则等。这些数据库对象本章只是简要提出，后续的章节中将会详细介绍。

本章重点介绍了 SQL Server 2000 的常用工具，其中 SQL Server 企业管理器和查询分析器是掌握 SQL Server 应用的基础工具。因此，要求读者熟练掌握利用这些工具进行 SQL Server 注册、更改服务账号，以及进行数据库的创建、维护、数据库表的创建与维护操作，为数据库的维护与管理打下基础。

对于数据库数据的导入与导出工具、数据库的备份与恢复及如何分离和附加数据库，本章作为研究性学习的内容安排给读者，希望读者能够在实践中探索式地学习，达到熟练掌握的目的。

习 题 3

1．启动 SQL Server 服务的方法有哪几种？

2．SQL Server 2000 有哪几种身份验证方式？

3．服务器注册的含义是什么？

4．在同一台服务器上能否安装多个实例？如果能，怎样安装？

5．试述 SQL Server 2000 将某个数据库复制到另一个服务器的方法有哪些？各自怎样操作？

6．SQL Server 2000 怎样将其他数据库的某个数据库表复制到当前数据库中？

7．简述创建 SQL Server 注册的过程。

8．SQL Server 怎样修改数据库表的结构？

9．查询分析器主要有哪些功能？

10．数据完整性与数据库约束的关系是什么？

第4章 关系数据库语言 SQL

本章结合实例介绍 SQL 语言的数据操纵和数据定义操作。其中，最基本的是 SQL 查询，这是本章的学习重点和基础。

读者通过本章的学习，能够熟练地掌握和应用 SQL 查询语句，学会 SQL 数据更新语句、定义语句的用法。

本章导读：

- SQL 数据查询语句的用法
- SQL 数据更新语句的用法
- SQL 数据定义语句的用法

4.1　SQL 简介✐

SQL 是结构化查询语言（Structured Query Language）的缩写，由 Boyce 和 Chamberlin 在 1974 年设计完成，于 1975—1979 年在 IBM 公司的 San Jose 实验室研制的著名关系数据库系统 System R 上实现。美国国家标准局（ANSI）的数据库委员会 X3H2 在 1986 年 10 月批准了将 SQL 作为关系数据库语言的美国标准，同时公布了 SQL 标准文本（SQL_86）。1987 年国际标准化组织（ISO）也通过了这一标准。此后 ANSI 不断修改和完善 SQL 标准，并于 1989 年公布了 SQL_89 标准，1992 年又公布了 SQL_92 标准。SQL 语言因此成为数据库的标准语言。现在所说的标准 SQL 语言一般指 SQL_92。例如，SQL Server 2000 数据库就符合 SQL_92 标准。自从 SQL 成为国际标准语言之后，逐渐发展成一种在大多数关系数据库管理系统中广泛使用的语言，使得在不同数据库系统之间进行操作有了共同的基础，对数据库领域特别是现代化的信息管理具有十分重大的意义。

Transact-SQL（简记为 T-SQL）是 Microsoft 公司对数据库管理系统 SQL Server 上的 SQL 扩展，Transact-SQL 代码已成为 SQL Server 的核心。本书考虑到在实际应用中的需要，将通过 Transact-SQL 语言在 SQL Server 2000 环境下的实现，介绍 SQL 语言。

SQL 语言是一种非过程化语言，它面向集合操作，除了数据查询外，还包括数据操纵、定义、控制和管理等功能。SQL 语言是一个综合、通用、功能极强的关系数据库语言。

4.1.1　SQL 语言的特点

1．非过程化

SQL 语言是非过程化语言，在 SQL 语言中，只要求用户提出"做什么"，而无须指出"怎样做"。例如，SQL 只需用一个 Update 语句就可以完成对数据库表中数据的更新操作。

2．一体化

SQL 可以操作于不同模式层次，集数据定义语言（DDL）、数据操纵语言（DML）、数据控制语言（DCL）为一体。用 SQL 语言可以实现数据库生命周期的全部活动，其中包括建立数据库、建立用户账号、定义关系模式、查询及数据维护、数据库安全控制等。

3．两种使用方式，统一的语法结构

SQL 语言的两种使用方式是指自含式语言使用方式与嵌入式语言使用方式。

自含式语言使用方式就是联机交互使用方式，即通过终端输入一条 SQL 命令，实现对数据库的操作。这种方式能够立即从屏幕上看到命令执行的结果，为数据库数据的远程维护提供方便。

嵌入式语言使用方式是指将 SQL 语句几乎不加修改地嵌入到某种高级程序设计语言的程序中，以实现对数据库的操作。例如，嵌入到 Visual Basic、Power Build、Delphi、ASP、Visual FoxPro 等前端开发平台上，通过编写的数据库应用程序实现对数据库的操作。此时，用户不能直接观察到各条 SQL 语句的输出结果，其结果必须通过变量或过程参数返回。

尽管 SQL 语言有两种不同的使用方式，但其语法结构基本上是一致的。

4.1.2　SQL 语言的主要功能

SQL 语言根据其可实现的功能不同，主要有 3 类语句组成。

①　数据定义语句（DDL，Data Definition Language）：用于定义关系数据库的模式、外模式和内模式，以实现对数据库基本表、视图及索引文件的定义、修改和删除等操作。最常用的有 CREATE、DROP、ALTER 语句。

②　数据操纵语句（DML，Data Manipulation Language）：用于完成对数据库表数据的查询和更新操作。其中，数据更新指对数据进行插入、删除和修改操作。最常用的有 SELECT、INSERT、UPDATE、DELETE 语句。

③　数据控制语句（DCL，Data Control Language）：用于控制对数据库的访问，以及服务器的关闭、启动等操作。最常用的有 GRANT、REVOKE 等语句。

4.1.3　SQL 语句的书写准则

在书写 SQL 语句时，为提高语句的可读性，便于编辑，应遵从以下准则。

①　SQL 语句对大小写不敏感，但为了提高 SQL 语句的可读性，子句开头的关键字通常采用大写形式。

②　SQL 语句可以写成一行或多行，为便于理解，增强条理性，习惯上每个子句占用一行。

③　关键字不能在行与行之间分开，很少采用缩写形式。

④　SQL 中的数据项（如属性项、表、视图项等）需要同时列出时，分隔符为"，"。字符或字符串常量的定界符用单引号"'"表示。

4.2　查询语句

使用数据库的主要目的是存储数据，以便在需要时进行检索、统计或组织输出，通过查询可以从数据库表或视图中方便地检索数据，实现对表的选择、投影及连接等操作，从而实现用户从数据库中查询所需信息的目的。SQL 的查询功能十分强大，能够实现数据查询、结果排序、分组统计及多个数据表的连接查询等功能。可以说 SQL 的核心是数据查询。

数据查询语句是 SQL 数据操纵语句 DML 的一种，它对数据库的查询操作是通过 SELECT 查询命令实现的，它的基本形式是"SELECT-FROM-WHERE"查询块，多个查询块可以嵌套执行。SQL 查询语句主要由多个短语组成，不同的短语实现不同的功能，只要读者掌握了各个短语的功能，也基本上掌握了 SQL 查询。

SQL 查询语句的主要短语及其含义如下。

- SELECT：说明要查询的数据有哪些，主要由数据库表的属性及其表达式构成。
- FROM：指出要查询的数据来自于哪个或哪些数据库表。
- WHERE：是查询条件，即限定要查询数据的条件。
- GROUP BY：用于对查询结果进行分组，可以利用它把性质相同的数据进行分类汇总。
- HAVING：用来限定分组必须满足的条件，必须跟随 GROUP BY 配套使用，出现 HAVING 的地方必定有 GROUP BY 短语与之对应。
- ORDER BY：用来对查询的结果进行排序。

以上短语是学习和理解 SQL SELECT 命令必须要掌握的基本短语，复杂的 SQL 查询语句都是基于这些短语的进一步扩展。下面将由浅入深地对 SQL SELECT 命令进行介绍，希望读者能够通过讲解的例子掌握 SQL SELECT 命令的用法，达到举一反三的目的。

本章查询的例子主要是针对第 3 章所创建的某高校的教学管理信息系统的 EDU_D 数据库的几个数据库表进行的查询。

4.2.1　基本查询

最基本的查询就是从指定的表中找出符合条件的记录。可以由 SELECT 和 FROM 短语构成无条件查询，或由 SELECT、FROM 和 WHERE 或其他短语构成条件查询。

1. 简单的条件查询

【例 4-1】　从数据库 EDU_D 的数据库表 STU_INFO 中查询土建学院（学院代码 XSH 为 06）的所有学生的信息。

语句如下：

```
SELECT *
FROM STU_INFO
WHERE XSH='06'
```

在上述 SQL 语句中，"*"表示将数据库表所包含的所有列都查询出来，列的显示顺序与表中列的顺序一致。FROM STU_INFO 子句表示选定数据库 EDU_D 中的表 STU_INFO；WHERE XSH='06'子句设定了查询条件，表示查询的信息为学院代码为 06 的学生；属性 XSH 的数据类型是 VARCHAR，所以 06 是一个字符串常量，需要用单引号引起来。

上述语句在 SQL Server 2000 的企业管理器中的运行结果如图 4-1 所示。

图 4-1　简单的条件查询示意图

2. 查询语句中投影运算的实现

在 SELECT 子句中可以决定哪些列出现在结果关系中，这相当于关系代数中的投影运算。

具体方法是在 SELECT 子句之后不写通配符"*"，而是根据需要在 SELECT 子句中列出要查询列（字段）的名称。

【例 4-2】　从数据库 EDU_D 的表 STU_INFO 中查询土建学院(学院代码 XSH 为 06)的学生的学号（XH）、姓名（XM）、性别（XBM）、学院代码（XSH）、班级名称（BH）信息。

语句如下：

```
SELECT XH,XM,XBM,XSH,BH      //列出字段
FROM STU_INFO                //选定数据库中要查询的表
```

WHERE XSH='06'　　　　　　　　//设定要查询的条件

运行结果如图 4-2 所示。

图 4-2　投影查询结果

3．设定排序条件

使用 SQL SELECT 可以将查询结果排序，排序的短语是 ORDER BY，具体格式如下：

SELECT 列名 1，列名 2，…
FROM 表名
WHERE 条件表达式
ORDER BY 列名 1 [ASC | DESC] [，列名 2[ASC | DESC]…]

排序时可按升序（ASC）或降序（DESC）排序，允许按一列或多列排序。

【例 4-3】 从数据库 EDU_D 的表 STU_INFO 中查询建 9809 班学生情况并按学号排序。语句如下：

SELECT *　　　　　　　　　//"*"表示查询所有列
FROM STU_INFO　　　　　　/选定数据库中的表
WHERE BH='建 9809'　　　　//设定查询条件
ORDER BY XH　　　　　　　//设定排序字段，将查询结果按学号排序

运行结果如图 4-3 所示。

如果按多列排序，语句可以这样写：

SELECT *
FROM STU_INFO
WHERE BH='建 9809'
ORDER BY ZYH,XH DESC

例 4-3 中，先按专业升序排列，然后同一专业的记录按学号进行降序排列。其中，ZYH 称为主排序关键字，XH 称为次排序关键字。

图 4-3　排序查询结果

注意：
① ORDER BY 子句不改变基本表中行或列的顺序，只改变查询结果的排列顺序；
② ORDER BY 子句指定排序的列必须出现在 SELECT 子句的列表达式中；
③ 排序是查询语句的最后一步工作，所以 DRDER BY 子句一般放在查询语句的最后。

4．限定重复记录

在查询过程中经常会出现一些重复记录，如 SELECT BH FROM STU_INFO。其查询结果将会有多个重复的班级名称，显然这种结果不能令人满意。因此需要去掉重复值，此时需要指定 DISTINCT 短语，表示希望提交班级名称(BH)不同的对象，去掉重复的。例如在 STU_INFO 表中，存放的是全校所有学生的情况，其中一个列（字段）是 BH，即每个学生所在的班级名称，现在要在 STU_INFO 中查询全校共有哪些班级，语句应这样写：

> SELECT DISTINCT BH
> FROM STU_INFO

其中，短语 DISTINCT 的作用是去掉查询结果中的重复值。执行结果中班级名称将不再重复，达到了查询所有的班级的目的。

需要注意的是，在一个 SELECT 语句中，DISTINCT 只能出现一次，并且 DISTINCT 必须写在所有列名之前，否则会发生语法错误。与 DISTINCT 选项含义相反的是 ALL 选项，在 SELECT 语句中使用 ALL 选项表示结果重复的行也将显示出来。ALL 选项是默认选项。

4.2.2 使用列表达式

4.2.1 节介绍的指定列（投影）的方法中包括：指定列、使用通配符"*"。还有一种是用列表达式来获取经过计算的查询结果。列表达式不仅可以是算术表达式，还可以是字符串常量、函数等。

1．计算列值

【例 4-4】 在成绩表 XK 中按满分 150 分计算学生成绩并显示学号、课程号、教师号。语句如下：

> SELECT XH,KCH,JSH, '150 分成绩'=KSCJ*1.50
> FROM XK

此例中，"KSCJ*1.50"是列表达式，将百分制成绩转换成了 150 分制的成绩。图 4-4 所示为用 SQL Server 2000 的查询分析器查询的结果。

"'150 分成绩'="表达式将查询结果显示成"150分成绩"的列表头。

【例 4-5】 利用列表达式实现不同列的连接。

图 4-4 使用列表达式查询示例 1

> SELECT '学号', XH, XM + XSH, BH
> FROM STU_INFO
> WHERE XBM='男'
> ORDER BY XH DESC

例 4-5 中，列表达式 XM +XSH 将两个数据类型为 CHAR 的属性列 XM 和 XSH 进行了连接运算，'学号'作为字符串常量出现，因为数据库表中没有这两个属性，所以 SQL Server 2000 系统的企业管理器自动加上了两个查询结果列的别名 Expr1 和 Expr2。细心的读者可以从图 4-5 所示的使用列表达式查询示例 2 中看出，例子中写的 SQL 语句在 SQL Server 2000 系统的企业管理器中运行后系统自动将语句的写法改成了：

SELECT '学号' AS EXPR1, XH, XM + XSH AS EXPR2, BH

FROM STU_INFO

WHERE (XBM='男')

ORDER BY XH DESC

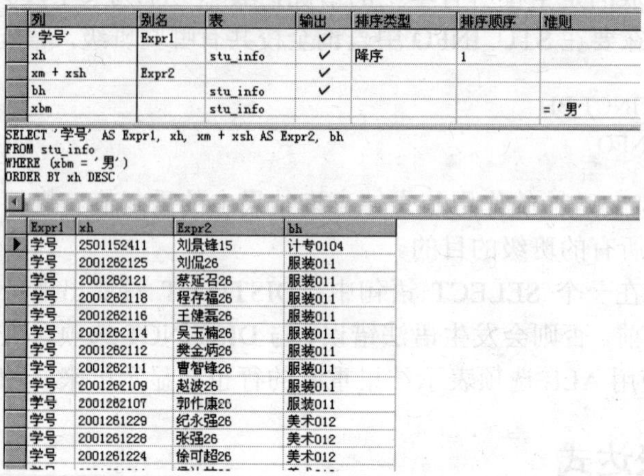

图 4-5　使用列表达式查询示例 2

再如数据库表 STU_INFO，列名有 XH、CSRQ、BH，进行如下查询：

SELECT '学号' AS Expr1, XH, '年龄' AS Expr2, YEAR(GETDATE()) – YEAR(CSRQ) AS Expr3, BH

FROM STU_INFO

运行结果如图 4-6 所示，年龄的值通过算术表达式"YEAR(GETDATE())–YEAR(CSRQ)"得出，其中 GETDATE()是取当前日期的函数，YEAR()是取日期的年份函数，在数据表 STU_INFO 中，CSRQ 列的数据类型为 DATETIME。从此例可以看出，在 SQL 的 SELECT 查询列的表达式中，不仅可以有列之间的运算，还可以出现 SQL 的函数。

2．修改查询结果的列标题

从前面的例子可知，可以在查询结果中通过设定列的别名来显示列的标题。方法是在列名之后使用 AS 子句来更改查询结果的列标题。注意，更改的是查询结果显示的列标题，这是列的别名，而不是更改了数据库表或视图的列标题。例如例 4-5 的查询结果改为：

SELECT XH AS 学号, XM + XSH　AS 姓名和学院代码, BH AS 班级

FROM STU_INFO

WHERE XBM = '男'

ORDER BY XH DESC

在 SQL Server 2000 的企业管理器运行结果如图 4-7 所示。

例 4-5 也可以写成如下形式，其结果是一样的：

SELECT 学号=XH, 姓名和学院代码=XM + XSH, 班级=BH

FROM STU_INFO

WHERE XBM = '男'

ORDER　BY　XH　DESC

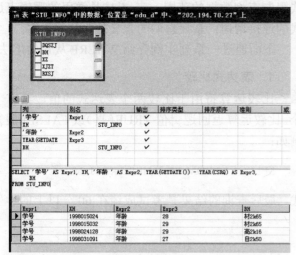

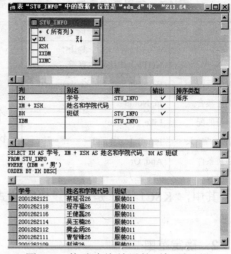

图 4-6 使用列表达式查询示例 3 图 4-7 修改查询结果的列标题示例

注意：当自定义的列标题中含有空格时，必须用引号将标题括起来，例如：

SELECT XH AS 'student number', XM + XSH AS '姓名　学院代码', BH AS 班级
FROM STU_INFO
WHERE XBM = '男'
ORDER BY XH DESC

在 SQL Server 2000 的查询分析器中，甚至可以将 AS 去掉，写成如下方式，应该说这种写法是不严格的，如果在企业管理器中运行，系统会自动将 AS 添加上。语句如下：

SELECT XH 'student number', XM + XSH '姓名　学院代码', BH 班级
FROM STU_INFO
WHERE XBM = '男'
ORDER BY XH DESC

由于在设计数据库时，为了编程和数据传输的方便，往往将数据库表的列名用英文表示，一般用表的头字母和列名的英文单词表示，如学生表（Student）的姓名属性，其属性名是 Sname，表示 Student 表的 name 属性，以便于理解。也有用汉语拼音的首字母表示的，如姓名列命名为 XM。但是，如果用这些列名直接显示给用户，将可能是难以理解的，所以在实际应用中，往往通过上述方法将列的中文别名显示给用户。

从上述例子可以看出：SQL 要完成数据查询工作需要 3 个关键步骤，就是通过分析把实际问题中的自然语言描述转化为：

① 从哪个表中查询，即弄清楚 FROM 从句的写法；

② 要查询哪些列，即弄清楚 SELECT 从句的写法；

③ 要查询的条件，即弄清楚 WHERE 从句的写法。

其中，第③步最复杂，在 4.2.3 节将做进一步的介绍。

4.2.3 WHERE 从句的进一步使用

WHERE 从句中，常见的查询条件如表 4-1 所示，在从句中使用一个或者多个逻辑表达

表 4-1　常用查询条件

查 询 条 件	谓　　　词
比较	=,>,<,>=,<=,!=,<>,!>,!<; NOT+上述比较运算符
确定范围	Between and, Not between and
确定集合	In, Not in
字符匹配	Like, Not like
空值	Is null, Is not null
多重条件	And, Or

式限制查询数据的范围。表 4-1 是常用的逻辑表达式的连接谓词，掌握它们的含义是非常重要的。

下面通过一系列实例介绍 WHERE 从句的用法。

1．表达式比较

比较运算符用于比较两个表达式的值，共有 9 个。比较运算返回逻辑值 TRUE（真）或 FALSE（假）。例如：

SELECT * FROM XK WHERE KSCJ>60

其中，"KSCJ>60" 是一个逻辑表达式，最后查询的结果是考试成绩在 60 分以上的学生信息。

2．确定范围

BETWEEN … AND…和 NOT BETWEEN … AND…用于确定查询范围，意指"在…和…之间"，或"不在… 和…之间"的数据。

【例 4-6】　在数据库表 XK 中查询考试成绩在 60～70 分的学号、课程号、成绩。

　　　SELECT XH 学号,KCH 课程号,KSCJ 成绩
　　　FROM XK
　　　WHERE KSCJ BETWEEN 60 AND 70

使用企业管理器很久了，也许读者对 SQL Server 2000 的查询分析器有些陌生，下面在查询分析器中实现这个查询。结果如图 4-8 所示。

3．确定集合

IN 和 NOT IN 确定存在于某个集合的数据，这个集合可以是指定的一个值表，值表中列出所有可能的值，当与值表中的任何一个匹配时，返回 TRUE，否则返回 FALSE。

【例 4-7】　查询计 0131、计 0133 班学生的信息。

语句如下：

　　　SELECT XH 学号,XM 姓名,BH 班级
　　　FROM STU_INFO
　　　WHERE BH IN('计 0131', '计 0133')

查询结果如图 4-9 所示。

图 4-8　查询范围结果示意图

图 4-9　确定集合查询结果示意图

4．字符匹配

用 NOT LIKE 和 LIKE 与通配符%和_搭配，其运算对象可以是 CHAR、VARCHAR、TEXT、NTEXT、DATETIME 和 SMALLDATETIME 类型的数据。

"%" 代表任意长度的字符串，如在 "A%B" 中 ACB 和 ADDGB 等都满足匹配。" _ "代表任意单个字符。

注意：通配符 "%" 和 " _ " 只与 NOT LIKE 和 LIKE 搭配，不能与 "=" 搭配。

例如：

　　　SELECT * FROM STU_INFO WHERE BH LIKE '应%'

查询出班级名称为 "应某某" 的班级。

　　　SELECT * FROM STU_INFO WHERE XM LIKE '_红'

查询出姓名第 2 个汉字是 "红" 的学生信息。

5．涉及空值的查询

当需要判定一个表达式的值是否为空值时，可使用 IS NULL 关键字。例如：

　　　SELECT * FROM STU_INFO WHERE BH IS NULL

查询出了尚未确定班级（名称为 NULL 值）的学生信息。

6．多重条件查询

用逻辑运算符 AND 和 OR 连接多个查询条件实现需要的查询。AND 的优先级高于 OR。例如，查询应化班，名字叫什么红的学生信息，语句如下：

　　　SELECT * FROM STU_INFO WHERE BH LIKE '应化%' AND XM LIKE '%红'

4.2.4　数据汇总

1．聚合函数

聚合函数用于对表中的数据进行规定的统计性计算，返回单个计算结果。常用的如表 4-2 所示。

表 4-2　聚合函数一览表

聚　合　函　数	含　　　义
Count ([distinct ｜ all] *)	统计元组（记录）个数
Count ([distinct ｜ all]<列名>)	统计一列中不为 NULL 值的个数
Sum ([distinct ｜ all]<列名>)	求一列值的总合（必须为数值型）
Avg ([distinct ｜ all]<列名>)	求一列值的平均数（必须为数值型）
Max ([distinct ｜ all]<列名>)	求一列值中的最大值
Min ([distinct ｜ all]<列名>)	求一列值中的最小值

如果指定了 DISTINCT 选项，则表示去掉结果中的重复行；如果指定 ALL 选项或不指定，则表示保留重复行。

【例 4-8】　查询学生总数。

语句如下：

> SELECT COUNT(*) AS 学生数
> FROM STU_INFO

结果如图 4-10 所示，显示了学生数为 9490。

语句也可以写成：

> SELECT COUNT(XH)
> FROM STU_INFO

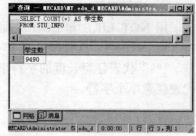

图 4-10　学生数统计结果显示图 1

结果如图 4-11 所示，显示无列名，数目也是 9490。

图 4-11　学生数统计结果显示图 2

由于在数据库表 STU_INFO 中，XH 列是该表的主键，不允许有空值，所以两个语句的结果是一致的。COUNT(*) 统计数据库表 STU_INFO 中共有多少条记录，有多少个记录就意味着有多少个学生，因为一个学生的信息只在该表中占一行，称为只占一条记录。COUNT(XH) 是统计数据库表 STU_INFO 中 XH 列不为空的记录个数。

【例 4-9】　已知数据库表 XK 中高等数学课程的代码为 090101，查询学生选修高等数学的平均成绩。

语句如下：

> SELECT AVG(KSCJ) AS 高等数学
> FROM XK
> WHERE KCH='090101'

执行结果如图 4-12 所示。

图 4-12　计算平均值结果显示图

【例 4-10】　查询学生选修高等数学的最高分和最低分。

语句如下：

> SELECT MAX(KSCJ) AS '高等数学最高分', MIN(KSCJ) AS '高等数学最低分'
> FROM XK
> WHERE KCH='090101'

程序执行结果如图 4-13 所示。

注意：在查询中，除 COUNT（*）外，所有的聚合函数都不包括取值为空的行。

图 4-13　计算最大最小值结果显示图

2．GROUP BY 子句

GROUP BY 子句用于对表或视图中数据的查询结果按某一列或多列值分组，值相等的分为一组。常常与聚合函数联合使用，用于针对分组进行统计汇总，使得每个分组都有一个函数值。SELECT 子句的列表中只能包含在 GROUP BY 中指出的列或在聚合函数中指定的列。

【例 4-11】　在 XK 表中查询各课程编号及相应的选课人数。

语句如下：

SELECT KCH,COUNT(XH) FROM XK GROUP BY KCH

查询结果如图 4-14 所示。

查询的结果是按照课程编号进行了分组，相同课程编号的数据分在一个组，然后统计各组的记录数，得到各门课程的选课人数。

注意：在分类统计、汇总中，GROUP BY 子句的列名必须与 SELECT 子句的列名相对应。例如，查询 XH

图 4-14　按课程统计结果图

信息，只按 XH 分组，如果想同时查询出 XH 和 XM 信息，则在 GROUP BY 子句的列名中也必须列出 XH 和 XM，即按照 XH 和 XM 分组。

使用带 ROLLUP 操作符的 GROUP BY 子句可以指定在结果集内不仅包含由 GROUP BY 提供的正常行，还包含汇总行。

【例 4-12】　在 STU_INFO 学生情况表上产生一个结果集，包括每个专业的男生、女生人数、总人数及学生总人数。

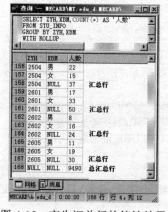

图 4-15　产生汇总行的统计结果

语句如下：

SELECT ZYH,XBM,COUNT(*) AS '人数'
FROM STU_INFO
GROUP BY ZYH,XBM
WITH ROLLUP

执行结果如图 4-15 所示。

结果中标注为汇总行之外的行，均为不带 ROLLUP 的 GROUP BY 所产生的行。

可以看出，使用了 ROLLUP 操作符后，将对 GROUP BY 子句中所指定的各列产生汇总行。产生的规则是，按列的排列逆序依次进行汇总。

【例 4-13】　在学生情况表 STU_INFO 和成绩表 XK 中查询化学学院（XSH 为 02）各班级选修人数超过 120 人的各门课程的人数，并按班级名称排序。

语句如下：

SELECT BH AS 班级,KCH AS 课程编号,COUNT(*) AS 选课人数
FROM STU_INFO,XK
WHERE STU_INFO.XH=XK.XH AND STU_INFO.XSH='02'
GROUP BY BH,KCH
WITH ROLLUP

```
HAVING COUNT(*)>120
ORDER BY BH
```

其中，HAVING 短语限定于只统计选修人数超过 120 人的课程。

运行结果如图 4-16 所示。

带 ROLLUP 的 GROUP BY 子句可以与复杂的查询条件及连接查询一起使用。这部分内容请读者学习了连接查询和嵌套查询后上机测试，进行自主学习，进一步体会带 ROLLUP 的 GROUP BY 子句的用法。

使用带 CUBE 操作符的 GROUP BY 子句可以对所有可能的组合均产生汇总行。

【例 4-14】 在 STU_INFO 中统计各个专业及性别的学生数。

语句如下：

```
SELECT ZYH,XBM,COUNT(*) AS '人数'
FROM STU_INFO
GROUP BY ZYH,XBM
WITH CUBE
```

查询结果如图 4-17 所示，显示为 NULL 的均是汇总行。

图 4-16　数据汇总结果示意图

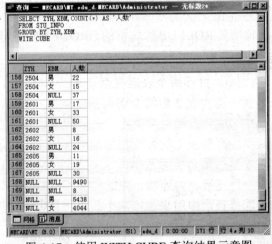

图 4-17　使用 WITH CUBE 查询结果示意图

3. HAVING 短语

HAVING 短语指定分组或聚合的条件。只有满足条件的分组才被选出来，HAVING 必须与 GROUP BY 子句一起使用。

WHERE 子句与 HAVING 短语不同，WHERE 子句是从基本表中选择满足条件的记录，而不是指定满足条件的分组，这是二者的根本区别。

【例 4-15】 查询选修了 3 门以上课程的学生学号及选课数。

语句如下：

```
SELECT XH, COUNT(*)
FROM XK
GROUP BY XH
HAVING (COUNT(*) > 3)
```

在本例中，不仅按照学号进行了分组，并统计了各组的记录数，而且查询结果还设定了统计结果的条件——要求统计结果大于 3 的分组被筛选出来。

【例 4-16】　只查询选修了 3 门以上课程的学号前 4 位是 2000 的学生的学号及选课数。

语句如下：

```
SELECT XH, COUNT(*)
FROM XK
WHERE (XH LIKE '2000%')    //位置不能放后面
GROUP BY XH
HAVING (COUNT(*) > 3)
```

系统的运行过程可以理解为先进行了 SELECT XH FROM XK WHERE (XH LIKE '2000%')的查询，然后将查询的结果按照 XH 进行分组，即学号一样的记录分成一组，然后再分别统计各个分组的记录个数，将每个分组及个数作为 1 条记录合并在一起构成一个新的关系，最后，在这个新关系中筛选出统计的选课数大于 3 的分组。

4.2.5　连接查询

前面介绍的查询语句大部分都是基于单个数据库表进行的查询，但是在很多时候必须基于多个表进行查询。例如，在前面的各个例子中，只要使用选课表 XK 查询成绩，就只能查询学号或课程号，而不能直接得到学生的姓名或课程名称信息，因为这些信息分别存放在 STU_INFO 表和 GCOURSE 表中，若要得到这些信息，就必须同时查询这两个数据库表。

一般地，若一个查询同时涉及两个或两个以上的数据库表，则称为连接查询。

DBMS 执行两个表连接查询时是这样操作的：首先定位表 1 的第 1 条记录，然后从头开始逐一查找表 2 中符合条件的记录，一旦找到就将表 1 的第 1 条记录与表 2 的该条记录拼接起来，放到查询结果集中，表 2 的纪录扫描结束后，接着定位表 1 的第 2 条记录，重复上述操作，直到表 1 的记录扫描结束为止，最后形成的结果集就是连接操作的结果。

连接查询是关系数据库中最主要的查询，包括等值连接、自然连接、非等值连接、自身连接、外连接、内连接、左连接和右连接等。下面重点讨论等值连接。

连接查询中用来连接两个关系的条件称为连接条件或连接谓词，一般格式为：

[<表名 1>.]<列名 1><比较运算符>[<表名 2>.]<列名 2>

其中，比较运算符主要有：=、>、<、>=、<=、!=。

当连接运算符为"="时的连接查询，叫作等值连接，等值连接又称为内连接。若将查询结果的目标列中重复的列去掉，则称为自然连接，在实际应用中等值连接一般以自然连接的形式出现。

使用其他运算符的连接查询称为非等值连接。

连接谓词中的列名称为连接字段。

例如，查询每个学生及其选课情况，语句如下：

```
SELECT STU_INFO.*,XK.*
FROM STU_INFO,XK
WHERE STU_INFO.XH=XK.XH
```

【例 4-17】　查询物理 012 班每个学生及其选修课程的情况。

语句如下：

```
SELECT STU_INFO.XH,STU_INFO.XM,STU_INFO.BH,STU_INFO.XBM,XK.KCH,XK.KSCJ,
```

　　GCOURSE.KM

　　FROM STU_INFO,XK,GCOURSE

　　WHERE STU_INFO.XH=XK.XH AND XK.KCH=GCOURSE.KCH AND STU_INFO.BH='物理 012'

像这样涉及两个及以上表的查询也叫作多表查询，查询结果如图 4-18 所示。

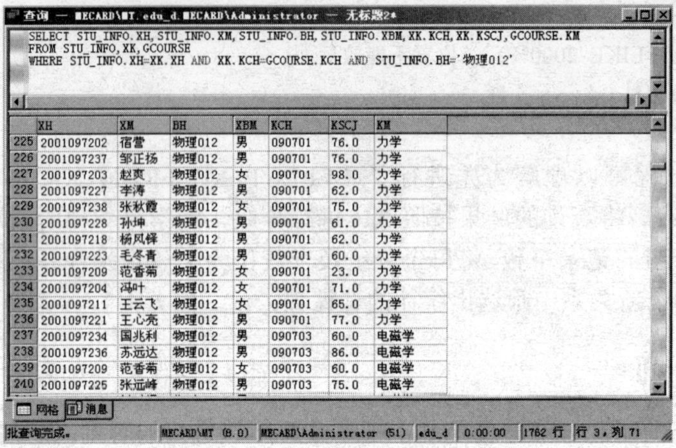

图 4-18　连接查询示意图

【例 4-18】　查询选修了有机化学这门课程的学生的姓名。

语句如下：

　　SELECT XM

　　FROM STU_INFO,XK,GCOURSE

　　WHERE GCOURSE.KM='有机化学' AND GCOURSE.KCH=XK.KCH AND XK.XH=STU_INFO.XH

说明：

　　① 连接查询涉及的所有表名都放在 FROM 子句中。

　　② 连接条件放在 WHERE 子句中。

　　③ 如果列名在参加连接的各表中是唯一的，可以省略表名前缀；如果该列名在两个及以上表中都有，则一定要加表名前缀。

　　④ 在书写连接查询时，为了简化，可以为表名取别名，别名应该简单，且别名只在本次查询有效。

　　例如，对例 4-18 使用表的别名，语句如下：

　　SELECT XM FROM STU_INFO S,XK X,GCOURSE C

　　WHERE C.KM='有机化学' AND C.KCH=X.KCH AND X.XH=S.XH

4.2.6　嵌套查询

　　下面讨论另一类基于多个表的查询，这类查询所要求的结果出自一个表，但相关的条件却涉及多个表。在前面的例子中，WHERE 之后是一个相对独立的条件，这个条件或者为真、或者为假。但是，有时需要用另外的方式来表达查询要求。比如，当查询表 X 中的记录时，它的条件依赖于相关的表 Y 中的记录的值，这时使用 SQL 的嵌套查询功能将非常方便。

　　在 SQL 语言中，一个 SELECT-FROM-WHERE 语句称为一个查询块，将一个查询块嵌套在另一个查询块的 WHERE 子句或 HAVING 短语的条件中的查询称为嵌套查询。

【例 4-19】　在 STU_INFO 表中查询选修了课程编号为 090201 的学生姓名。

语句如下：

```
SELECT XM
FROM STU_INFO
WHERE (XH IN
            (SELECT XH
             FROM XK
             WHERE (KCH = '090201')))
```

查询结果如图 4-19 所示。

图 4-19　嵌套查询示意图

说明：

① 这个查询的执行顺序是，首先执行小括号里的内部查询，返回的结果集是所有选修了 090201 课程的学号，然后对 STU_INFO 表从第一行起逐行扫描，每一行的列"学号"都与集合中的值进行比较，判断是否属于这个集合，如果是就返回该行，否则不返回。

② 关键字 IN 的前面只能有一个列，而且，这个列的值与内部查询的结果集里的各个值应该逻辑含义相同，数据类型互相兼容。

1. 带有 in 谓词的子查询

【例 4-20】　查询与刘玉涛在同一个班的学生。

```
SELECT XH, XM, BH
FROM STU_INFO
WHERE (BH IN
            (SELECT BH
             FROM STU_INFO
             WHERE XM = '刘玉涛'))
```

xh	xm	bh
1999032103	孟贤	计2k28
1999032167	张平	计2k28
1999032198	石景贺	计2k28
2000029001	曹为涛	应2k33
2000029002	常站	应2k33
2000029003	陈成文	应2k33
2000029004	陈晓婷	应2k33
2000029005	单文庆	应2k33
2000029006	丁健峰	应2k33
2000029007	杜荣乾	应2k33
2000029008	杜旭	应2k33
2000029009	房爱芹	应2k33
2000029010	黄恒	应2k33
2000029011	黄世杰	应2k33
2000029012	李咸宇	应2k33
2000029013	李延刚	应2k33
2000029014	刘玉涛	应2k33
2000029015	龙万洪	应2k33
2000029016	马贵芳	应2k33
2000029017	师青雷	应2k33

图 4-20　IN 嵌套查询结果示意图

在查询时，首先执行内部查询"SELECT BH FROM STU_INFO WHERE XM = '刘玉涛'"，返回了字符常量的集合 {计 2K28、应 2K33}，然后对数据库表 STU_INFO 从第一行起逐行扫描，每行的属性列 BH 都与集合中的值进行比较，判断是否属于这个集合，如果是就返回该行，否则不返回。

在这里使用 IN 是因为同一个学校的刘玉涛可能重名，而且可能不同班，这样在括号里的内查询的结果可能有多个值。如图 4-20 所示，某校有两个刘玉涛分别在计 2K28 和应 2K33 班。如果知道要查询的刘玉涛的学号，就可以按照下一个例子的方法查询，从而达到查询的目的。

2. 带有比较运算符的子查询

【例 4-21】　查询与学号是 2000029001 的学生在同一个班学习的学生，按学号排序。

语句如下：

图 4-21 比较运算符"="嵌套
查询结果示意图

```
SELECT XH, XM, BH
FROM STU_INFO
WHERE (BH =
          (SELECT BH
     FROM STU_INFO
     WHERE XH = '2000029001'))
ORDER BY XH
```

查询结果如图 4-21 所示。

例 4-21 含义与例 4-20 一样，但是由于括号里的内查询按照学号查询出来的结果是一个唯一的值，因此不用 IN 而用比较运算符"="，达到精确查询的目的。

注意，使用比较运算符"="时，必须确定内查询的结果是一个唯一的值，否则系统显示出错。

3．带有 ANY、SOME、ALL 的比较子查询

比较子查询就是将某个列的值与内部查询的结果进行运算比较，如果比较结果为真则返回该行，否则不返回。比较子查询通常要用到操作符 ALL、ANY、SOME。其通用格式为：

<列的值><比较运算符>[ALL|ANY|SOME]<内部查询>

操作符 ALL 的含义是，列的值必须与内部查询结果集的值进行比较，只有每一次的比较结果都为真时，比较结果才为真。

操作符 ANY 的含义是，列的值和内部查询结果集的值进行比较，只要有一次为真，比较结果就为真。

操作符 SOME 和 ANY 的含义一样，是同义字。

【例 4-22】 查询其他班级中比应化 041 班某个学生年龄小的学生的姓名和年龄。

语句如下：

```
SELECT XM,NL
FROM STU_INFO
WHERE NL<ANY
          (SELECT NL
     FROM STU_INFO
     WHERE BH='应化 041')
     AND BH<>'应化 041'
```

4．带有 EXISTS 谓词的子查询

EXISTS 是测试子查询是否有数据行返回，如果有则返回 TRUE，否则返回 FALSE。NOT EXISTS 则相反，当结果表为空时，才返回 TRUE。

EXISTS 的语法结构所采用的不是等号，也不是 IN 关键字，关键字 EXISTS 直接与子查询相连。EXISTS 所采用的子查询之间的连接不是列之间的关系，而是表之间的关系。因此，在 SELECT 列表中，通常不需要明确指定列名，使用*代替就可以了。紧接 EXISTS 的子查询并不在自己的查询中执行，事实上，服务器对最终查询的每一行数据都需要进行一次子查询，但这个子查询不一定会执行完，只要发现匹配条件成立，就会退出子查询。

【例 4-23】 查询选修了高等数学（KCH=090101）的学生的姓名等信息。

语句如下：

```
SELECT XM,XBM,BH
FROM STU_INFO
WHERE EXISTS(SELECT *
            FROM XK
            WHERE XH=STU_INFO.XH AND KCH='090101')
```

【例 4-24】 查询没有选修高等数学的学生的姓名等信息。

语句如下：

```
SELECT XM,XBM,BH
FROM STU_INFO
WHERE NOT EXISTS(SELECT *
            FROM XK
            WHERE XH=STU_INFO.XH AND KCH='090101')
```

4.2.7 联合查询

SELECT 语句的查询结果是元组的集合，所以多个 SELECT 语句的结果可进行集合操作。集合操作主要包括并操作 UNION、交操作 INTERSECT、差操作 MINUS。SQL Server 的 Transact-SQL 语言只提供 UNION 运算符实现并操作。其语法格式如下：

SELECT_1 UNION [ALL] SELECT_2 {[UNION [ALL] SELECT_3]}…

说明：SELECT_1，SELECT_2，…代表进行并操作的 SELECT 子查询。

【例 4-25】 有两个数据库表 STUFR 和 STUIS，其结构完全一样，分别存放外语学院和信息学院的学生基本信息，现在要查询两个学院女生的学号、姓名。

语句如下：

```
SELECT XH,XM FROM STUFR WHERE XB='女'
UNION
SELECT XH,XM FROM STUIS WHERE XB='女'
```

说明：

① 使用 UNION 运算符进行联合查询时，要保证各个 SELECT 语句的目标列表达式数量相等、排列顺序相互一一对应、数据类型必须兼容。对于数值型数据，系统自动由低精度数据类型转换为高精度数据类型；对于变长数据类型，系统取长度最长者为列的数据长度。

② UNION 之后如果使用了 ALL 选项，则显示所有的包括重复的行，如果没有使用 ALL 选项，则重复行只显示一行。ALL 选项在 UNION 运算符中的意义与其在 SELECT 语句中的意义一样，唯一的区别是，在 SELECT 中，ALL 选项是默认值，而在 UNION 中必须明确指定。

③ UNION 操作常用于归档数据，例如归档各个基层部门的数据等，运行时将查询的数据合并到第一个表中。

【例 4-26】 将例 4-25 中的两个数据库表 STUFR 和 STUIS 的数据合并到结构相同的全校的学生数据表 STUDENT 中。

语句如下：

```
SELECT * FROM STUDENT
UNION ALL
SELECT * FROM STUFR
UNION ALL
SELECT * FROM STUIS
```

当然，如果要将查询的结果保存在当前数据库新建的表 NEWSTU 中，可以使用 INTO 子句：

```
SELECT * INTO NEWSTU
FROM STUFR
UNION ALL
SELECT * FROM STUIS
```

注意观察这两个查询的区别。

④ 也可以对结果进行排序或者分组汇总，这时必须把 ORDER BY 子句或 GROUP BY 子句放在最后一个 SELECT 语句的后面，并且必须是针对第一个 SELECT 语句的列进行的排序或分组。

⑤ 使用 UNION 连接的所有 SELECT 语句也可以使用同一张表，此时 UNION 运算符可以用 OR 运算符来代替。

【例 4-27】 查询 01 学院的学生及所有的本科生。

语句如下：

```
SELECT * FROM STU_INFO WHERE XSH='01'
UNION
SELECT * FROM STU_INFO WHERE PYCCM='本科'
```

用 OR 运算符来代替 UNION，查询语句可以改写为：

```
SELECT * FROM STU_INFO WHERE XSH='01' OR PYCCM='本科'
```

4.2.8 使用系统内置函数的查询

Transact-SQL 提供了 3 种系统内置函数：行集函数、聚合函数和标量函数。其中，聚合函数在 4.2.4 节已进行了介绍。本节选择最常用的部分系统内置函数进行简要介绍。

1. 数学函数

数学函数可以对 SQL Server 提供的数字数据（decimal、integer、float、real、money、smallmoney、smallint 和 tinyint）进行数学运算并返回运算结果。在默认情况下，对 float 数据类型数据的运算精度为 6 个小数位。在默认情况下，传递到数学函数的数字将被解释为 decimal 数据类型。

下面介绍几个数学函数的使用方法。

（1）ABS 函数

语法格式：ABS(numeric_expression)

返回给定数字表达式的绝对值。参数 numeric_expression 为数字型表达式，返回值类型与 numeric_expression 相同。

（2）RAND 函数

语法格式：RAND([seed])

返回 0～1 之间的一个随机值。参数 seed 为整型表达式，返回值类型为 float。

2. 字符串处理函数

字符串处理函数用于对字符串进行处理。在此仅介绍常用的字符串处理函数，其他的请读者参考其他资料自主学习。

（1）ASCII 函数

语法格式：ASCII(character_expression)

返回字符表达式最左端字符的 ASCII 码值，参数 character_expression 的类型为字符型的表达式，返回值为整型。

（2）CHAR 函数

语法格式：CHAR(integer_expression)

将 ASCII 码转换为字符，参数 integer _expression 为介于 0～255 之间的整数，返回值为字符型。

（3）LEFT 函数

语法格式：LEFT(character_expression,integer_expression)

返回从字符串左边开始指定个数的字符。参数 character_expression 为字符型表达式；参数 integer _expression 为整型表达式，返回值为 varchar 型。

【例 4-28】 查询学号最左边的 4 个字符。

语句如下：

```
SELECT LEFT(XH,4) FROM STU_INFO
```

（4）LTRIM 函数

语法格式：LTRIM(character_expression)

删除 character_expression 字符串最左边的空格，并返回字符串。参数 character_expression 为字符型表达式，返回值类型为 varchar。

（5）REPLACE 函数

语法格式：

```
REPLACE('string_expression1', 'string_expression2', 'string_expression3')
```

用 string_expression3 字符表达式替换 string_expression1 字符表达式中包含的 string_expression2 表达式，并返回替换后的表达式。返回值为字符型。

（6）SUBSTRING 函数

语法格式：SUBSTRING(expression,start,length)

返回 expression 中指定的部分数据。参数 expression 可以是字符串、二进制串、text、image 字段或表达式。start、length 均为整型，start 指定从 expression 的第几个字节开始，length 指定要返回的字节数。

如果 expression 是字符串或二进制串，则返回值类型与 expression 的类型相同；如果是

text 型，则返回 varchar 型；如果是 image 型，则返回 varbinary 型；如果是 ntext 型，则返回 nvarchar 型。

【例 4-29】 已知某学校学号（XH，char）的前 4 位是入学年，第 5 位是性别代码，后 5 位是流水号，如某女生的学号：2002030101。在学生基本情况数据库表 STU_INFO 中查询所有学生的学号、姓名、入学年、性别信息。

语句如下：

```
SELECT XH,XM,LEFT(XH,4) AS 入学年,SUBSTRING(XH,5,1) AS 性别码
FROM STU_INFO
ORDER BY XH
```

（7）STR 函数

语法格式：STR(float_ expression [,length [,decimal]])

将数字数据转换为字符数据。参数 float_ expression 为 float 类型的表达式，length 指定返回值的总长度，包括小数点，decimal 指定小数点右边的位数，length、decimal 必须为正整型，返回值为 char 型。

3. 系统函数

系统函数用于对 SQL Server 中的值、对象和设置进行操作，并返回有关信息。

（1）CASE 函数

CASE 函数有两种使用形式，一种是简单的 CASE 函数，另一种是搜索型的 CASE 函数。

注意：CASE SQL 构造是 Transect_SQL 对标准 SQL 的扩展，企业管理器的查询设计器不支持 CASE SQL 构造。

① 简单的 CASE 函数

语法格式如下：

```
CASE  输入表达式
    WHEN  比较表达式  THEN  结果表达式
    ……
    ELSE  表达式
END
```

计算输入表达式的值，与每一个 WHEN 的比较表达式的值比较，如果相等，则返回对应的结果表达式的值，否则，返回 ELSE 之后的表达式的值，如果省略了 ELSE，则返回 NULL 值。参数输入表达式与比较表达式的数据类型必须相同，或者可以隐性转换。

【例 4-30】 在 STU_INFO 中查询学院代码为 03 的学生的学号、姓名、性别，并将性别分别转换成"男生"、"女生"。

语句如下：

```
SELECT XH,XM,XBM,XBM=
    CASE '男'
        WHEN   XBM THEN '男生'
    ELSE '女生'
    END
```

FROM STU_INFO

WHERE XSH='03'

运行结果如图 4-22 所示。

② CASE 搜索函数

语法格式：

CASE

    WHEN 条件 1 THEN 表达式 1

    WHEN 条件 2 THEN 表达式 2

    ......

    ELSE 表达式

END

运行时，系统将查询出的结果进行判断，当满足 WHEN 的某个条件时，则将该结果显示为 THEN 之后的表达式的值，如果没有满足的条件，则显示 ELSE 之后的表达式的值，如果没有指定 ELSE 子句时，则返回 NULL 值。

图 4-22 简单 CASE 函数查询结果示意图

另外要注意的是，这个查询改变的仅是查询出的结果，而基础表中的数据并没有发生转换。

在对表进行查询时，有时需要的结果是一种概念而不是具体的数据。例如，查询百分制的成绩，希望得到 5 分制的成绩"优秀、良好、中等、及格、不及格"，就要对结果进行有条件替换。

要替换查询结果中的数据，则要使用查询中的 CASE 表达式，但此构造 SQL Server 2000 企业管理器的查询编辑器不支持，可以使用查询分析器运行。

【例 4-31】 查询成绩表 XK 中选修了"090101"课程的学生的学号、5 分制成绩。

语句如下：

```
SELECT XH, '5 分制成绩'=
    CASE
        WHEN KSCJ<60 THEN '不及格'
        WHEN KSCJ>=60 AND KSCJ<70 THEN '及格'
        WHEN KSCJ>=70 AND KSCJ<80 THEN '中等'
        WHEN KSCJ>=80 AND KSCJ<90 THEN '良好'
        WHEN KSCJ>=90 THEN '优秀'
    END
    FROM XK
    WHERE KCH='090101'
```

如图 4-23 所示，结果将查询出的百分制成绩按五级制的方式显示了出来。

（2）CAST 函数

语法格式：CAST（表达式 AS 数据类型）

实现数据类型的转换。将表达式的值转换为数据类型参数所指定的类型。参数表达式可以是任何有效的表达式，数据类型是系统提供的基本类型，不能为用户自定义的类型。

【例 4-32】 查询成绩表 K2001，其中考试成绩（KSCJ）、XH、XM 等数据类型都是 CHAR，现要查询考试成绩在 50～60 分的学生及成绩，并将成绩加 10 分显示。

语句如下：

```
SELECT XH,XM,KSCJ,CAST(KSCJ AS FLOAT)+10 AS 加分后成绩
FROM K2001
WHERE KSCJ LIKE '5_'
```

运行结果如图 4-24 所示。

图 4-23　CASE 搜索函数查询结果示意图　　　　图 4-24　CAST 函数查询结果示意图

（3）日期时间函数

日期时间函数可用在 SELECT 语句的选择列表，也可以用在查询的 WHERE 子句中，在此介绍 GETDATE() 函数。

语法格式：GETDATE()

按照 SQL Server 标准内部格式返回当前的系统日期和时间。返回值数据类型为 datetime 型。

在设计报表时，GETDATE 函数可用于在每次生成报表时打印当前日期和时间。GETDATE 对于跟踪活动也很有用，如记录事务在某一账户上发生的时间等。

（4）年、月、日函数

年、月、日函数分别返回指定日期的年、月、日部分的整数。

语法格式如下：

```
YEAR ( date )
MONTH( date )
DAY ( date )
```

其中，参数 date 是数据类型为 datetime 或 smalldatetime 的表达式。返回值的数据类型为 int 型。

例如：

```
SELECT YEAR(GETDATE()), MONTH(GETDATE()), DAY(GETDATE()),GETDATE()
```

返回的结果集是：

2006　　　 6　　 11　　 2006-06-11 11:35:27.577

4.3　数据更新

SQL 的数据更新功能，主要包括对数据库表的数据进行的插入、修改、删除操作。

4.3.1　插入数据

插入数据的操作有两种形式：一种是使用 VALUES 子句向数据库的基本表一次插入一条记录；另一种是插入 SELECT 子查询的结果，一次插入一批记录。

1. 插入单个记录

插入单个记录的格式为：

INSERT INTO <表名>[(<属性列 1>[,<属性列 2>…]) VALUES (<常量 1>[,<常量 2>]…)

该命令将单个记录一次插入指定的基本表中。应用时应注意：

① 列与常量必须一一对应，数据类型要一致，尤其要注意字符或字符串常量必须用英文输入状态的单引号 "'" 引起来；

② 在基本表结构定义中未说明为 NOT NULL 的列，如果没有出现在 INTO 子句后，这些列将取空值。已经说明为 NOT NULL 的列，则必须出现在 INTO 子句后面；

③ 如果 INTO 子句后面没有指定任何列，则 VALUES 子句后面的常量个数必须与基本表中列的个数相等，且类型、顺序一致，否则会出现语法错误或导致赋值不正确的错误。

例如：

INSERT INTO STUDENT (学号,姓名,性别,出生日期)

VALUES ('2005090209', '王东方', '男', '1987-9-8')

如果基本表 STUDENT 只有学号、姓名、性别、出生日期这 4 个列，则该句等价于：

INSERT INTO STUDENT

VALUES ('2005090209', '王东方', '男', '1987-9-8')

2. 插入子查询结果

SELECT 语句可以作为子查询嵌套在 INSERT 语句中，用以插入批量记录。

语法格式如下：

INSERT　[INTO]　表名（列名 1,……,列名 N）

SELECT　　（兼容列名 1,……,兼容列名 N）

FROM　兼容表名

WHERE　逻辑表达式

【例 4-33】在 STUDENT 表中查询出应化 041 班的学生情况并存放在 YINGHUA 表中。

语句如下：

INSERT INTO YINGHUA

SELECT　学号,姓名,性别,出生日期 FROM STUDENT WHERE　班级='应化 041'

4.3.2　修改数据

修改数据主要是对数据库表中一条或多条记录某个或某些列的值进行更改，语句的格式为：

UPDATE <表名> SET <列名>=<表达式>[,<列名>=<表达式>,…][WHERE <条件>]

一般使用 WHERE 子句指定条件，以更新满足条件的一些记录的列的值，并且一次可以更新多个列。该语句既可以修改一条记录的值，又可以修改多条记录的值，甚至可以使用子查询修改记录，如果不使用 WHERE 子句，则修改全部记录。

1．修改一条记录的值

要求 WHERE 子句指定只有一条记录能够满足的条件，然后对此记录的列的值进行修改。

例如：

```
UPDATE STU_INFO
SET BH='材 0169'
WHERE XH='2005090209'
```

2．修改多条记录的值

要求 WHERE 子句指定有多条记录能够满足的条件，然后对这些满足条件的记录的列的值进行修改，不使用 WHERE 子句，则更新全部记录。

例如，将所有课程的学分都改为 2 学分，语句如下：

```
UPDATE GCOURSE SET XF=2
```

又如，将高等数学课程的学分统一修改为 5 学分，程序如下：

```
UPDATE GCOURSE SET XF=5 WHERE KM='高等数学'
```

3．带子查询的修改语句

对于条件复杂的记录，可以通过带有子查询的 WHERE 子句来限定满足修改条件的记录。

【例 4-34】 将选修了高等数学的学生的成绩加 10 分。

语句如下：

```
UPDATE XK SET KSCJ=KSCJ+10
WHERE KCH=(SELECT KCH FROM GCOURSE WHERE KM='高等数学')
```

说明：

① 在课程代码表 GCOURSE 中，各门课程的代码是唯一的，所以查询出的课程号只有一个，因此子查询的前面可以用 "="。

② 对批量数据的修改一定要慎重。在实际应用中，被批量修改的数据往往是数以万计的，这些数据的采集和整理过程都付出了很大的代价，一旦因为某个方面的疏忽，修改错了，要恢复起来就会非常麻烦。建议使用 UPDATE 前，先用 SELECT 语句将要修改的记录查询出来，仔细检查无误后，再进行修改。

4.3.3　删除数据

在对数据库表中的数据进行维护的过程中，一些不需要的记录可以利用删除命令进行删除操作。

语法格式如下：

DELETE FROM <表名>[WHERE <条件>]

与修改记录的命令一样，删除的是符合条件的记录。因此，应用此命令的关键是使用正确的 WHERE 子句限定满足删除条件的记录。另外值得注意的是，DELETE 命令删除的是一条或多条记录，而不是某条记录中个别字段的值。不需要的某条记录的个别字段的值，只能用 UPDATE 命令修改成 NULL 值或空格符，不能被删除。

1．删除一条记录

WHERE 子句限定的条件将只有一条记录满足筛选条件。例如：

DELETE FROM STU_INFO WHERE XH='2003050601'

2．删除多记录

WHERE 子句限定的条件将有多条记录满足筛选条件。例如，删除应 0203 班所有学生的信息，语句如下：

DELETE FROM STU_INFO WHERE BH='应 0203'

3．带子查询的删除语句

与 UPDATE 命令类似，对于条件复杂的记录，可以通过带有子查询的 WHERE 子句来限定满足删除条件的记录。

【例 4-35】 将信息学院学生的成绩全部删除。

语句如下：

DELETE FROM XK
WHERE '03'=
(SELECT XSH FROM STU_INFO WHERE STU_INFO.XH=XK.XH)

注意：为避免误操作，在日常工作中，通常操作删除语句时，要先查询要删除的数据，确认无误后，再将 SELECT *部分改成 DELETE 进行删除操作。

例如，对于例 4-35 可以先运行查询：

SELECT * FROM XK
WHERE '03'=(SELECT XSH FROM STU_INFO WHERE STU_INFO.XH=XK.XH)

然后仔细检查运行查询的结果，确认这些数据需要删除，然后将上述语句的 SELECT *修改成 DELETE：

DELETE FROM XK
WHERE '03'=(SELECT XSH FROM STU_INFO WHERE STU_INFO.XH=XK.XH)

4.4　数据定义

SQL 的数据定义语句是对数据库表、视图、索引等的结构和属性进行定义。常见的操作方式如表 4-3 所示。

表 4-3　数据操作方式一览表

操 作 对 象	操 作 方 式		
	创 　 建	删 　 除	修 　 改
表	Create table	Drop table	Alter table
视图	Create view	Drop view	
索引	Create index	Drop index	

4.4.1　定义基本表

使用 SQL Server 2000 的企业管理器定义基本表的方法，在第 3 章已进行了介绍，下面重点介绍使用 SQL 语句定义基本表的方法。

定义基本表的 SQL 语句完整的格式比较复杂，实际应用中有时不必完全掌握，下面通过一些具体的例子进行学习和理解，掌握一些常用的实例即可。

【例 4-36】 定义一个学生的成绩表 K2001

语句如下：

```
CREATE TABLE K2001                          /*表名为 K2001
(XH varchar(12) NOT NULL,                   /*XH（学号）列，不为空
XM varchar(8) NULL,                         /*姓名
KCH varchar(8) NOT NULL,                    /*课程代码
KSCJ varchar(5) NULL,                       /*考试成绩
KKNY varchar(5) NULL,                       /*开课时间
KCXF varchar(5) NULL,                       /*课程学分
KM varchar(30) NULL,                        /*课程名称
KCFZ varchar(1) NULL,                       /*课程分组
JSM varchar(8) NULL,                        /*任课教师
BZ varchar(18) NULL)                        /*备注
```

【例 4-37】 创建表 n_jobs。

语句如下：

```
CREATE TABLE n_jobs
(
    job_id    smallint IDENTITY(1,1) PRIMARY KEY CLUSTERED,
    job_desc varchar(50) NOT NULL DEFAULT '新部门，暂无职位',
    min_lvl tinyint NOT NULL CHECK (min_lvl >= 12),
    max_lvl tinyint NOT NULL CHECK (max_lvl <= 250)
)
```

【例 4-38】 创建表 new_employees。

语句如下：

```
CREATE TABLE new_employee
(
    emp_id    char(9) CONSTRAINT PK_emp_id PRIMARY KEY NONCLUSTERED
```

```
        CONSTRAINT CK_emp_id CHECK (emp_id LIKE
                ' [A–Z][A–Z][A–Z][1–9][0–9][0–9][0–9][0–9][FM] ' or
                emp_id LIKE ' [A–Z]-[A–Z][1–9][0–9][0–9][0–9][0–9][FM] '),
```
/* 每个员工编号由 3 个字符打头，然后是 10000-99999 的某个数字和代表性别的字母 F 或 M */
```
        fname       varchar(20) NOT NULL,
        minit       char(1) NULL,
        lname       varchar(30) NOT NULL,
        job_id      smallint NOT NULL DEFAULT 1 REFERENCES jobs(job_id),
        job_lvl tinyint DEFAULT 10,
        pub_id      char(4) NOT NULL DEFAULT ('9952') REFERENCES publishers(pub_id),
        hire_date datetime NOT NULL DEFAULT (getdate())    /*使用了获取当前日期的函数作为默认值*/
)
```

【例 4-39】 创建表 new_publishers。

语句如下：

```
CREATE TABLE new_publishers
(
    pub_id      char(4) NOT NULL
            CONSTRAINT UPKCL_pubind PRIMARY KEY CLUSTERED
            CHECK (pub_id IN ('1389', '0736', '0877', '1622', '1756')
                OR pub_id LIKE '99[0–9][0–9] '),
    pub_name varchar(40) NULL,
    city varchar(20) NULL,
    state char(2) NULL,
    country varchar(30) NULL DEFAULT('中国')
)
```

【例 4-40】 创建表 G_U_Data

语句如下：

```
CREATE TABLE G_U_Data
(
guid uniqueidentifier CONSTRAINT Guid_Default DEFAULT NEWID(),
Employee_Name varchar(60),
CONSTRAINT Guid_PK PRIMARY KEY (Guid)
)
```

此例创建含有 uniqueidentifier 列的表。该表使用 PRIMARY KEY 约束以确保用户不会在表中插入重复的值，并在 DEFAULT 约束中使用 NEWID( )函数为新行提供默认值。

【例 4-41】 使用表达式 "（（最低分+最高分）/2）" 生成中等分计算列。

语句如下：

```
CREATE TABLE 得分
(
    最低分  int,
    最高分  int,
    中等分  AS (最低分  +  最高分)/2
)
```

【例 4-42】 在表 mytable 的 myuser_name 列中使用 USER_NAME( )函数。

语句如下：

```
CREATE TABLE mytable
(
    date_in datetime,
    user_id int,
    myuser_name AS USER_NAME()
)
```

4.4.2　修改基本表

ALTER TABLE 命令功能强大，能够添加列、修改列、设置 NULL 特性、设置默认值，以及设置各种列约束等。下面从添加列、修改列、删除列 3 个方面进行介绍。

1．添加列

可以用 ALTER TABLE 命令向已存在的表中添加新列。

【例 4-43】 向学生表中添加入学时间列。

```
ALTER TABLE STU_INFO ADD RXSJ DATE
```

运行后，在数据库表 STU_INFO 中增加了 RXSJ 列，其数据类型为 DATE 型。

2．修改列

修改列时可能破坏已有的数据，因此修改前应将原数据备份。

【例 4-44】 将教师表的 XB 列改为 SMALLINT 数据类型。

```
ALTER TABLE GTECH ALTER COLUMN XB SMALLINT
```

3．删除列

【例 4-45】 将数据库表 GTECH 的 XB 列删除。

```
ALTER TABLE GTECH DROP COLUMN XB
```

4.4.3　删除基本表

当基本表不需要时可以使用 SQL 的 DROP 命令删除，这一命令非常简单，格式为：

DROP TABLE <表名>

【例 4-46】　将当前数据库的表 STU_INFO 删除。

DROP TABLE STU_INFO

4.4.4　视图

视图（View）是一种常用的数据库对象，是从一个或多个数据表或者视图中导出的"虚表"，视图的结构和数据是对数据表（基表）查询的结果。视图的列可以是一个基表的一部分，也可以是多个基表的联合或通过计算生成的新列或由基表的统计汇总函数生成的列等。

视图被定义后便存储在数据库中，通过视图看到的数据只是存放在基表中的数据。当通过视图修改数据时，修改的是基表中的数据。同时，当基表的数据发生变化时，这种变化也会自动地反映到视图中。

视图一旦被定义，就可以被查询、删除、修改或者再定义一个新的视图。

1．定义视图

（1）用企业管理器建立视图

使用企业管理器建立视图的方法比较简单易学，读者最好上机自己探索建立视图的方法，可参阅以下内容。

用企业管理器建立视图的方法与步骤如下。

① 在"SQL Server 企业管理器"中展开服务器组、服务器、数据库对象文件夹，选择并展开要创建视图的数据库，如 EDU_D。鼠标右键单击"视图"文件夹，在弹出的快捷菜单中，选择"新建视图"命令，如图 4-25 所示。

② 在弹出的如图 4-26 所示的窗口中，添加基表，并选择各基表的查询字段，构成视图的查询 SQL 语句。

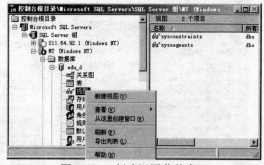

图 4-25　　创建视图菜单窗口

对图 4-26 所示窗口中的几个按钮功能说明如下。

：添加表，单击该按钮会弹出"添加表"，如图 4-27 所示，在对话框中有 3 个选项卡，分别显示了当前数据库的用户表、视图和函数。选择要操作的基表，也可以选择视图或函数，选定后，单击"添加"按钮可以添加创建视图的基表，重复此操作（或使用 Ctrl 键和鼠标左键配合选择表），可以添加多个基表。

：使用"GROUP BY 扩展项"分组，按照选择的字段分组查询显示。

：验证 SQL 语法，显示 SQL 语法检查信息。

：运行 SQL 查询语句，并显示查询结果。

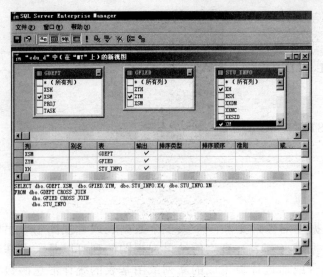

图 4-26 创建视图操作窗口   图 4-27 创建视图添加表

：单击该按钮，弹出"属性"对话框，如图 4-28 所示。其中，选项"DISTINCT 值"表示不输出重复记录，"加密浏览"表示加密视图定义结构，"顶端"表示视图输出的最多记录数。

③ 完成视图构建后，可以单击运行图标 ！（或使用鼠标右键菜单，选择"执行"菜单项），显示执行结果，如图 4-29 所示。

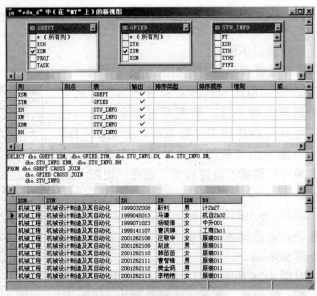

图 4-28 "属性"对话框   图 4-29 视图执行结果显示窗口

④ 单击"保存"按钮，并输入视图名称（如 VIEW1），就完成了视图的创建过程。

（2）用 SQL 数据定义语句 create view 命令建立视图

格式如下：

CREATE VIEW 视图名　AS <子查询> [WITH CHECK OPTION]

其中，[WITH CHECK OPTION]表示对视图进行 UPDATE、INSERT 和 DELETE 操作时要保证更新、插入或删除的行满足视图定义中的条件表达式。

定义视图前，还应该注意以下几点。

① 只能在当前的数据库中创建视图，尽管被引用的表或视图可以存在于其他的数据库内，甚至其他的数据库服务器内。

② 一个视图最多可以引用 1024 个列。

③ 视图的命名必须符合 SQL Server 中的标识符的定义规则。对于每个用户所定义的视图必须名称唯一，而且不能与该用户的某个表同名。

④ 可以将视图建立在其他视图或引用视图的过程之上，SQL Server 2000 中允许最多 32 层的视图嵌套。

⑤ 不能将规则、默认值定义绑定在视图上。

⑥ 定义视图的查询语句中不能包括 COMPUTE、COMPUTE BY、ORDER BY 子句或 INTO 等关键词。

⑦ 在视图中不能定义全文索引，但可以定义索引。

⑧ 不能创建临时视图，而且也不能在临时表上创建视图。

⑨ 在默认状态下，视图中的列继承它们在基表中的名称。对于以下情况，在创建视图时需要明确给出每一列的名称：

- 视图中的某些列来自于表达式、函数或常量；
- 视图中两个或多个列在不同表中具有相同的名称；
- 希望在视图中的列使用不同于基表中的列名时。

下面根据不同情况，介绍 CREATE VIEW 命令建立视图的方法。

① 选择列定义视图

可定义一个视图，该视图由表的部分列组成。

在下例中，视图 MYVIEW1 包含了 EMPLOYEES 表中的 3 个列。

```
CREATE VIEW MYVIEW1 AS SELECT LASTNAME, FIRSTNAME,TITLE FROM EMPLOYEES
```

定义了视图后，可以与表一样，使用 SELECT 语句访问它。例如：

```
SELECT   *   FROM   MYVIEW1
```

② 基于列的表达式定义视图

在定义视图时，除了使用基础表的列外，还可使用基础表的列的表达式，生成自己的列。在下例中，视图 MYVIEW2 的第 3 列即由表 TITLES 的 3 列相乘而来。

```
CREATE   VIEW   MYVIEW2   AS
SELECT   TITLE, ADVANCE, PRICE * ROYALTY * YTD_SALES
FROM   TITLES
WHERE   PRICE > $5
```

③ 选择行定义视图

可定义一个视图，该视图由表的部分行组成。

在下例中，视图 MYVIEW3 只包含 EMPLOYEES 表中 SALES 部门的行。

```
CREATE   VIEW   MYVIEW3   AS
```

SELECT * FROM EMPLOYEES WHERE TITLE LIKE '%SALES%'

④ 选择行和列定义视图

可定义一个视图，该视图由表的部分行和列联合组成。

在下例中，视图 MYVIEW4 只包括 3 列，包含了 SALES 部门的行。

CREATE VIEW MYVIEW4 AS
SELECT LASTNAME, FIRSTNAME, TITLE FROM EMPLOYEES WHERE TITLE LIKE
'%SALES%'

⑤ 基于多个表定义视图

例如：

CREATE VIEW 查询化学院学生 AS
SELECT TOP 100 STU_INFO.XH, STU_INFO.XM, STU_INFO.BH, GDEPT.XSM, GFIED.ZYM
FROM STU_INFO INNER JOIN
    GDEPT ON STU_INFO.XSH – GDEPT.XSH INNER JOIN
    GFIED ON STU_INFO.ZYH = GFIED.ZYH
WHERE (STU_INFO.XSH = '02')

2. 更新视图

更新视图是指通过视图来插入（INSERT）、删除（DELETE）、修改（UPDATE）数据。由于视图是不实际存储数据的虚表，因此，对视图的更新最终要转换为对基本表的更新。

【例 4-47】 在 STU_INFO 表创建信息学院学生的视图。

语句如下：

CREAT VIEW IS_STU AS SELECT XH,XM,XBM,ZYH,BH FROM STU_INFO WHERE XSH='03'
WITH CHECK OPTION //对视图修改时，自动加条件 XSH='03'

将视图 IS_STU 中学号为 1998031001 的学生陈亮的姓名改为"陈明亮"：

UPDATE IS_STU SET XM='陈明亮' WHERE XH='1998031001'

其结果实质上是：

UPDATE STU_INFO SET XM='陈明亮' WHERE XH='1998031001' AND XSH='03'

同理，对视图的 INSERT 和 DELETE 操作，最后也是对基表的更改。

3. 管理和删除视图

用企业管理器管理、删除视图，只需要在要管理的视图处单击鼠标右键，在弹出的快捷菜单上选择需要的操作即可，如图 4-30 所示。具体操作方法请读者上机自主学习。

也可以用 SQL 语言删除视图：

DROP VIEW <视图名>

4. 视图的作用

（1）实现集中多表查询操作

在多数情况下，用户所查询的信息可能存在

图 4-30 管理视图快捷菜单示意图

于多个表中，查询起来比较烦琐。在这种情况下，可以将多个表中需要的数据集中在一个视图中，只通过执行视图查询即可完成复杂的多表查询过程，从而大大简化了数据的查询操作。

（2）提供了一个简单有效的安全机制，便于数据安全保护

表中通常存放的是某个实体的完整信息，如果不想让用户查看表中的所有信息，就可以为该用户创建一个视图，只将允许该用户查看的数据加入视图，并设置权限，使该用户允许访问视图而不能访问表，这样就保护了表中的数据。可以为表和视图分别设置访问权限，二者互不影响，从而提高了表的数据安全性。

（3）便于用户重新组织数据

在某些情况下，由于表中数据量太大，需要对表中的数据进行水平或者垂直分割，如果直接分割数据表，可能会引起应用程序的错误。可以使用视图对数据表中的数据进行分块显示，从而使应用程序仍可以通过视图来重载数据。

（4）便于数据的交换操作

有时 SQL server 数据库需要与其他类型的数据库交换数据，即数据的导入和导出。如果 SQL server 数据库中的数据存放在多个表中，进行数据交换就比较麻烦。如果将需要交换的数据通过一个视图来集中处理，再将视图中的数据与其他类型的数据库中数据交换，就简化了数据的维护管理。

4.4.5　索引

1. 索引的概念

索引（Index）是建立在数据库表的列上的一种非常有用的数据库对象，它是影响关系数据库性能的重要因素之一，是提高数据检索效率的重要技术手段。常用的关系数据库管理系统如 SQL Server、Sybase、Oracle、DB2 等，都提供相应的索引机制。

索引是数据库中的一个列表，该列表包含了某个数据表中的一列或几列值的集合，以及这些值的记录在数据表中存储位置的物理地址。通过这些，对表中的数据提供逻辑顺序，当在数据库表中搜索某一行时，可以通过索引找到它的物理地址，从而提高对数据检索的效率。如果数据库中的表没有建立索引，在对该表查询时，系统将会从表的第一条记录开始查询，直到找到或到达表尾为止。显然，该查询方式效率是比较低的。

对于拥有多行的大型数据库表，索引的应用具有明显的时间效率。但是，索引的建立需要占用额外的存储空间，并且在增、删、改操作中，索引也要更新。这些内部操作引起的系统开销将抵消建立索引带来的优势，也会影响数据处理的效率。因此，在良好的数据库设计的基础上，有效、合理地使用索引是数据库应用系统取得高性能的基础。

在一般情况下，可以在以下情况下建立索引：

① 经常被查询的列，例如，经常在 WHERE 子句中出现的列；

② ORDER BY 子句中使用的列；

③ 作为主键或外键的列；

④ 列的值是唯一的列；

⑤ 两个或多个列经常同时出现在 WHERE 子句或连接条件中。

以下情况一般不适合建立索引：

① 在查询中很少被引用的列；

② 包含太多重复值的列，例如，stu_info 表中的 XB 列，只有"男"、"女"两个值，在此建立索引显然是无意义的。

2．建立索引

（1）索引的自动创建

在创建表时，如果创建了主键（Primary Key）或唯一性约束，系统会自动创建一个唯一索引。

如果在企业管理器中设置主键，系统会自动创建一个唯一的索引。索引名格式为"PK_表名"。如果在查询分析器中使用 SQL 语句添加主键约束，也会创建一个唯一索引，其索引名称格式为"PK_表名_xxxxxxxx"，其中"x"是系统自动产生的数字或英文字母。

（2）使用"SQL Server 企业管理器"创建索引

使用"SQL Server 企业管理器"创建索引的步骤如下。

① 在企业管理器中展开服务器组、服务器、数据库对象文件夹，选择并展开要创建索引的数据库，展开对象"表"文件夹，在要创建索引的表上单击鼠标右键，在弹出的快捷菜单中，选择"所有任务"→"管理索引"菜单项。

② 在弹出的对话框中，选择数据库、表或视图，单击"新建"按钮，进入"选择索引字段"对话框，输入索引名称，然后选择要建立索引的字段为索引字段。

③ 如果不需要选择其他参数，则单击"确定"按钮，返回上层窗口。

④ 完成索引创建后，单击"关闭"按钮返回企业管理器主菜单窗口。

（3）使用 Transact_SQL 语句创建索引

【例 4-48】 为学生基本情况表 stu_info 按学号 XH 升序建立唯一索引。

语句如下：

```
CREATE UNIQUE INDEX STU_INFO_IDX
ON STU_INFO(XH ASC)
```

3．修改和删除索引

（1）使用"SQL Server 企业管理器"修改和删除索引

使用"SQL Server 企业管理器"修改和删除索引的步骤同创建索引的步骤基本一样，都是通过"管理索引"对话框实现索引参数的修改和索引的删除。在此不做过多介绍，留给读者进行自主的探索式学习。

（2）使用 Transact-SQL 语句删除索引

使用 Transact-SQL 语言中的 DROP INDEX 语句删除索引的语法格式如下：

```
DROP INDEX    'table.index | view.index' {,…n}
```

各个参数的含义如下。

● table | view：索引列所在的表或索引视图。

● index：要除去的索引名称。

● n：表示可以指定多个索引的占位符。

【例 4-49】 删除 pubs 数据库 authors 表上的索引 newindex。

语句如下：

```
DROP INDEX authors.newindex
```

本 章 小 结

本章对 SQL 语句的用法进行了重点介绍。根据它们的功能不同，按照数据定义、数据操纵做了介绍。实际上还有用于数据控制的语句，它们实现了 SQL 的数据控制功能，如表 4-4 中的 GRANT 和 REVOKE 语句的用法将在 6.5.3 节进行介绍。

表 4-4　SQL 语言的动词

SQL 功能	动　　　词
数据定义	CREATE,DROP,ALTER
数据操纵	SELECT,INSERT,UPDATE,DELETE
数据控制	GRANT,REVOKE

对于数据定义语句，可以根据操作对象和操作方式的不同按表 4-5 所示进行分类，便于读者理解掌握。

表 4-5　SQL 的数据定义语句

操 作 对 象	操 作 方 式		
	创　　建	删　　除	修　　改
表	CREATE TABLE	DROP TABLE	ALTER TABLE
视图	CREATE VIEW	DROP VIEW	
索引	CREATE INDEX	DROP INDEX	

数据操纵语句中的查询语句虽然变化多端，功能强大，但却是基于基本的查询语句而变化的，因此，掌握查询语句的几个主要短语的用法至关重要。

SQL 查询语句的完整语法描述是：

SELECT [ALL | DISTINCT | TOP n [PERCENT] WITH TIES 列清单
　[INTO [新表名]]
[FROM { 表名|视图名 } [(优化提示)]
[[, { 表名 2|视图名 2}[(优化提示)] ……]
[[, { 表名 n|视图名 n}[(优化提示)]]]
[WHERE 从句]
[GROUP BY 从句]
[HAVING 从句]
[ORDER BY 从句]
[COMPUTE 从句]
[FOR BROWSE]

总结起来，本章主要介绍了如图 4-31 所示的数据查询语句。

此外，介绍了插入、更新、删除记录的语句，读者应注意总结，结合具体事例通过大量的练习熟练掌握。

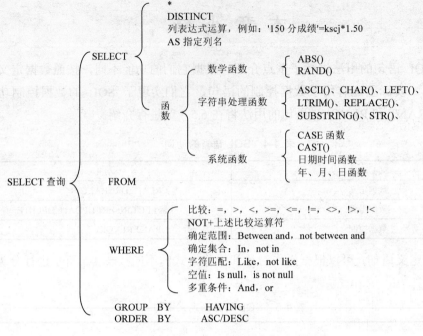

图 4-31　SELECT 查询语句的分类汇总

习　题　4

4.1　单项选择题

1．在 SQL 语言的 SELECT 语句中，用于限定分组条件的是（　　）子句。

　　A．GROUP BY　　　　　B．HAVING　　　C．ORDER BY　　　　D．WHERE

2．在下列关于 SQL 语言中索引（Index）的叙述中，（　　）是不正确的。

　　A．索引是外模式　　　　　　　　　　　B．在一个基本表上可以创建多个索引

　　C．索引可以加快查询的执行速度

　　D．系统在存取数据时会自动选择合适的索引作为存取路径

3．SQL 语言集数据查询、数据操纵、数据定义和数据控制功能于一体，语句 CREATE、DROP、ALTER 实现（　　）功能。

　　A．数据查询　　　　　　B．数据操纵　　　C．数据定义　　　　　D．数据控制

4～5 题基于如下描述：

设有一个数据库，包括 S、J、P、SJP 4 个关系模式如下：

- 供应商关系模式 S(SNO,SNAME,CITY)
- 零件关系模式 P(PNO,PNAME,COLOR,WEIGHT)
- 工程项目关系模式 J(JNO,JNAME,CITY)
- 供应情况关系模式 SJP(SNO,PNO,JNO,QTY)

假定它们都已经有若干数据。

4．"找出使用供应商名为'红星'的供应商所供应的零件的工程名"的 SELECT 语句中将使用的关系有（　　）。

　　A．S、J 和 SJP　　　　　B．S、P 和 SJP　　C．P、J 和 SJP　　　　D．S、J、P 和 SJP

5. 找出"北京供应商的所有信息"的 SELECT 语句是（　　）。

    A．SELECT * FROM S WHERE CITY='北京'

    B．SELECT SNO，SNAME FROM S WHERE CITY='北京'

    C．SELECT * FROM S WHERE CITY=北京

    D．SELECT SNO，SNAME FROM S WHERE CITY=北京

6. 基本表 EMP(ENO, ENAME, SALARY, DNO)，其属性表示职工的工号、姓名、工资和所在部门的编号；基本表 DEPT(DNO, DNAME)，其属性表示部门的编号和部门名。有一个 SQL 语句：

    UPDATE　EMP SET　SALARY=SALARY*1.05 WHERE　DNO='D6'

    AND　SALARY<(SELECT　AVG(SALARY)FROM　EMP);

该语句的含义为（　　）。

    A．为工资低于 D6 部门平均工资的所有职工加薪 5%

    B．为工资低于整个企业平均工资的职工加薪 5%

    C．为在 D6 部门工作，工资低于整个企业平均工资的职工加薪 5%

    D．为在 D6 部门工作，工资低于本部门平均工资的职工加薪 5%

7. SQL 语言集数据查询、数据操纵、数据定义和数据控制功能于一体，语句 ALTER TABLE 实现（　　）功能。

    A．数据查询　　　　B．数据操纵　　　　　C．数据定义　　　　　D．数据控制

8. 基于"学生-选课-课程"数据库中的 3 个关系：S(S#, SNAME, SEX, AGE)、SC(S#, C#, GRADE)和 C(C#, CNAME, TEACHER)，若要求查找选修"数据库技术"这门课程的学生姓名和成绩，将使用关系（　　）。

    A．S 和 SC　　　　B．SC 和 C　　　　　C．S 和 C　　　　　D．S、SC 和 C

9. 基于"学生-选课-课程"数据库中的 3 个关系：S(S#, SNAME, SEX, AGE)、SC(S#, C#, GRADE)和 C(C#, CNAME, TEACHER)，若要求查找姓名中姓'王'的学生的学号和姓名。下面列出的 SQL 语句中，正确的是（　　）。

    Ⅰ．SELECT　S#, SNAME FROM S WHERE SNAME='王%'

    Ⅱ．SELECT　S#, SNAME FROM S WHERE SNAME LIKE '王%'

    Ⅲ．SELECT　S#, SNAME FROM S WHERE SNAME LIKE '王_'

    A．Ⅰ　　　　　　B．Ⅱ　　　　　　C．Ⅲ　　　　　　D．全部

10. 基于"学生-选课-课程"数据库中的 3 个关系：S(S#, SNAME, SEX, AGE)，SC(S#, C#, GRADE)，C(C#, CNAME, TEACHER)，为了提高查询速度，对 SC 表(关系)创建唯一索引，应该创建在（　　）(组)属性上。

    A．(S#, C#)　　　B．S#　　　　　　　C．C#　　　　　　　D．GRADE

11. 基于"学生-选课-课程"数据库中如下 3 个关系：S(S#, SNAME, SEX, AGE)、SC(S#, C#, GRADE)和 C(C#,CNAME, TEACHER)，把学生的学号及他的平均成绩定义为一个视图。定义这个视图时，所用的 SELECT 语句中将出现子句（　　）。

    Ⅰ．FROM　　　　Ⅱ．WHERE　　　　Ⅲ．GROUP BY　　　Ⅳ．ORDER BY

    A．Ⅰ 和 Ⅱ　　　　B．Ⅰ 和 Ⅲ　　　　　C．Ⅰ、Ⅱ 和 Ⅲ　　　　D．全部

12. 基于"学生-选课-课程"数据库中如下 3 个关系：S(S#, SNAME, SEX, AGE)、SC(S#, C#, GRADE)和 C(C#, CNAME, TEACHER)，查询选修了课程号为'C2'的学生号和姓名。若用

下列 SQL 的 SELECT 语句表达时，（　　）是错误的。

    A．SELECT　S.S#, SNAME　FROM　S　WHERE S.S#
      =(SELECT SC.S#　FROM　SC WHERE C#='C2')

    B．SELECT　S.S#, SNAME　FROM　S, SC
      WHERE S.S#=SC.S#　AND　C#='C2'

    C．SELECT　S.S#, SNAME　FROM　S, SC
      WHERE S.S#=SC.S#　AND　C#='C2'　ORDER BY S.S#

    D．SELECT　S.S#, SNAME　FROM　S　WHERE　S.S#
      IN(SELECT SC.S#　FROM　SC WHERE C#='C2')

13．基于学生-课程数据库中的 3 个基本表：

- 学生信息表：s(sno, sname, sex, age, dept)主码为 sno
- 课程信息表：c(cno, cname, teacher)主码为 cno
- 学生选课信息表：sc(sno, cno, grade)主码为(sno,cno)

"从学生选课信息表中找出无成绩的元组"的 SQL 语句是（　　）。

    A．SELECT * FROM sc WHERE grade=NULL

    B．SELECT * FROM sc WHERE grade IS"

    C．SELECT * FROM sc WHERE grade IS NULL

    D．SELECT * FROM sc WHERE grade="

14．SELECT 语句中与 HAVING 子句同时使用的是（　　）子句。

    A．ORDER BY　　　　　　　　　　　B．WHERE

    C．GROUP BY　　　　　　　　　　　D．无须配合

15．SELECT 语句执行的结果是（　　）。

    A．数据项　　　　B．元组　　　　　C．表　　　　　　D．视图

4.2　填空题

1．在 SQL 语言中，删除表的定义及表中的数据和此表上的索引，应该使用的语句是＿＿＿＿＿＿＿。

2．在 SQL 语言中，如果要为一个基本表增加列和完整性约束条件，应该使用 SQL 语句＿＿＿＿＿＿＿。

3．当对视图进行 UPDATE、INSERT 和 DELETE 操作时，为了保证被操作的行满足视图定义中子查询语句的谓词条件，应在视图定义语句中使用可选择项＿＿＿＿＿＿＿。

4．视图最终是定义在＿＿＿＿＿＿＿上的,对视图的操作最终要转换为对＿＿＿＿＿＿＿的更新。

5．在 SQL 的查询语句中，去掉查询结果表中的重复行需指定＿＿＿＿＿＿＿短语，对查询结果分组可使用＿＿＿＿＿＿＿子句,对查询结果排序可使用＿＿＿＿＿＿＿子句,同时可以使用集函数增强检索功能。

6．SQL 语言的功能包括＿＿＿＿＿＿＿、＿＿＿＿＿＿＿和＿＿＿＿＿＿＿。

7．在 SELECT 语句中进行查询，若希望查询的结果不出现重复元组，应在 SELECT 子句中使用＿＿＿＿＿＿＿保留字。

8．在 SQL 中，WHERE 子句的条件表达式中，字符串匹配的操作符是＿＿＿＿＿＿＿，与 0 个或多个字符匹配的通配符是＿＿＿＿＿＿＿，与单个字符匹配的通配符是＿＿＿＿＿＿＿。

9．SQL 语言以同一种语法格式，提供＿＿＿＿＿＿＿和＿＿＿＿＿＿＿两种使用方式。

10. 在 SQL 中，如果希望将查询结果排序，应在 SELECT 语句中使用_____子句。其中，_____选项表示升序，_____选项表示降序。

4.3 综合题

某个学籍管理系统的 EDU_D 数据库有如下几个数据库表。

学生基本情况表，各个属性的语义分别为学号、姓名、性别、院系代码、专业代码、班级、年龄、培养层次、入学时间（如 20050901）：

STU_INFO(XH CHAR(10),XM CHAR(10),XBM CHAR(2),XSH CHAR(2),ZYH CHAR(4),BH CHAR(8)，NL NUMERIC,PYCCM CHAR(10),RXSJ CHAR(8))

学生选课结果表，同时具有学生成绩表的功能，各个属性的语义分别为学号、姓名、课程代码、考试成绩、开课学期、课程学分、课程名称、任课教师、备注：

XK (XH CHAR(12), XM CHAR(8) NULL,KCH CHAR(8) NULL,KSCJ NUMERICE(5) NULL, KKNY CHAR(5) NULL,KCXF CHAR(2) NULL,KM CHAR(30) NULL,JSM CHAR(8) NULL,BZ VARCHAR(18) NULL)

学院代码表，各个属性的语义分别为学院代码、学院名称：

GDEPT(XSH CHAR(2),XSM CHAR(30))

专业代码表，各个属性的语义分别为专业代码、专业名称：

GFIED(ZYH CHAR(4),ZYM CHAR(60))

请根据 EDU_D 数据库写出下列查询及操作的 SQL 语句：

1. 查询年龄超过 23 岁的男生的学号、姓名、专业名称、班级、入学时间。
2. 查询信息学院(xsh='03')各个专业的学生数。
3. 查询全校所有的班级及其学生数。
4. 查询与李明在同一个专业的学生的学号、姓名、性别、班级信息，并按照学号升序排序。
5. 查询信息学院(xsh='03')学生选修的课程编号、课程名称信息。
6. 查询信息学院(xsh='03')学生已选修的课程门数和平均成绩。
7. 查询成绩在 85 分以上的学生学号、姓名、班级、专业、课程名称，并按照专业、班级、学号升序排列。
8. 查询 2001—2002 学年第一学期(kkny='20011')选修课程数超过 10 门的学生的学号、姓名、学院名称、专业名称、班级、培养层次信息。
9. 查询全校所有的班级名称。
10. 在 STU_INFO 关系中删除学号前 4 位是'2000'的学生的信息。
11. 在 STU_INFO 关系中增加属性 BYSJ（毕业时间），数据类型同入学时间。
12. 给工商管理专业(ZYH='0501')所有学生 55 分以上不及格的英语成绩提到 60 分。
13. 将高等数学(KCH='090101')的课程学分数改为 6 学分。
14. 新建课程代码表，要求包括 KCH（课程代码，6 个字节，CHAR 型）、KM（课程名称，VARCHAR(30)）、KCYWM（课程英文名，VARCHAR(30)）三个属性。
15. 创建视图 ISE，使之只能查询信息学院学生的基本情况。

第 5 章 数据库设计

本章介绍数据库设计的主要内容。读者通过本章给出的实例能够更好地理解关系规范化理论。

结合本章的讲解，读者可以根据数据库设计的基本理论对在学习第 3 章时创建的数据库进行分析与改造，进一步掌握数据库设计的方法。

本章导读：

- 数据库设计的基本步骤
- 需求分析的主要内容和方法
- 规范化理论
- 概念结构设计的任务与方法
- E-R 图向关系模型的转换

5.1　数据库设计概述✐

目前数据库的应用越来越广泛,各种信息系统及大型网站的建设都采用先进的数据库技术,以实现对数据的系统管理,保证数据的整体性、完整性和共享性。所以,在进行基于数据库的应用系统开发时,数据库的设计已成为一项核心工作。

所谓数据库设计,简言之,就是在充分了解实际需求后,把系统所需要的数据以适当的形式表示出来,使之既能满足用户的需求,又能合理有效地存储数据,方便数据的访问和共享。

5.1.1　数据库和信息系统

信息系统是提供信息、辅助人们对环境进行控制和决策的系统。

数据库是信息系统的核心和基础,数据库设计是指对于一个给定的应用需求,构造最优的数据库模式,建立数据库及其应用系统,使之能够有效地存储数据,满足各种用户的应用需求。数据库设计是信息系统开发和建设的重要组成部分。一个系统的好坏,在很大程度上取决于数据库设计的质量。

5.1.2　数据库设计的内容

数据库设计包括数据库的结构设计和数据库的行为设计两方面的内容。

1. 数据库的结构设计

数据库的结构设计是指根据给定的应用环境,进行数据库的模式或外模式的设计,包括数据库的概念结构设计、逻辑结构设计和物理设计。数据库是结构化的、各应用程序共享的数据集合,它的结构是静态、稳定的,形成后在通常情况下是不改变的,所以结构设计又称为静态模型设计。

2. 数据库的行为设计

数据库的行为设计是指对数据库进行的一系列操作的设计。在数据库系统中,用户的行为和动作通过操作实现,而这些操作有时要通过应用程序来实现,所以,粗略地讲,数据库的行为设计主要是应用程序的设计。用户的行为总是从数据库中获得某些结果,有的行为还会使数据库的内容发生变化,所以行为是动态的。因此,行为设计又称为动态模型设计。

在 20 世纪 70 年代末 80 年代初,人们为了研究数据库设计方法学,曾主张将结构设计和行为设计两者分离,随着数据库设计方法学的成熟和结构化分析、设计方法的普遍使用,人们主张将两者做一体化的考虑,这样可以缩短数据库的设计周期,提高数据库的设计效率。所以,数据库设计应该与应用系统的设计相结合,也就是说,在整个设计过程中要把结构设计和行为设计紧密结合起来。设计过程如图 5-1 所示。

图 5-1 说明,在数据库的结构设计过程中的数据收集、分析阶段应结合考虑行为设计过程中对用户的业务流程的分析,相互参照,相互补充,以完善两方面的设计;要把结构设计过程中的逻辑结构设计阶段与行为设计过程中的事务设计综合考虑;设计数据库的子模式要结合应用程序的设计。

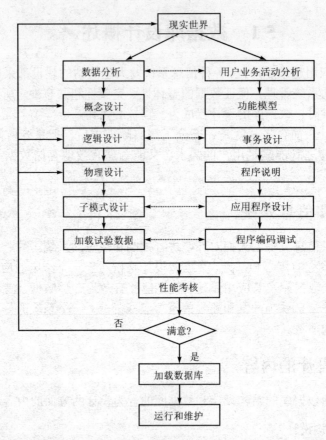

图 5-1　结构设计和行为设计相结合的设计过程

5.1.3　数据库设计的基本阶段

　　数据库设计过程一般分为 6 个阶段：需求分析、概念结构设计、逻辑结构设计、物理设计、数据库实施、数据库运行和维护。

　　数据库设计之前，首先必须选定参加设计的人员，包括数据库管理员、系统分析员、数据库设计人员、应用程序员、用户。系统分析员和数据库设计人员是数据库设计的核心人员，他们将自始至终参与数据库的设计。用户和数据库管理员主要参与需求分析和数据库的运行维护。程序员则在系统实施阶段参与，主要负责编制程序和准备软、硬件环境。

1. 需求分析阶段

　　需求分析是数据库设计的第一个阶段，从数据库设计的角度来看，需求分析的任务是对现实世界要处理的对象进行详细的调查了解，通过对原有系统的了解，收集支持新系统的基础数据，并对其进行处理，在此基础上确定新系统的功能。简言之，就是获得用户对所要建立的数据库的信息内容和处理要求的全面描述。

2. 概念结构设计阶段

　　在需求分析阶段，数据库设计人员充分调查分析了用户的需求，并对分析结果进行了详细的描述，但这些需求还是现实世界的具体需求。接下来应该通过选择、命名、分类等操作抽象为信息世界的结构，便于设计人员更好地用某一个 DBMS 来实现用户的这些需求。

将需求分析得到的用户需求抽象为信息世界结构（概念模型）的过程就是概念结构设计。简言之，数据库概念结构设计的任务就是根据需求分析所确定的信息需求，建立概念模型，如 E-R 模型。

3．逻辑结构设计阶段

数据库逻辑结构设计的任务是把概念结构设计阶段所得到的与 DBMS 无关的数据模型，转换成某一个 DBMS 所支持的数据模型表示的逻辑结构。数据库的逻辑设计不是简单地将概念模型转化成逻辑模型的转换过程，而是要进一步深入解决数据库设计中的一些技术问题，如数据模型的规范化、满足 DBMS 的各种限制等。

4．物理设计阶段

数据库物理设计是对给定的关系数据库，根据计算机系统所提供的手段和施加的限制确定一个最适合应用环境的物理存储结构和存取方法。例如，文件结构、各种存取路径、存储空间的分配、记录的存储格式等，即数据库的内模式。数据库的内模式虽然不直接面向用户，但对数据库的性能影响很大。

5．数据库实施阶段

在数据库实施阶段，设计人员运用 DBMS 提供的数据语言及其宿主语言，根据逻辑结构设计和物理设计的结果建立数据库，编制与调试应用程序，组织数据入库，并进行试运行。数据库实施阶段主要包括以下工作：用 DDL 定义数据库结构、组织数据入库 、编制与调试应用程序、数据库试运行。

6．数据库运行和维护阶段

数据库应用系统经过试运行后即可投入正式运行。在数据库系统运行过程中必须不断地对其进行评价、调整与修改。包括数据库的转储和恢复、数据库的安全性和完整性控制、数据库性能的监督、分析和改进、数据库的重组织和重构造。

设计一个完善的数据库应用系统往往是上述 6 个阶段的不断反复。

5.2 规 范 化

5.2.1 问题的提出

在关系数据库的设计中，通常用 E-R 模型实现对现实世界中的事物、概念及其联系的抽象表示，再用关系（表）对 E-R 模型表示的信息进行组织、存储。E-R 模型向关系的转化称为数据库逻辑结构设计。在将 E-R 模型转化成关系时，存在着关系设计的优或劣的问题，有时在构造的关系中会出现数据冗余和更新异常、插入异常、删除异常等现象。为了使所设计的关系具有较好的特性，在数据库逻辑结构设计阶段要以关系数据库规范化理论为指导。因此，数据库逻辑结构设计的基础是关系数据库的规范化理论。

为了更好地理解数据库规范化理论，先分析下面一个实例。

【例 5-1】 设计一个用于教务管理系统的数据库，用户有以下几点需求：

① 查询每个学生的基本情况；

② 查询每个学生的选课情况、每门课的成绩及任课教师；

③ 查询各学院的情况；

④ 添加学生的信息；

⑤ 添加新课程的信息；

⑥ 删除学生和课程的信息；

⑦ 更改学生、学院、课程的信息。

根据对教务管理工作的调查、了解。数据库设计者初步设计了如表 5-1 所示的用于描述学生学籍的关系：

学籍（学号，姓名，性别，学院，院长，课程号，课程名称，成绩，任课教师）

表 5-1　学籍关系

学号	姓名	性别	学院	院长	课程号	课程名称	成绩	任课教师
99051	张刚	男	信息	李平	09012	数据库	85	萧峰
99051	张刚	男	信息	李平	09013	大学物理	80	杨广
99053	李丽	女	信息	李平	08056	大学英语	75	陈妍
99072	王刚	男	化学	张香	02011	无机化学	91	张敏
99061	徐娟	女	管理	王莉	08056	大学英语	95	张倩
					09014	计算机		

根据经验，分析一个关系，应该从分析该关系的主码开始。

通过对现实世界的需求分析可知，一个学生可以选修多门课程，一门课程可以被多个学生选修。一个学生选修多门课程在关系中对应多个元组，一门课程被多个学生选修也需要用多个元组表示。因此，学号和课程号其中的任何一个都不能唯一标识这个关系的元组。一个学生选修一门课程对应一个元组，所以学号和课程号的组合才能唯一标识这个关系的元组，该关系的主码是学号和课程号的组合。学号和课程号都是主属性。

向该关系中添加学生记录时，同一个学院的院长名字要添加很多次，一个学院有多少新同学就要添加多少次院长的名字，这种现象就是**数据冗余**。例如，信息学院的院长李平就在该关系中出现了多次。

在学生毕业后就应把该学生相应的记录删除掉。如果一个学院（系）的学生全部毕业会产生什么情况呢？由于实体完整性的规则要求主属性不能为空，学号不能为空，所以不能存在学号为空，而学院、院长不为空的记录。删除该学院学生记录的同时，有关该学院的其他信息也一同被删除掉。例如，信息学院的学生全部毕业，还没有招新生，没有信息学院的学生记录，那么信息学院的院长属性值也随着记录的删除而被删掉。这种现象就是**删除异常**。

学生转学院了，就要对该学生相应元组中的学院及院长的属性值进行更改。如果张刚转到化学学院又会出现什么情况呢？由于张刚转到化学学院，所以与张刚有关的所有记录的学院、院长这两列的值都要更新，如果记录很多容易漏更新，产生数据不一致，这种现象就是**更新异常**。

新生入学就要添加新记录，新开了一门课程就要添加新记录，如果新生刚入学还没有选修课程，该生的基本信息能否插入呢？如果新开了一门课，而该课程还没有被学生选，是否可以插入这条记录呢？例如，计算机这门课为新开课，还没有学生选。由于实体完整性要求主属性不能为空，没有学生选就说明没有相对应的学生学号，不能插入新的记录。所以表 5-1 中的最后一条记录是无法插入的。这种现象就是**插入异常**。如果新生刚入学还没有选修课程，由于实体完整性要求主属性不能为空，学生没有选修课程就说明没有相对应的课程号，同样也不能插入新记录。

总结问题所在，如果对表中数据进行删除、更新、插入操作，必然会产生删除异常、更新异常、插入异常、冗余过大等问题。

5.2.2　规范化

规范化理论正是用来改造关系模式，通过分解来消除关系模式中不合适的问题，解决删除异常、更新异常、插入异常和数据冗余问题。理解规范化理论的基础知识是函数依赖，因此在讨论规范化理论之前必须先研究函数依赖。

1. 函数依赖

在给出函数依赖的定义之前，先非正式地讨论一下这个概念。函数依赖极为普遍地存在于现实生活中。例如，描述一个学生的关系模式，可以有"学号，姓名，学院"等属性。由于一个"学号"只对应一个学生的"姓名"，一个学生只在一个"学院"学习。因而当"学号"值确定之后，"姓名"和该生所在"学院"的值也就被唯一地确定了。就像自变量 x 确定之后，相应的函数值 $f(x)$ 也就唯一地确定了一样，那么就说"学号"函数决定"姓名"和"学院"，或者说"姓名"和"学院"函数依赖于"学号"，记为：学号→姓名，学号→学院。

定义 5.1　设 $R(U)$ 是一个属性集 U 上的关系模式，X 和 Y 是 U 的子集。若对于 $R(U)$ 的任意一个可能的关系 r，r 中不可能存在两个元组在 X 上的属性值相等，而在 Y 上的属性值不等，则称"X 函数确定 Y"或"Y 函数依赖于 X"，记作 $X \rightarrow Y$。如果"Y 不函数依赖于 X"，则记作 $X \nrightarrow Y$。

说明：

① 函数依赖不是指关系模式 R 的某个或某些关系满足的约束条件，而是指 R 的所有关系均要满足的约束条件。

② 函数依赖是语义范畴的概念。只能根据数据的语义来确定函数依赖。例如，"姓名→年龄"这个函数依赖只有在不允许重名的语义规定下才成立。因此，在进行数据库设计时，数据库设计者应该对数据给予语义方面的规定。

③ 函数依赖表达的是关系的属性与属性之间的关系。如果属性 A 和属性 B 之间是一对一的关系，那么属性 A 和属性 B 互相函数依赖；如果属性 A 和属性 B 之间是一对多的关系，那么属性 A 函数依赖于属性 B（即一端函数依赖于多端）；如果属性 A 和属性 B 之间是多对多的关系，那么属性 A 和属性 B 之间不存在函数依赖。

【例 5-2】　分析关系模式"学籍(学号，姓名，性别，学院，院长，课程号，课程名称，成绩，任课教师)"的函数依赖。

解：在不允许同名的语义下，对于所有的记录，不存在学号的属性值相同，而姓名、性别、学院、院长上的属性值不同的两条记录，所以有：

学号→姓名，学号→性别，学号→学院，学号→院长

同样也不存在姓名的属性值相同，而学号、性别、学院、院长上的属性值不同的两条记录，所以有：

姓名→学号，姓名→性别，姓名→学院，姓名→院长

同理也能分析出以下函数依赖：

　　　　课程号→课程名称，（学号，课程号）→成绩，（学号，课程号）→任课教师，
　　　（姓名，课程号）→成绩，（姓名，课程号）→任课教师

因为可能存在学号的属性值相同而成绩的属性值不同的两条或两条以上记录，所以有：

　　　　学号 ↛ 成绩

　　因为可能存在课程号的属性值相同而成绩的属性值不同的两条或两条以上记录，所以有：

　　　　课程号 ↛ 成绩

在允许同名的语义下，只有：

　　　　学号→性别，学号→学院，学号→姓名，学号→院长，课程号→课程名称，（学号，
课程号）→成绩，（学号，课程号）→任课教师。

　　定义 5.2　　如果 $X{\to}Y$，但 $Y \neq X$ 且 $Y{\not\subset}X$，则称 $X{\to}Y$ 是非平凡的函数依赖。
　　定义 5.3　　若 $X{\to}Y$，但 $Y \subseteq X$，　则称 $X{\to}Y$ 是平凡的函数依赖。
　　【例 5-3】　　对于关系模式“学籍(学号，姓名，性别，学院，院长，课程号，课程名称，成绩，任课教师)”
　　非平凡的函数依赖：学号→性别，学号→学院，学号→姓名，（学号，课程号）→成绩，课程号→课程名称等。
　　平凡的函数依赖：(学号，姓名)→姓名等。

2．函数依赖的性质
（1）投影性
根据平凡的函数依赖的定义可知，一组属性函数决定它的所有子集。
　　例如，在学籍关系中，（学号，课程号）→学号和（学号，课程号）→课程号。
（2）合并性
有属性 X、Y、Z，若 $X{\to}Y$ 且 $X{\to}Z$ 则必有 $X{\to}$（Y，Z）。
　　例如，在学籍关系中，有学号→姓名，学号→性别，则有学号→（姓名，性别）。
（3）扩张性
有属性 X、Y、Z，若 $X{\to}Y$ 且 $W{\to}Z$，则（X，W）→（Y，Z）。
　　例如，在学籍关系中，学号→（姓名，性别），学院→院长，则有（学号，学院）→（姓名，性别，院长）。
（4）分解性
若 $X{\to}$（Y，Z），则 $X{\to}Y$ 且 $X{\to}Z$。很显然，分解性为合并性的逆过程。
　　由合并性和分解性，很容易得到以下事实：
$X{\to}A_1,A_2,\cdots,A_n$ 成立的充分必要条件是 $X{\to}A_i$（$i=1,2,\cdots,n$）成立。

3．完全函数依赖与部分函数依赖
　　定义 5.4　　在关系模式 $R(U)$ 中，如果 $X{\to}Y$，并且对于 X 的任何一个真子集 X'，都有 $X'{\not\to}Y$，则称 Y 完全函数依赖于 X，记作 $X \xrightarrow{f} Y$。如果 X 只含有一个属性，那么 $X{\to}Y$ 肯定是完全函数依赖。
　　若 $X{\to}Y$，但 Y 不完全函数依赖于 X，则称 Y 部分函数依赖于 X，记作 $X \xrightarrow{P} Y$。

【**例 5-4**】　分析关系模式"学籍(学号，姓名，性别，学院，院长，课程号，课程名称，成绩，任课教师)"中的完全函数依赖及部分函数依赖。

解：因为，学号→学院，学号→姓名中的决定属性集只含有一个属性"学号"，所以有学号 f 学院，学号 f 姓名。因为(学号，课程号)→成绩，并且学号 ↛ 成绩，课程号 ↛ 成绩所以有 (学号，课程号) f 成绩等。

因为学号→姓名，所以有(学号，课程号) P 姓名。

因为课程号→课程名称，所以有(学号，课程号) P 课程名称。

4．传递函数依赖

定义 5.5　在关系模式 $R(U)$ 中，如果 $X→Y$，$Y→Z$，且 $Y \not\subset X$，$Y \nrightarrow X$，则称 Z 传递函数依赖于 X。

注：如果 $Y→X$，即 $X \longleftrightarrow Y$，则 Z 直接依赖于 X。

【**例 5-5**】　分析关系模式"学籍(学号，姓名，性别，学院，院长，课程号，课程名称，成绩，任课教师)"中的传递函数依赖，因为学号→学院，学院→院长，并且学院 ↛ 学号，所以有院长传递函数依赖于学号。

以下是一个实例，总结学籍关系的函数依赖集如图 5-2 所示。

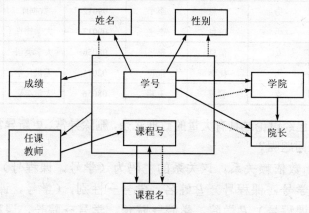

图 5-2　学籍关系的函数依赖图

在图 5-2 中，实线箭头表示完全函数依赖，虚线箭头表示部分函数依赖。在该图中表示出来的学籍关系中存在的函数依赖集为：学号→姓名，（学号，课程号）P 姓名，学号→性别，（学号，课程号）P 性别，学号→学院，（学号，课程号）P 学院，学院→院长，课程号←→课程名，（学号，课程号）f 成绩，（学号，课程号）f 任课教师，任课教师→课程号（前提条件是一位教师只上一门课）。

5.2.3　范式

关系仅仅满足每一分量必须是不可分的数据项是不够的，尤其在增加、删除、更改时，往往会出现异常。这在表 5-1 所示的例子中已讨论过。为了消除这些异常，人们采用分解的办法，力求使关系的语义单纯化，这就是所谓关系的规范化。由于关系的规范化要求不同，出现了满足不同程度的关系模式。在数据库中，范式就是符合某一种级别的关系模式的集合。通常，关系模式化分成 6 类：第一范式（1NF）、第二范式（2NF）、第三范式（3NF）、BC 范式（BCNF）、第四范式（4NF）、第五范式（5NF）

某一关系模式 R 为第 n 范式，可简记为 $R \in n$NF。例如，R 是第二范式，记作 $R \in 2$NF。对于各种范式的关系有：

$$1\text{NF} \supset 2\text{NF} \supset 3\text{NF} \supset \text{BCNF} \supset 4\text{NF} \supset 5\text{NF}$$

低级范式关系模式通过模式分解可以得到更高级范式的关系模式。模式分解的原则是，把不满足条件的函数依赖所影响到的属性投影到多个关系中。由于第四范式和第五范式涉及多值依赖和连接依赖等，已经超出本书的范围，所以在此不具体讨论。

1. 1NF

定义 5.6 如果 R 满足关系的每一分量是不可再分的数据项，则称 R 是第一范式的，记作 $R \in 1$NF。

第一范式是对关系模式的最起码的要求。不满足第一范式的数据库模式不能称为关系数据库。

例如，表 5-2 所示的关系满足第一范式。

表 5-2　满足第一范式的关系

学号	姓名	性别	学院	院长	课程号	课程名称	成绩	任课教师
99051	张刚	男	信息	李平	09012	数据库	85	萧峰
99051	张刚	男	信息	李平	09013	大学物理	80	杨广
99053	李丽	女	信息	李平	08056	大学英语	75	陈妍
99072	王刚	男	化学	张香	02011	无机化学	91	张敏
99061	徐娟	女	管理	王莉	08056	大学英语	95	张倩

但该关系在前面已经讨论过具有大量的数据冗余、删除异常、更新异常、插入异常等弊端。为什么存在这些问题呢？

回顾一下它的函数依赖关系。该关系的主码为（学号，课程号）的属性组合。所以有：学号→姓名，（学号，课程号）$\overset{P}{\longrightarrow}$姓名，学号→性别，（学号，课程号）$\overset{P}{\longrightarrow}$性别，学号→学院，（学号，课程号）$\overset{P}{\longrightarrow}$学院，学院→院长，学号→院长，课程号$\longleftrightarrow$课程名称，（学号，课程号）$\overset{P}{\longrightarrow}$课程名称，（学号，课程号）$\overset{f}{\longrightarrow}$成绩，（学号，课程号）$\overset{f}{\longrightarrow}$任课教师，任课教师→课程名（前提条件是一位教师只上一门课）。

由此可以看出该关系中既存在完全函数依赖，又存在部分函数依赖。克服这些弊端的方法是用投影运算将关系分解，去掉过于复杂的函数依赖关系，向更高一级的范式进行转换。

将起决定因素的属性及它所影响的属性投影成一个分模式，学号函数决定（姓名、性别、学院、院长），课程号函数决定课程名，学号和课程号共同函数决定（成绩、任课教师），所以上面的关系模式可分解为如表 5-3、表 5-4 和表 5-5 所示的 3 个关系模式（目的是消除部分函数依赖）。

表 5-3　学生关系

学号	姓名	性别	学院	院长
99051	张刚	男	信息	李平
99053	李丽	女	信息	李平
99072	王刚	男	化学	张香
99061	徐娟	女	管理	王莉

表 5-4　课程关系	
课程号	课程名称
09012	数据库
09013	大学物理
08056	大学英语
02011	无机化学

表 5-5　选课关系			
学号	课程号	成绩	任课老师
99051	09012	85	萧峰
99051	09013	80	杨广
99053	08056	75	陈妍
99072	02011	91	张敏
99061	08056	95	张倩

这 3 个关系的特点是，每一个非主属性完全函数依赖于码。

它们的函数依赖图如图 5-3 所示。

2．2NF

定义 5.7　若关系模式 $R \in 1NF$，并且每一个非主属性都完全函数依赖于 R 的码，则称 R 是第二范式的，记作 $R \in 2NF$。

也就是说，对 R 的每一个非平凡的函数依赖 $X \rightarrow Y$，要么 Y 是主属性，要么 X 不是任何码的真子集，则 $R \in 2NF$。

在关系模式学籍中，（学号，课程号）为主属性，姓名、年龄、院系、院长、成绩均为非主属性。经上述分析，存在非主属性对码的部分函数依赖，所以学籍不属于 2NF。

而如图 5-3 所示的由学籍分解的 3 个关系模式中"学生（学号，姓名，性别，学院，院长）"的码为学号，"课程（课程号，课程名）"的码为课程号，都是单属性，不可能存在部分函数依赖。

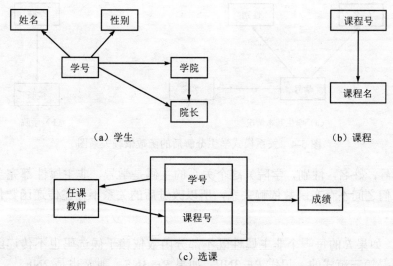

（a）学生　　　　　　　　　　　　　　　（b）课程

（c）选课

图 5-3　关系模式学生（A）、课程（B）、选课（C）的函数依赖图

对于"选课（学号，课程号，成绩，任课教师）"中，（学号，课程号）→成绩，（学号，课程号）→ 任课教师。因为学籍分解后，消除了非主属性对码的部分函数依赖，所以关系模式学生、课程和选课均属于 2NF。

对上面的学生关系模式进一步分析，由于关系模式"学生（学号，姓名，性别，学院，院长）"中，学号 →学院，学院 →院长，并且学院 ↛ 学号，所以院长传递函数依赖于学号。

仍然存在着如下问题。

① 数据冗余：每个院长的名字存储的次数等于该学院的学生人数。

② 插入异常：当一个新学院没有招生时，有关该学院的院长信息就无法插入。

③ 删除异常：某学院的学生全部毕业而没有招生时，删除全部学生的记录也随之删除了该学院的有关信息。

④ 更新异常：更换院长时，仍需改动较多的学生记录。

之所以存在这些问题，是因为院长传递函数依赖于学号。

由传递函数依赖的定义知道，如果 $X \to Y$，$Y \to Z$ 那么 Z 传递函数依赖于 X。将满足传递函数依赖关系中的 X、Y、Z 这 3 个属性投影分解到（X，Y）和（Y，Z）两个关系中，使它们的传递链断开。将学生关系模式投影分解为如表 5-6 和表 5-7 所示的两个关系（目的是消除传递函数依赖）。

表 5-6　学生基本情况关系

学号	姓名	性别	学院
99051	张刚	男	信息
99053	李丽	女	信息
99072	王刚	男	化学
99061	徐娟	女	管理

表 5-7　学院关系

学院	院长
信息	李平
化学	张香
管理	王莉

改进后的函数依赖关系图如图 5-4 所示。

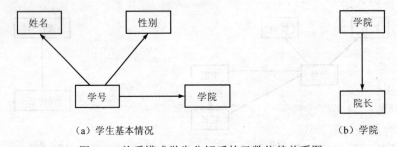

（a）学生基本情况　　　　　　　　　　　　　　（b）学院

图 5-4　关系模式学生分解后的函数依赖关系图

由于（学号，姓名，性别，学院）这个关系的主码是学号，非主属性都完全函数依赖于学号，并且它们之间不存在函数依赖关系，所以改进后的关系不存在传递函数依赖。

3．3NF

定义 5.8　如果 R 的每一个非主属性既不部分函数依赖于候选码也不传递函数依赖于候选码，则称 R 是第三范式的，记作 $R \in 3NF$。如果 $R \in 3NF$，则 R 也是 2NF。

例如，上面讨论过的关系模式"学生（学号，姓名，性别，学院，院长）"，经过分解后的两个关系都满足第三范式。

将一个 2NF 关系分解为多个 3NF 的关系后，并不能完全消除关系模式中的各种异常情况和数据冗余。3NF 只限制了非主属性对码的函数依赖关系，而没有限制主属性对码的函数依赖关系。如果发生了这种函数依赖，仍有可能存在数据冗余、插入异常、删除异常和更新异常。这时，则需对 3NF 做进一步规范化，消除主属性对码的函数依赖关系，为了解决这种问题，Boyce 与 Codd 共同提出了一种新范式的定义，这就是 Boyce-Codd 范式，通常简称

BCNF 或 BC 范式。它弥补了 3NF 的不足。

对上面讨论过的选课关系模式做进一步的分析，见表 5-8。

表 5-8　选课关系模式

学号	课程号	成绩	任课教师
99051	09012	85	萧峰
99051	09013	80	杨广
99053	08056	75	陈妍
99072	02011	91	张敏
99061	08056	95	张倩

如果有以下语义：每一位教师只上一门课，每门课由若干位教师上，教师不同名。

可知，任课教师和课程号之间是多对一的关系，即一位教师对应一个课程号，但一个课程号对应多位教师。那么有函数依赖关系：任课教师→课程号。结合以上讨论过的函数依赖关系，可得选课关系模式的函数依赖集为：（学号，课程号）→成绩，（学号，课程号）→任课教师，任课教师→课程号，（学号，任课教师）→ 课程号，（学号，任课教师）→成绩。

由于（学号，任课教师）→课程号，（学号，任课教师）→成绩。选课关系模式中的元组可以由（学号，任课教师）的组合唯一性标识每个元组。所以选课关系模式的候选码除了（学号，课程号）还可以是（学号，任课教师）。那么，主属性是：学号、课程号、任课教师；非主属性是：成绩。成绩完全函数依赖于（学号，课程号），并且只有一个非主属性不存在传递函数依赖。所以选课关系模式满足第三范式。

对该关系进行分析，仍可以发现以下问题。

① 数据冗余：虽然每个教师只讲授一门课程，但每个选定该课程的学生元组都要存储该课程号。

② 插入异常：学期初某位教师准备开设某门课程，但学生还没有开始选课，由于实体完整性要求主属性不能为空。这时教师开设课程的信息就无法插入。

③ 更新异常：当某位教师开设的某门课程更名时，所有选修该教师这门课程的学生元组都要更新，容易造成数据不一致。

④ 删除异常：如果选修某课程的学生全部毕业，则在删除相应学生信息的同时也删除了该门课与任课教师的信息。

为什么会出现以上 4 种问题呢？因为主属性间存在函数依赖关系：任课教师→课程号。

思考：那么应如何分解该关系？以下 3 种方案中哪种方案可消除以上弊端呢？

①（学号，任课教师，成绩）

　　（任课教师，课程号）

②（学号，课程号，成绩）

　　（任课教师，课程号）

③（学号，课程号，成绩，任课教师）

　　（任课教师，课程号）

4. BC 范式（BCNF）

定义 5.9　设关系模式 $R<U,\ F>\in 1NF$，如果对于 R 的每个函数依赖 $X\to Y$，若 Y 不包含于 X，则 X 必含有候选码，那么 $R\in BCNF$。

也可以说，每一个决定属性集（因素）都包含（候选）码。

BCNF 的关系模式具有如下性质：

① 所有非主属性都完全函数依赖于每个候选码；

② 所有主属性都完全函数依赖于每个不包含它的候选码；

③ 没有任何属性完全函数依赖于非码的任何一组属性。

由投影分解的原则，把函数依赖"任课教师→课程号"所影响的属性"任课教师"、"课程号"投影分解到两个关系中。由信息的不丢失性可知选课关系模式的分解第 1 种方案是最佳选择。第 2 种分解虽然也都达到了 BCNF，但删除了一些信息。例如，要查询某个学号的某门课的任课教师时就无法查到（详细内容请参看无损连接性）。第 3 种方案还是不能达到 BCNF。

3NF 与 BCNF 的关系为，如果关系模式 $R \in$ BCNF，必定有 $R \in$ 3NF。如果 $R \in$ 3NF，且 R 只有一个候选码，则 R 必属于 BCNF。

5.2.4　范式在工程化设计中的实际应用

关系模式的规范化过程实际上是一个"分解"的过程——把逻辑上独立的信息放在独立的关系模式中去。分解是解决数据冗余、删除异常、插入异常、更新异常的主要方法，也是规范化的一条原则。5.2.3 节介绍的范式是从理论上让读者理解每一级范式的概念、规范及它们之间的关系。为了让读者更容易理解，本书在讲解过程中配合了从最初只满足第一范式的一个关系模式，然后通过对该模式逐渐进行"分解"，使它们达到更高级别的范式。

实际上，在信息系统的数据库设计中，并不是逐一去分解关系模式形成多个满足实际需要的达到 3NF 或 BCNF 的关系模式，而是首先确定建立数据库系统所需要的信息，界定了数据库所需要的信息后，就可以着手把信息分成各个独立的主题，每个主题是数据库中的一个关系。即形成一些静态的、分散的、二元或三元的比较单一的关系模式，然后再从实际需要出发考虑这些单一的关系之间的联系。把两个关系或更多地关系组合成一个动态的（或相对静态的）关系模式。在组合的过程中用范式的规范去检查、指导。

例如，要设计一个教务管理系统的数据库，通过需求分析，首先界定该系统包含的信息有学号、姓名、性别、学院、院长、课程号、课程名、成绩、任课教师等。

将这些信息按不同的主题划分成：

　　　　学生（学号，姓名，性别）

　　　　学院（学院，院长）

　　　　课程（课程号，课程名）

　　　　（成绩）

　　　　（任课教师）。

然后再从实际需要考虑。

① 查询学生所在的学院。为了满足这一需要就应该从（学号，姓名，性别）和（学院，院长）这两个静态的关系中生成一个相对静态的关系。在合成的过程中考虑到删除异常、插入异常、更新异常等问题，在 3NF 的理论指导下，将上面的两个关系合成为：

　　　　（学号，姓名，性别，学院）

　　　　（学院，院长）

不能简单地合成为：（学号，姓名，性别，学院，院长）。

这样会存在删除异常、插入异常、更新异常、冗余等问题。

② 反映出学生选课这个联系。为了满足这一需要就应该从（学号，姓名，性别）和（学号，课程号）、（成绩）这几个静态的关系中生成一个动态的关系。从数据冗余的角度考虑，在第二范式的规范下，学生选课的关系只需要（学号，课程号，成绩）组成一个新的关系。

如果实际需要是经常要查询姓名为 XXX 的某门课程的成绩。学生选课关系可以是：

（学号，姓名，课程号，课程名，成绩）

这虽然增加了数据冗余，关系的规范化程度不高，但可以降低关系之间频繁地连接操作。关系的规范化程度不一定越高越好。规范化程度越高，做查询或其他操作时要进行关系的连接就多。因此，根据实际需要关系的规范化程度要适可而止。

③ 查询出学生的某门课程被哪位任课教师所教的信息。

为了满足这一需要就应该从（课程号，课程名）、（任课教师）及（学号，姓名，性别）这 3 个关系中生成动态关系。在生成的过程中在 BCNF 的理论指导下，将上面的关系合成为：

（学号，任课教师，成绩）
（课程号，任课教师）

5.2.5 规范化小结

1. 关系模式规范化的基本步骤

图 5-5 总结了规范化的过程。

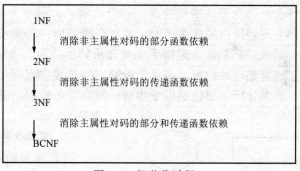

图 5-5 规范化过程

2. 规范化的基本思想

消除不合适的数据依赖，使模式中的各关系模式达到某种程度的"分离"。采用"一事一义"的模式设计原则，让一个关系描述一个概念、一个实体或实体间的一种联系。若多于一个概念就把它"分离"出去。

所谓规范化，实质上是概念的单一化，不能说规范化程度越高的关系模式就越好。在设计数据库模式结构时，必须对现实世界的实际情况和用户应用需求做进一步分析，确定一个合适的、能够反映现实世界的模式。尽管大多数成功的数据库都规范化到一定程度，但是规范化的数据库仍存在一些缺点，那就是降低了数据库的可操作性。例如，规范化程度较高的表，其包含的信息比较少。如果查询的数据要涉及多个表，那么多表之间频繁地连接操作也是降低可操作性的原因之一。

根据实际情况和用户需要，规范化步骤可以在其中任何一步终止，适可而止。

5.3　需求分析

5.3.1　需求分析的基本内容

需求分析简言之就是分析用户的需求。需求分析是数据库设计的第一个阶段，也是数据库应用系统设计的起点。要特别强调需求分析的重要性，因为设计人员忽视或不善于进行需求分析，而导致数据库应用系统开发周期一再延误，甚至开发项目最终失败的案例已不少。需求分析是否详细、正确，将直接影响后面各个阶段的设计，影响到设计结果是否合理和实用。这个阶段的主要任务是，通过对数据库用户及各个环节的有关人员做详细调查分析，了解现实世界具体工作的全过程及各个环节，在与应用单位有关人员的共同商讨下，初步归纳出以下两方面的内容。

① 信息需求：描述未来系统需要存储和管理的数据是什么，这些数据具有什么样的组成格式，同时也要说明数据的完整性与安全性要求。

② 处理需求：描述未来系统包含哪些核心的数据处理，并描述处理与数据的关系。

这一阶段输出的文档是"需求说明书"，其主要内容是描述系统的"数据流图"和"数据字典"。

需求分析阶段是数据库设计人员与用户单位的设计人员进行交流的过程，是计算机管理系统与人工管理系统的交接点。在数据库设计的初始阶段，确定用户最终需求其实是很困难的。因为一方面用户缺少计算机的专业知识，开始时无法确定计算机能为自己做什么，不能做什么，因此无法准确的表达自己的需求。另一方面数据库设计人员缺少用户的行业知识，不容易理解用户的真正需求，甚至会误解用户的需求。

需求分析的输入是指手工处理原始的或原有系统已有的信息集合，需求分析的处理是对信息进行整理和抽象，需求分析输出的是数据流程（DFD）、数据字典（DD）。

需求分析主要包括以下步骤：理清业务流程、确定系统功能、画出数据流程图、编写数据字典。

① 理清业务流程

在需求分析阶段，首先要仔细了解用户当前的业务活动，搞清楚业务流程。如果业务比较复杂，可以将业务分解，将一个处理分解成几个子处理，直到每个处理功能明确、界面清晰，最好画出业务流程图。业务流程图是用规定的符号及连线来描述某个具体业务处理过程的工具，便于用户和设计者之间的沟通。绘制业务流程图的常用符号如图 5-6 所示。

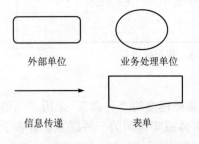

图 5-6　绘制业务流程图的常用符号

外部单位　　　业务处理单位

信息传递　　　表单

如图 5-7 所示，描述的是某企业订货系统的业务流程图，企业的生产、销售各部门提出材料领用申请，仓库负责人根据用料计划对领料单进行审核，将不合格的领料单退回各部门，仓库保管员收到已批准的领料单后，核实库存账，如果库存充足，办理领料手续，并变更材料库存账；如果变更后的库存量低于库存临界值，将缺货情况登入缺货账，并产生订货报表送交有关领导。经领导审批后，下发给采购部。

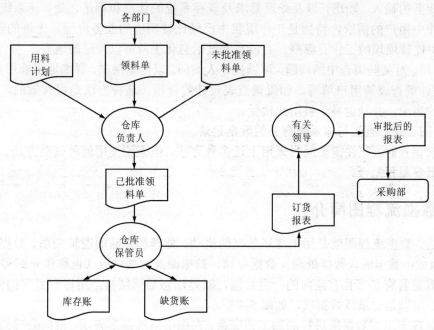

图 5-7 某企业订货系统的业务流程图

② 确定系统功能

在充分理解系统的当前功能之后，经与用户协商，要明确哪些功能由系统实现，哪些功能不属于系统范围之内。也就是说，要明确系统的边界与人工操作的接口。

③ 画出数据流程图

数据流程图是一种能全面地描述系统数据流程的主要工具，它用一组符号来描述整个系统中信息的全貌，综合地反映出数据在系统中的流动、处理和存储的逻辑关系。数据流程图容易理解，容易在数据库设计者和用户之间及开发组织内部交流。通过分析业务流程，以数据流程图（DFD，Data Flow Diagram）形式描述出系统中数据的流向及对数据所做的加工和处理。

④ 编写数据字典

由于数据流程图主要描述了系统各部分（数据及加工）之间的关系，还没有给出图中各种成分的确切含义，所以仅有数据流程图还不能构成完整的需求分析文档，只有系统的各个部分进行更加细致的定义，才能准确描述系统。数据字典就是对系统中的各个部分进行更加细致的定义的集合。

5.3.2 需求分析的方法

需求分析常用的调查方法如下。

① 跟班作业。通过亲身参加业务工作来了解各相关部门的组成及相应的职责、业务活动的情况，从而掌握部门与业务活动的关系。了解业务活动中已经信息化的部分、已经信息化的业务中需要改进的部分，以及业务活动中哪些可以信息化。这种方法可以准确地理解用户的具体需求，但比较耗费时间。

② 开调查会。通过与每个职能部门的负责人和部门内有关专业人员座谈来了解业务情况及用户需求。座谈时，参加者可以相互启发。

③ 请专人介绍。一般请工作多年、熟悉业务流程的业务专家，详细介绍业务情况，包

括每一项业务的输入、输出，以及处理要求及现存系统的优点和不足之处。让系统设计者充分了解工作中用户的需求，特别是工作现状中已经比较明确的业务流程、先进的管理过程，了解工作中比较烦琐的工作有哪些，有没有通过信息化手段可以改进的地方。

　　④ 询问。对某些调查中的问题，可以找专人询问。以便更深刻、详细地了解用户的需求。

　　⑤ 设计调查表请用户填写。如果调查表设计的合理，这种方法是很有效的，能够充分了解用户的需求，并且也易于被用户接受。

　　⑥ 查阅记录。查阅与原系统有关的数据记录。

　　做需求调查时，往往需要同时采用上述多种方法。但无论使用何种调查方法，都必须有用户的积极参与和配合。

5.3.3　数据流程图简介

　　简言之，数据流程图就是用来描述数据的流动、处理和存储的逻辑关系。数据流程图由 4 种元素组成：数据流、数据处理、数据存储、数据源及数据终点（也称作外部实体）。

　　数据流是具有名字且有流向的一组数据，就是动态数据结构。用标有名字的箭头表示。一个数据流可以是记录或数据项，如图 5-8 所示。

　　数据处理表示对数据所进行的加工和变换，在图中用椭圆形表示。指向处理的数据流为该处理的输入数据，离开处理的数据流为该处理的输出数据，如图 5-9 所示。

图 5-8　数据流　　　　　　　　　　　　　图 5-9　数据处理

　　数据存储表示用数据库形式（或文件形式）所存储的数据，是静态的数据结构。对其进行的存取分别以指向或离开数据存储的箭头表示，如图 5-10 所示。

　　数据源及数据终点表示当前系统的数据来源或数据去向，也称作外部实体，用矩形框表示，如图 5-11 所示。

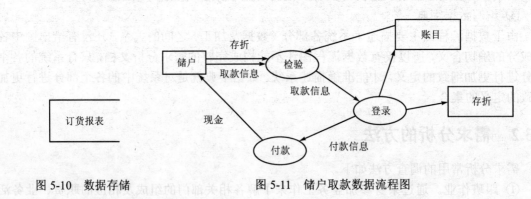

图 5-10　数据存储　　　　　　　　　图 5-11　储户取款数据流程图

5.3.4　数据字典简介

　　数据字典就是在数据流程图的基础上，对数据流程图中的各个元素进行详细的定义与描述，起到对数据流程图进行补充说明的作用。虽然数据流程图各元素都标有名字，但在图中不会做详细说明。数据字典包含数据流图中所有元素的定义，是给开发人员提供对于系统的更确切的描述信息。一般数据库的数据字典包括以下元素的定义：数据项、数据结构、数据流、数据存储和处理过程。

1．数据项

数据项是不可再分的数据单位，对应于关系模型中的属性。对数据项的描述如下：

数据项＝{数据项名，数据项含义说明，别名，数据类型，长度，取值范围，
　　　取值含义，与其他数据项的逻辑关系}

取值范围、与其他数据项的逻辑关系定义了数据的完整性约束条件。

2．数据结构

数据结构是若干数据项有实际意义的集合。一个数据结构可以由若干个数据项组成，也可以由若干个数据结构组成，或由若干个数据项和数据结构混合组成。对数据结构的描述如下：

数据结构＝{数据结构名，含义说明，组成：{数据项或数据结构}}

3．数据流

数据流是数据结构在系统内传输的路径，是流动的、动态的数据结构。对数据流的描述如下：

数据流＝{数据流名，说明，数据流来源，数据流去向，组成：{数据结构}，
　　　平均流量，高峰期流量}

其中，数据流来源是说明该数据流来自哪个过程。数据流去向是说明该数据流将到哪个过程去，平均流量是指在单位时间（每天、每周、每月等）里的传输次数，高峰期流量则是指在高峰时期的数据流量。

4．数据存储

数据存储是数据结构停留或保存的地方，这里的停留或保存的地方不是指的某种存储介质，而是数据项之间的一种逻辑存储关系，也是数据流的来源和去向之一。数据存储定义的目的是根据实际问题确定最终数据库需要存储哪些信息，是一种静态的数据结构。

对数据存储的描述如下：

数据存储＝{数据存储名，说明，编号，流入的数据流 ，流出的数据流 ，组成：
　　　{数据结构}，数据量，存取方式}

其中，流入的数据流指出数据来源；流出的数据流指出数据去向；数据量：是指每次存取多少数据，每天（或每小时、每周等）存取几次等信息。存取方式有：批处理或联机处理；检索或更新；顺序检索或随机检索。

数据结构、数据流、数据存储的关系：数据结构是多个数据项（属性）的集合，是一种抽象的概念；数据流是一种具体的、动态的流动的数据结构；数据存储是存储在数据库中的多个数据项的集合，是一种具体的、静态的数据结构。

5．处理过程

数据字典中只需要描述处理过程的说明性信息，处理过程说明性信息的描述如下：

处理过程描述＝{处理过程名，说明，输入：{数据流}，输出：{数据流}，
　　　处理：{简要说明}}

其中，"简要说明"主要说明该处理过程的功能及处理要求；"功能"主要说明该处理过

程用来做什么；"处理要求"包括处理频度要求（如单位时间里处理多少事务，多少数据量）和响应时间要求等，是后面物理设计的输入及性能评价的标准。

处理过程的具体处理逻辑一般用判定表或判定树来描述。具体处理逻辑就是在不同的条件下做不同的处理。

例如，某销售公司的佣金政策如下：如果一次销售额少于 1000 元，那么基础佣金将是销售额的 8.4%；如果销售额大于 1000 元，但少于 10000 元，那么基础佣金将是销售额的 5%外加 34 元；如果销售额大于 10000 元，那么基础佣金将是销售额的 4%外加 134 元。在一些实际问题中，存在着多重条件嵌套的情况，这些条件和处理之间的关系用自然语言很难清楚的描述它们，在这种情况下，判定表或判定树是一个很好的工具。判定表和判定树的详细介绍请参考其他书籍。

【例 5-6】 假设要开发一个学校管理系统。

（1）系统最高层数据流图

经过可行性分析和初步需求调查，抽象出该系统最高层数据流图。该系统由教师管理子系统、学生管理子系统和后勤管理了系统组成，每个子系统分别配备一个开发小组。

（2）子系统

进一步细化各个子系统。其中，学生管理子系统开发小组通过进行进一步的需求调查，明确了该子系统的主要功能是进行学籍管理和课程管理，包括学生报到、入学、毕业，以及学生上课情况的管理。通过详细的信息流程分析和数据收集后，生成该子系统的学籍管理的数据流程图，如图 5-12 所示。

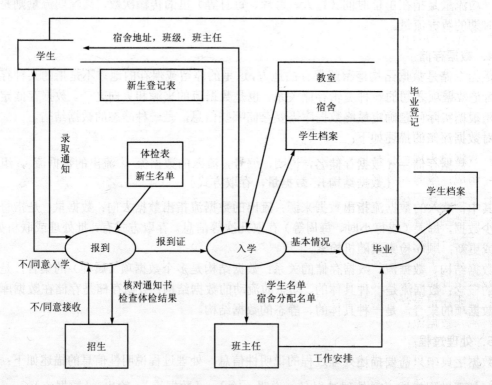

图 5-12   学生管理子系统中学籍管理的数据流图

（3）数据字典

以学生学籍管理子系统为例，学生学籍管理子系统的数据字典如下。

① 数据项

下面以"学号"为例说明。

- 数据项名：学号
- 含义说明：唯一标识每个学生
- 别名：学生编号
- 类型：字符型
- 长度：8
- 取值范围：00000000～99999999
- 取值含义：前 2 位标识该学生所在年级，后 6 位按顺序编号

数据项还有：姓名、出生日期、性别、宿舍编号、地址、人数、班级号、学生人数、职工号、教室地址、容量、教室编号、档案号等。

② 数据结构

- 数据结构名：学生；含义说明：是学籍管理子系统的主体数据结构，定义了一个学生的有关信息；组成：学号，姓名，性别，年龄，所在系，年级。
- 数据结构名：宿舍；数据结构说明：定义了一个宿舍的有关信息；组成 {宿舍编号，地址，人数}。
- 数据结构名：档案材料；组成：{档案号，……}。
- 数据结构名：班级；　　　组成：{班级号，学生人数}。
- 数据结构名：班主任；　　组成：{职工号，姓名，性别，是否为优秀班主任}。
- 数据结构名：教室；　　　组成：{教室编号，地址，容量}。
- 数据结构名：课程；　　　组成：{课程名，课程号，书名}。

③ 数据流

下面以"体检结果"为例说明。

- 数据流：体检结果
- 说明：学生参加体格检查的最终结果
- 数据流来源：体检
- 数据流去向：批准
- 组成：学号、姓名、性别、身高、体重、血压等
- 平均流量：……
- 高峰期流量：……

④ 数据存储

下面以"学生登记表"为例说明。

- 数据存储：学生登记表
- 说明：记录学生的基本情况
- 流入数据流：……
- 流出数据流：……
- 组成：学生数据结构
- 数据量：每年 3000 张
- 存取方式：随机存取

数据存储还有：体检表、毕业登记表、宿舍分配表、教室情况表、课程表、学生选课情况表、宿舍情况表、班级情况表等。

⑤ 数据处理

下面以"分配宿舍"为例说明。

- 处理过程名：分配宿舍
- 说明：为所有新生分配学生宿舍
- 输入：学生、宿舍
- 输出：宿舍安排
- 处理：在新生报到后，为所有新生分配学生宿舍。要求同一间宿舍只能安排同一性别的学生，同一个学生只能安排在一个宿舍中，每个学生的居住面积不小于 3 平方米。安排新生宿舍的处理时间应不超过 15 分钟。

数据处理还有：学生选课、分配教室等。

5.4　概念结构设计

5.4.1　概念结构设计的任务

在需求分析阶段，得到了用户在现实世界的具体要求，这是远远不够的。接下来还要将其转化为计算机能够识别的信息世界的结构。将需求分析阶段得到的用户需求抽象为信息结构（概念模型）的过程就是概念结构设计。概念结构设计的任务是，将需求分析的结果进行概念化抽象。抽象出的概念结构要能真实、充分地反映现实世界，易于被人所理解，容易更改，容易向某一种 DBMS 转换。

5.4.2　概念结构设计的方法与步骤

人们提出了多种概念模型，目前被广泛采用的是实体-联系模型（即 E-R 模型）。

概括起来，概念结构设计的方法有以下 4 种：自顶向下、自底向上、逐步扩张、混合策略。

① 自顶向下：首先定义全局概念结构的框架，即全局 E-R 模型，然后再逐步细化（局部 E-R 模型），如图 5-13 所示。

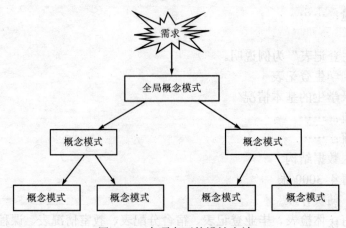

图 5-13　自顶向下的设计方法

② 自底向上：首先定义各局部应用的概念结构，然后将它们集成起来，得到全局概念结构，如图 5-14 所示。

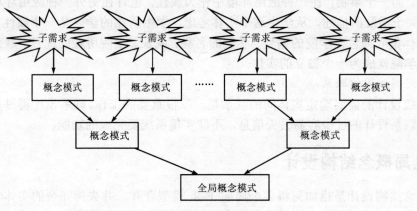

图 5-14　自底向上的设计方法

③ 逐步扩张：首先定义最重要的核心概念结构，然后向外扩充，以滚雪球的方式逐步生成其他概念结构，直至总体概念结构，如图 5-15 所示。

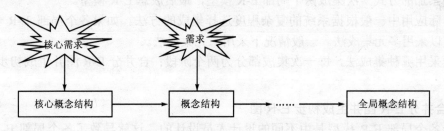

图 5-15　逐步扩张的设计方法

④ 混合策略：将自顶向下和自底向上相结合。用自顶向下策略设计一个全局概念结构的框架，以它为骨架集成由自底向上策略中设计的各局部概念结构。

5.4.3　局部 E-R 模型设计过程

局部 E-R 模型设计可分为以下步骤：确定各局部 E-R 模型描述的范围、逐一设计分 E-R 图。

1. 确定各局部 E-R 模型描述的范围

根据需求分析阶段所产生的文档，可以确定每个局部 E-R 模型描述的范围。通常采用的方法是将总的功能划分为几个子系统，每个子系统又划分几个子系统。

2. 逐一设计分 E-R 图

每个子系统都对应了一组数据流图，每个子系统涉及的数据已经收集到数据字典中。设计分 E-R 图主要完成以下工作：确定实体（集）、实体（集）的属性、实体间的联系。

（1）确定实体（集）

实体（集）是指对一组具用共同特征和行为的对象的抽象。例如，张三是学生，具有学生所共有的特征，如学号、姓名、性别、年龄、所学专业、所在系等共同特征，因此，学生可以抽象为一个实体（集）。

（2）确定实体（集）的属性

一般情况下，实体（集）的信息描述就是该实体的属性，但有时实体和属性很难有明确的划分界限。同一个事物，在一种应用环境中作为属性，也许在另外一种应用环境中就是实体。例如，关于学院的描述，从学生这个实体考虑，学生所在的学院是一个属性，当要考虑学院这个实体集应该包含学院的编号、学院的名称、院长、学院所在的地点、联系电话等更多信息时，学院就成为一个独立的实体。

（3）确定实体间的联系

根据系统设计的需要确定实体间的联系是一项很重要的工作。联系设计得过多容易产生数据冗余，联系设计的过少容易丢失信息，不能实现系统要完成的功能。

5.4.4　全局概念结构设计

全局概念结构设计是指如何将多个局部 E-R 模型合并，并去掉冗余的实体集、实体集属性和联系集，解决各种冲突，最终产生全局 E-R 模型的过程。局部 E-R 模型的集成方法有以下两种：

- 多个分 E-R 模型一次集成；
- 用累加的方式一次集成两个局部 E-R 模型，最后成总 E-R 模型。

在实际应用中一般根据系统的复杂程度选择集成的方法。如果各个局部 E-R 模型比较简单，可以采用多元集成法。一般情况下采用二元集成法。

无论采用哪种集成法，每一次集成都分为两个阶段：合并分 E-R 图并生成初步 E-R 图、消除冗余。

1. 合并分 E-R 图并生成初步 E-R 图

由于各个局部 E-R 模型是由不同的设计人员设计的，这就导致了各个局部 E-R 模型之间必定会存在许多不一致的地方，称为冲突。合理地消除冲突，以形成一个能为全系统中所有用户共同理解和接受的概念模型，成为合并各局部 E-R 模型的主要工作。

冲突一般分为：属性冲突（属性域冲突、属性取值单位冲突）、命名冲突（同名异义、异名同义）、结构冲突。

（1）属性冲突

属性冲突是指属性值的类型、取值范围不一致。例如，学生的学号是数值型还是字符型。有些部门以出生日期的形式来表示学生的年龄，而另一些部门用整数形式来表示学生的年龄。属性取值单位冲突，例如，学生的身高，有的以米计算，有的以厘米计算。

这一类冲突是用户之间的约定，必须由用户协商解决。

（2）命名冲突

命名冲突有同名异义和异名同义两种现象。同名异义即不同意义的对象在不同子系统中具有相同的名字。异名同义即同一个意义的对象在不同的子系统中具有不同的名字。

处理命名冲突通常采用行政手段协商解决。

（3）结构冲突

结构冲突通常有以下几种情况。

① 同一对象在不同的子系统中具有不同的身份。例如，"学院"在子系统 A 中作为实体，在子系统 B 中作为属性。

解决办法是将实体转化为属性或将属性转化为实体，但要根据实际情况而定。

② 同一个对象在不同的子系统中对应的实体属性组成不完全相同。例如，学生这个实体在学籍管理子系统中由学号、姓名、性别、年龄组成，而在公寓管理子系统中由学号、姓名、性别、公寓号等属性组成。

解决方法是对实体的属性取其在不同子系统中的并集，并适当设计好属性的次序。

③ 实体之间的联系在不同的子系统中具有不同的类型。例如，在子系统 A 中实体 E_1 和 E_2 是一对多的联系，而在子系统 B 中实体 E_1 和 E_2 是多对多的联系。

解决方法是根据应用的语义对实体联系的类型进行综合或调整。

通过解决上述冲突后将得到初步 E-R 图，这时需要仔细分析，消除冗余，以形成最后的全局 E-R 图。

2. 消除冗余

冗余包括数据的冗余和实体之间联系的冗余。数据的冗余是指可由基本数据导出的冗余数据，实体之间联系的冗余是指可由其他联系导出的冗余的联系。

消除冗余主要采用分析方法，即以数据字典和数据流图为依据，根据数据字典中关于数据项之间逻辑关系的说明来消除冗余。

并不是所有的冗余数据与冗余联系都必须消除，有时为了提高某些应用的效率，不得不以冗余信息作为代价。设计数据库概念结构时，哪些冗余信息必须消除，哪些冗余信息允许存在，需要根据用户的整体需求来确定。如果是为了提高效率，人为地保留了一些冗余数据是恰当的。

除了分析法之外，还可以使用规范化理论来消除冗余。

5.4.5 实例

通过对上面的学生学籍管理子系统的数据流图和数据字典的分析，得到如图 5-16 所示的初步 E-R 图。

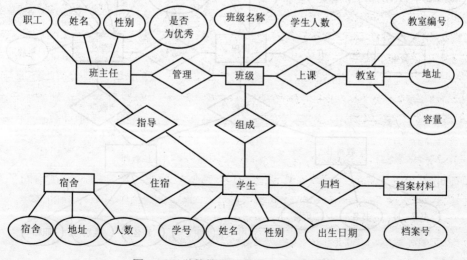

图 5-16 学籍管理子系统的初步 E-R 图

由于性别在学籍管理子系统中作为属性，而在公寓管理子系统中作为实体。根据实际情况，将其作为属性，得到如图 5-17 所示的改进的 E-R 图。

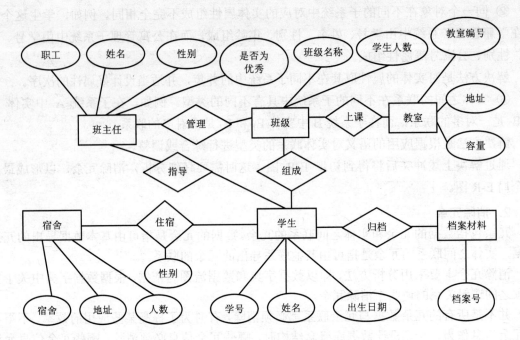

图 5-17　学籍管理子系统改进的 E-R 图

另一个小组得到了学生课程管理子系统的 E-R 图，如图 5-18 所示。

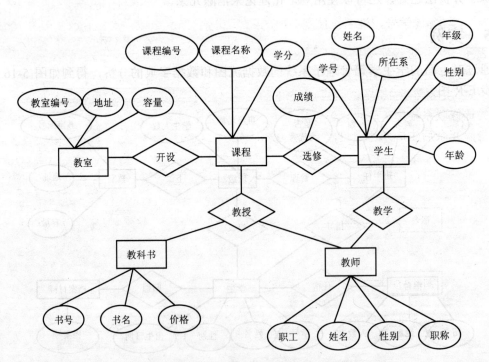

图 5-18　学生课程管理子系统的 E-R 图

将学籍管理子系统和学生课程管理子系统的分 E-R 图合并成总的学生管理系统的 E-R 图，如图 5-19 所示。限于篇幅省略了个实体的属性。

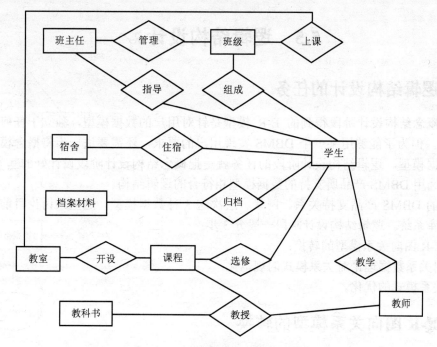

图 5-19　学生管理系统初步 E-R 图

在初步学生管理系统的 E-R 图中存在着冗余数据和冗余联系。

学生实体中的年龄属性可以由出生日期推算出来，属于冗余数据，应该去掉：

学生：{学号，姓名，性别，出生日期，所在系，年级，平均成绩}

教室实体与班级实体之间的上课联系可以由教室与课程之间的开设联系、课程与学生之间的选修联系、学生与班级之间的组成联系三者推导出来，因此属于冗余联系，可以去掉。同理，教师实体与学生实体之间的教学联系可以由教师与课程之间的教授联系和学生与课程之间的选修联系导出，也可以消除。

消除冗余后生成学生管理子系统基本 E-R 图，如图 5-20 所示。

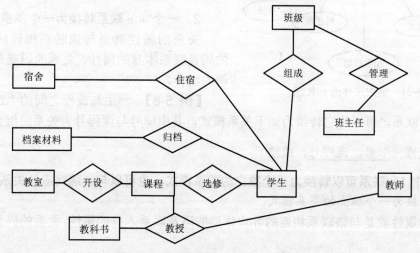

图 5-20　学生管理子系统基本 E-R 图

5.5　逻辑结构设计

5.5.1　逻辑结构设计的任务

前面概念结构设计阶段得到的 E-R 模型是针对用户的数据模型，独立于任何一个具体的 DBMS。但为了能够用某一个 DBMS 实现用户的要求，还需要进一步将概念模型转化为相应的数据模型。逻辑结构设计阶段的任务就是把概念结构设计阶段设计好的基本 E-R 图转换为与选用 DBMS 产品所支持的数据模型相符合的逻辑结构。

目前的 DBMS 产品支持关系、网状、层次这 3 种数据模型。这里只讨论目前最流行的关系数据库系统。逻辑结构设计阶段一般分 3 步：

① E-R 图向关系模型的转换；

② 用关系数据理论对关系模式的规范化；

③ 关系模式的优化。

5.5.2　E-R 图向关系模型的转换

关系数据模型是一组关系模式的集合，而 E-R 图由实体、实体的属性和实体之间的联系 3 个要素组成。所以将 E-R 图转换为关系模型的过程实际上是将实体、实体的属性和实体之间的联系转化为关系模式的过程。转化过程中遵循的原则如下。

1．一个实体型转换为一个关系模式

实体型的属性就是关系的属性，关系的码就是实体型的码。

【例 5-7】　将图 5-21 所示的学生实体的 E-R 图转换为关系模式。

学生实体可以转换为如下关系模式：

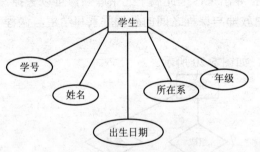

图 5-21　学生实体的 E-R 图

　　　学生（<u>学号</u>，姓名，出生日期，所在系，年级）

2．一个 *m:n* 联系转换为一个关系模式

关系的属性就是与该联系相连的各实体型的码及联系本身的属性，关系的码就是各实体型码的组合。

【例 5-8】　学生与课程之间的"选修"联系是一个 *m:n* 联系，可以将它转换为如下关系模式，其中学号与课程号为关系的组合码：

　　　　选修（<u>学号，课程号</u>，成绩）

3．一个 1:*n* 联系可以转换为一个独立的关系模式，也可以与 *n* 端对应的关系模式合并

（1）转换为一个独立的关系模式

关系的属性就是与该联系相连的各实体型的码及联系本身的属性，关系的码是 *n* 端实体的码。

【例 5-9】　图 5-22 所示为教师与系的联系是 *n:1* 的联系。

该联系可转化为关系：聘用（<u>工号</u>，系号，聘期），其中主码为 *n* 端实体的码——工号。

（2）与 *n* 端对应的关系模式合并

合并后关系的属性是在 *n* 端关系中加入 1 端关系的码和联系本身的属性，合并后关系的码不变。可以减少系统中的关系个数，一般情况下更倾向于采用这种方法。

例如，例 5-9 中的 E-R 图也可转化为如下关系模式：

系（<u>系号</u>，系名，电话）

教师（<u>工号</u>，姓名，性别，年龄，系号，聘期）

4．一个 1:1 联系可以转换为一个独立的关系模式，也可以与任意一端对应的关系模式合并

（1）转换为一个独立的关系模式

关系的属性就是与该联系相连的各实体型的码及联系本身的属性。每个实体型的码均是该关系的候选码。

（2）与某一端对应的关系模式合并

合并后关系的属性是加入对应关系的码和联系本身的属性，合并后关系的码不变。

【例 5-10】 图 5-23 所示的学校和校长的联系 E-R 图有 3 种转换方式。

① 学校（<u>校名</u>，地址，电话，姓名，任职年月）

　　校长（<u>姓名</u>，性别，年龄，职称）

② 学校（<u>校名</u>，地址，电话）

　　校长（<u>姓名</u>，性别，年龄，职称，校名，任职年月）

③ 学校（<u>校名</u>，地址，电话）

　　校长（<u>姓名</u>，性别，年龄，职称）

　　任职（<u>校名</u>，姓名，任职年月）

其中，关系任职的码可以是校名，也可以是姓名。

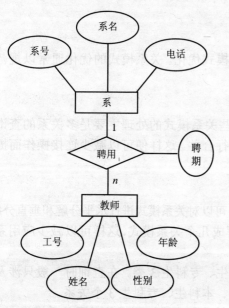

图 5-22 教师与系的联系的 E-R 图

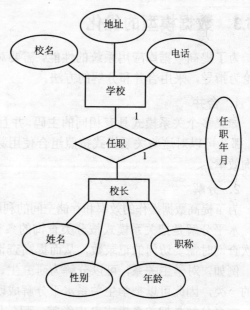

图 5-23 学校和校长的联系 E-R 图

从理论上讲，1:1 联系可以与任意一端对应的关系模式合并。但在一些情况下，与不同的关系模式合并效率会大不一样。因此究竟应该与哪端的关系模式合并，需要依应用的具体

情况而定。由于连接操作是最费时的操作，所以一般应以尽量减少连接操作为目标。例如，如果经常要查询某个班级的班主任姓名，则将管理联系与教师关系合并更好些。

5. 3 个或 3 个以上实体间的一个多元联系转换为一个关系模式

关系的属性就是与该多元联系相连的各实体的码及联系本身的属性，关系的码是各实体码的组合。

例如，供应商、项目、零件这 3 个实体之间有"供应"这一联系，该联系有"数量"这一属性，则可转化为以下关系：

供应（供应商号，项目号，零件号，数量）

6. 同一实体集的实体间的联系，即自联系，也可按 1:1、1:n 和 m:n 三种情况分别处理

如果教师实体集内部存在领导与被领导的 1:n 自联系，可以将该联系与教师实体合并，这时主码职工号将多次出现，但作用不同，可用不同的属性名加以区分。如"教师"｛职工号，姓名，性别，职称，系主任｝中的系主任就是职工号。

7. 具有相同码的关系模式可合并

将具有相同码的关系模式合并的目的是减少系统中的关系个数。合并方法是将其中一个关系模式的全部属性加入到另一个关系模式中，然后去掉其中的同义属性（可能同名也可能不同名），并适当调整属性的次序。

例如，拥有关系模式"拥有（学号，性别）"与学生关系模式"学生（学号，姓名，出生日期，所在系，年级，班级号）"都以学号为码。可以将它们合并为一个关系模式"学生（学号，姓名，性别，出生日期，所在系，年级，班级号）"。

一般的数据模型还需要向特定 DBMS 规定的模型进行转换，转换的主要依据是所选用的 DBMS 的功能及限制，没有通用规则，对于关系模型来说，这种转换通常都比较简单。

5.5.3　数据模型的优化

为了提高数据库应用系统的性能，需要对关系模式优化。关系模式的优化通常以规范化理论为指导，采用合并和分解的方法。

1. 合并

如果多个关系模式具有相同的主码，并且对这些关系模式的处理主要是多关系的查询操作，那么可以对这些关系模式按照组合使用频率进行合并。这样便可以减少连接操作而提高查询效率。

2. 分解

为了提高数据操作的效率和存储空间的利用率，可以对关系模式进行水平分解和垂直分解。

水平分解是把关系模式按分类查询的条件分解成几个关系模式，这样可以减少应用系统每次查询时需要访问的记录数，从而提高查询效率。

例如，对学生关系，可以分解为研究生、本科生、专科生 3 类。在查询时一般只涉及其中的一类，因此可以把学生关系水平分解成研究生、本科生、专科生 3 个关系。

垂直分解是把关系模式 R 中经常一起使用的属性分解出来，形成若干子关系模式。

例如，对教师关系，经常要查询其职称，可以将关系垂直分解，得到如下关系：

（教师号，教师名，职称）

5.5.4　实例

把学生管理子系统的 E-R 图转化为如下关系模式：

学生（学号，姓名，性别，出生日期，所在系，年级）

教师（职工号，姓名，性别，职称，是否为优秀班主任）

宿舍（宿舍编号，地址，人数）

档案材料（档案号，……）

班级（班级号，学生人数）

教室（教室编号，地址，容量）

课程（课程号，课程名，学分）

教科书（书号，书名，价格）

选修（学号，课程号，成绩）　　　　　　*m:n*

讲授（课程号，职工号，书号）　　　　　*m:n*

教学（学号，职工号）　　　　　　　　　*m:n*

管理（职工号，班级号）　　　　　　　　1:1

归档（学号，档案号）　　　　　　　　　1:1

组成（学号，班级号）　　　　　　　　　1:*n*

开设（课程号，教室号，上课时间）　　　1:*n*

住宿（性别，宿舍）　　　　　　　　　　1:*n*

对数据模型进行优化后有：

学生（学号，档案号，姓名，性别，出生日期，所在系，年级，班级号，宿舍编号）

教师（职工号，姓名，性别，职称，是否为优秀班主任，班级号）

宿舍（宿舍编号，地址，人数）

档案材料（档案号，……）

班级（班级号，学生人数）

教室（教室编号，地址，容量）

课程（课程号，课程名，学分，教室号，上课时间）

教科书（书号，书名，价钱）

选修（学号，课程号，成绩）　　　　　*m:n*

讲授（课程号，职工号，书号）　　　　*m:n*

教学（学号，职工号）　　　　　　　　*m:n*

5.6　数据库的物理设计

数据库在物理设备上的存储结构与存取方法称为数据库的物理结构。为一个给定的逻辑数据模型选取一个最适合应用环境的物理结构的过程，就是数据库的物理设计。

数据库物理设计分为两个步骤：确定数据库的物理存储结构，以及对物理结构进行评价。评价的重点是时间和空间效率。

设计物理数据库结构的准备工作如下：

① 充分了解应用环境，详细分析要运行的事务，以获得选择物理数据库设计所需参数。

② 充分了解所用 RDBMS 的内部特征，特别是系统提供的存取方法和存储结构。

数据库物理设计的步骤为，确定数据库的物理存储结构，评价物理结构。

1．确定数据库的物理存储结构

① 确定数据的存储结构。影响数据存储结构的因素主要包括存取时间、存储空间利用率、维护代价。设计时要根据实际情况对这 3 个方面综合考虑。

② 设计合适的存取路径，主要指确定如何建立索引，根据实际需要确定在哪个关系模式上建立索引，建立多少个索引，是否建立聚簇索引。

③ 确定数据的存放位置。

④ 确定系统配置。系统配置很多，如同时使用数据库的用户数、同时打开的数据库对象数、内存分配参数、缓冲区分配参数、时间片的大小、数据库的大小等。这些参数影响存取时间和存储空间的分配。

2．评价物理结构

数据库物理设计过程中需要对时间效率、空间效率、维护代价和各种用户的要求进行权衡，产生多种设计方案。数据库设计人员必须对这些方案进行评价，从中选出一种较优的设计方案作为数据库的物理结构。

本 章 小 结

数据库设计主要分为需求分析、概念结构设计、逻辑结构设计、物理设计、数据库实施、数据库的运行与维护 6 个阶段。

在实际应用中，这 6 个阶段往往是不断反复的。需要指出的是，这个设计步骤既是数据库设计的过程，也包括了数据库应用系统的设计过程。要在设计过程中把数据库的设计和对数据库中数据处理的设计紧密结合起来，将这两个方面的需求分析、抽象、设计，实现在各个阶段同时进行，相互参照，相互补充。

数据库结构设计的不同阶段，实际上形成了数据库的各级模式。需求分析阶段，综合了各个用户应用的需求；概念结构设计阶段，形成了独立于机器的特点，独立于各个 DBMS 产品的概念模式——E-R 图；逻辑结构设计阶段，将 E-R 图转换成具体的数据库产品支持的数据模型如关系模型，形成数据库的逻辑模式，然后根据用户处理的要求、安全性的考虑，建立必要的视图，形成数据的外模式；物理设计阶段，根据 DBMS 的特点和处理的需要，进行物理存储安排，建立索引，形成数据库内模式。

关于逻辑结构设计阶段的关系数据理论——范式，读者掌握 BCNF 范式即可，关键在于对范式的灵活应用。

习 题 5

5.1　单项选择题

1．关系模式"学生（学号，课程号，名次）"，若每一名学生每门课程有一定的名次，每门课程每一名次只有一名学生，则以下叙述中错误的是（　　）。

  A．（学号，课程号）和（课程号，名次）都可以作为候选码

  B．只有（学号，课程号）能作为候选码

  C．关系模式属于第三范式

  D．关系模式属于 BCNF

2．关系数据库规范化是为解决关系数据库中的（　　）问题而引入的。

  A．插入、删除和数据冗余　　　　　　B．提高查询速度

  C．减少数据操作的复杂性　　　　　　D．保证数据的安全性和完整性

3．当关系模式 R（A，B）已属于 3NF，下列说法中（　　）是正确的。

  A．它一定消除了插入和删除异常　　　B．仍存在一定的插入和删除异常

  C．一定属于 BCNF　　　　　　　　　D．A 和 C 都是

4．关系模型中的关系模式至少是（　　）。

  A．1NF　　　　　B．2NF　　　　　　C．3NF　　　　　　D．BCNF

5．当 B 属性函数依赖于 A 属性时，属性 A 与 B 的联系是（　　）。

  A．一对多　　　　B．多对一　　　　　C．多对多　　　　　D．以上都不是

6．在关系模式中，如果属性 A 和 B 存在一对一的联系，则说（　　）。

  A．A→B　　　　B．B→A　　　　　C．A←→ B　　　　D．以上都不是

7．在数据库设计中，将 E-R 图转换成关系数据模型的过程属于（　　）。

  A．需求分析阶段　B．逻辑设计阶段　　C．概念设计阶段　　D．物理设计阶段

5.2　填空题

1．对于非规范化的模式，经过＿＿＿＿＿＿＿＿转变为 1NF，将 1NF 经过＿＿＿＿＿＿＿＿转变为 2NF，将 2NF 经过＿＿＿＿＿＿＿＿转变为 3NF。

2．对于函数依赖 $X→Y$，如果 Y 包含于 X，则称 $X→Y$ 是一个＿＿＿＿＿＿＿＿。

3．$X→Y$ 是模式 R 的一个函数依赖，在当前值 r 的两个不同元组中，如果 X 值相同，就一定要求＿＿＿＿＿＿＿＿。也就是说，对于 X 的每一个具体值，都有＿＿＿＿＿＿＿＿与之对应。

5.3　简答题

1．理解下列定义：

函数依赖、部分函数依赖、完全函数依赖、传递函数依赖、1NF、2NF、3NF、BCNF

2．现有关系模式 R（Sno 学号，Cno 课程号，Grade 成绩，Teacher 教师，Title 职称），已知该关系有如下函数依赖：

（Sno,Cno）→Grade，Cno→Teacher，　　Teacher→Title

（1）请写出 R 的码是什么？R 是第几范式？并说明理由。

（2）给出基于 R 的分解所得到的关系模式（都要满足 3NF）。

试证明全码（ALL-Key）的关系必是 3NF，也必是 BCNF。

3．设关系模式 R（A，B，C，D）。如果规定，关系中 B 值与 D 值之间是一对多的联系，A 值与 C 值之间是一对多的联系。试写出相应的函数依赖。

4．请简要阐述一个数据库设计的几个阶段。

5．数据字典的内容和作用是什么？

6．什么是 E-R 图？构成 E-R 图的基本要素是什么？

7. 某商业集团管理系统涉及两个实体类型。实体"商店"有商店编号、商店名、地址和电话属性；实体"顾客"有顾客编号、姓名、性别、出生年月和家庭地址属性。顾客与商店之间存在着消费联系。假定一位顾客可去多个商店购物，多位顾客可以前往同一商店购物，必须记下顾客每次购物的消费金额。

（1）请画出系统的 E-R 图；

（2）将 E-R 图转化成关系模式；

（3）指出转化后的每个关系模式的关系码。

5.4　综合题

设计一个数据库，系统可以是以下系统中任意一个，读者也可以自行选择：

图书管理系统、人事管理系统、学生管理系统、公交查询系统、火车售票系统、医药管理系统、超市商品管理系统

第 6 章　数据库保护

本章介绍数据库的恢复技术、并发控制、完整性控制及安全性控制。读者可以掌握 SQL Server 2000 中数据库数据备份与恢复方法，进一步理解 SQL Server 2000 身份验证模式和数据操作权限控制技术。

本章导读：

- 数据库的恢复技术
- 并发控制
- 数据库的完整性
- 数据库的安全性

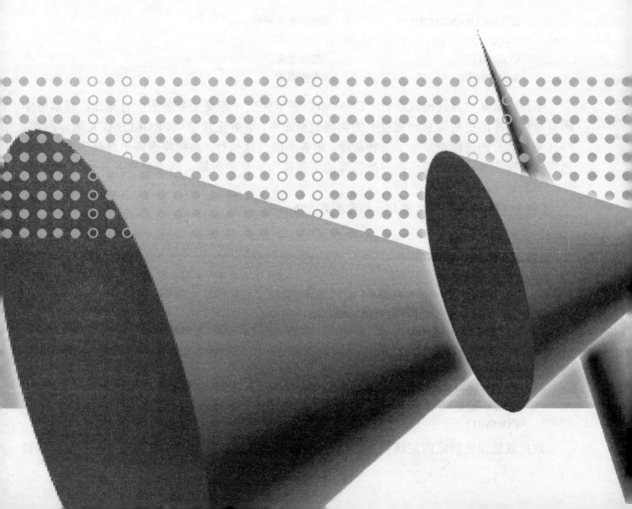

6.1　事　务

6.1.1　事务的概念

事务是指由用户定义的数据库操作序列，这个操作序列要么全做、要么全不做，是不可分割的。

例如，在关系数据库中，一个事务可以是一条、一组 SQL 语句或是一段或整个程序。

如果某事务一旦成功，则在该事务中执行的所有数据修改均会被写入数据库，也就是真正实现对数据库的修改，成为数据库中有效组成部分。如果事务遇到错误必须取消或回滚，则所有数据修改均被撤销。

事务有 3 种运行模式：

（1）自动提交事务

每条单独语句都是一个事务。

（2）显式事务

每个事务均以 BEGIN　TRANSACTION 语句开始，以 COMMIT 语句或 ROLLBACK 语句结束。

具体语句格式如下：

```
BEGIN TRANSACTION          //表示事务开始
    ......
COMMIT                     //提交事务
ROLLBACK                   //事务回滚
```

事务通常是以显式模式运行。COMMIT 表示提交，即提交事务的所有操作，将事务中所有对数据库的更新写回到磁盘上的物理数据库中，事务正常结束。ROLLBACK 表示回滚，即在事务运行的过程中发生了某种故障，事务不能继续执行，系统将事务中对数据库的所有已完成的操作（这里的操作指对数据库的更新操作）全部撤销，回滚到事务开始时的状态。

下面是一个转账事务的例子。

【例 6-1】　编程实现从账户 a 转账到账户 b。

程序如下：

```
BEGIN TRANSACTION
Read(a_balance)                         //读账户 a 的余额 a_balance
a_balance=a_balance-amount              //amount 为转账金额
IF（a_balance<0）THEN
{print'no enough balance, don't transfer'  //打印不能转账原因
ROLLBACK}                               //撤销刚才对于账户 a 的修改，事务恢复
ELSE
{Read(b_balance)                        //读账户 b 的余额 b_balance
b_balance=b_balance+amount              //实现转账
COMMIT}
```

这样就能保证转账的正确完成。如果不将从账户 a 上取款操作和向账户 b 上存款操作设

为事务，就有可能出错。例如，在转账执行过程中取款操作成功而存款操作失败，则账户 a 和账户 b 的金额总和则比转账前减少了，也就是从账户 a 中提出的款被丢失。

（3）隐性事务

在前一个事务完成时则新事务隐式启动，但每个事务仍以 COMMIT 语句或 ROLLBACK 语句显式的表示完成。

6.1.2　事务的特性

事务具有 4 个特性：原子性（Atomicity）、一致性（Consistency）、隔离性（Isolation）和持续性（Durability）。取 4 个特性的第 1 个英文字母，简称为 ACID 特性。

1．原子性（Atomicity）

事务是数据库操作的逻辑工作单位，事务中的所有操作要么全做，要么全不做，也就是说，这个单位中的所有操作不可以被分割。这就是事务的原子性。

假设在某一事务中包含若干条 SQL 语句，那么事务中的这若干条语句构成一个整体。在正常情况下，不会出现只做其中的一部分，而另一部分不做的现象，即要么全做，要么全不做。例 6-1 中从账户 a 中取款和向账户 b 中存款应该作为同一个转账事务中的操作，只有保证取款和存款都正确执行，才能实现转账。

保证原子性是数据库系统本身的职责，由 DBMS 的事务管理子系统来实现。

2．一致性（Consistency）

事务执行的结果必须是使数据库从一个一致性状态转换到另一个一致性状态，即数据不会因为事务的执行而遭到破坏。当数据库只包含成功事务提交的结果时，数据库会处于一致性状态。如果数据库系统在运行中发生故障，有些事务尚未完成就被迫中断，系统将事务中对数据库的所有已完成的操作全部撤销，回滚到事务开始时的一致状态，这样就保持了数据库的一致性。在例 6-1 的转账事务中，不论事务中取款操作和存款操作是否成功执行，账户 a 和账户 b 的金额总和不变，保持一致性。

确保单个事务的一致性是编写事务的应用程序员的职责。在系统运行时，由 DBMS 的完整性子系统执行测试任务。

3．隔离性（Isolation）

一个事务的执行不能被其他事务干扰，即一个事务内部的操作及使用的数据对其他并发事务是隔离的，并发执行的各个事务之间不能互相干扰。在例 6-1 中，转账事务不会因为其他对于账户 a 或账户 b 的操作而受到干扰，转账事务与其他事务是隔离的，其他操作不能影响转账事务的执行。

事务的隔离性是由 DBMS 的并发控制子系统实现的。

4．持续性（Durability）

持续性也称永久性（Permanence），指事务一旦提交，它对数据库中数据的改变就应该是有效的，除非用户后来再次修改此数据，否则它的存在将是永久的。接下来的其他操作或故障不应该对其执行结果有任何影响。在例 6-1 中，转账事务在执行后，对于账户 a 和账户 b 金额的修改将是有效的。

　　保证事务的 ACID 特性不被破坏是事务处理的首要任务，如果破坏了事务的 ACID 特性，对于数据库的性能会带来一定的影响。事务 ACID 特性可能遭到破坏的因素有：

- 多个事务并行运行时，不同事务的操作交叉执行；
- 事务在运行过程中被强行停止。

　　在第一种情况下，数据库管理系统必须保证多个事务的交叉运行不影响这些事务的原子性。在第二种情况下，数据库管理系统必须保证被强行终止的事务对数据库和其他事务没有任何影响。

6.1.3　SQL Server 2000 事务应用

　　【例 6-2】 假设在 SQL Server 2000 服务器下某一数据库中有一产品价格表 gprice（gno, gname, price），表中 gno 代表产品代码，gname 代表产品名称，price 代表产品价格，数据内容如表 6-1 所示。

表 6-1　产品价格表 gprice

gno	gname	price
g001	bicycle	85
g002	watch	75
g003	desk	74

　　在 SQL Server 2000 查询分析器下编写语句，由于减价处理将每种产品的价格都减去 10，但必须保证每种产品的价格都不小于 60。事务语句如下：

```
declare @price int              //定义一个整数类型的变量@price
begin transaction
  update gprice
  set price=price-10
  select @price=price from gprice    //@price 的值即为查询的每行记录的 price 值
  if @price<60
    rollback
  else
    commit
```

　　以上事务在被执行一次后，gprice 表中 price 列值将被修改。

　　事务执行分析：将每种产品的价格在原来的基础上都减去 10 后，表中所有的价格都大于 60，所以条件"@price<60"没有成立，故事务没有执行回滚（rollback）操作，而是执行提交（commit）操作。事务执行后表中内容如表 6-2 所示。

表 6-2　事务执行一次后的产品价格表

gno	gname	price
g001	bicycle	75
g002	watch	65
g003	desk	64

　　事务被提交后，因事务具有持续性，事务对于 gprice 表中 price 列的修改将永久地保存在 gprice 表中。

　　假设事务中语句再被执行一次，gprice 表中 price 列中值将不发生变化。

　　事务执行分析：首先 update 更新语句将 gprice 表中 price 列的值都减去 10，则价格分别为 65、55、54。update 更新语句执行后将结果放到系统的缓冲区中，然后使用 select 查询语句查询更新后的表，发现其中存在不满足条件"@price<60"的记录，故执行回滚（rollback）操作，将 gprice 表恢复到 update 更新语句执行之前的状态，gprice 表中 price 列中值将不发生变化。同理，假设在第一次事务执行之前，在 gprice 表中存在产品的价格低于 70，则事务将不会执行 commit 操作，即表中的价格列的值将不会发生变化。

6.1.4　事务的状态转换

事务是数据库恢复和并发控制的基本单位。保证事务 ACID 特性是事务处理的重要任务。但事务被提交后，事务 ACID 特性就有可能遭到破坏。在不出现故障的情况下，所有的事务都能成功完成。但是，正如前面所注意到的，事务并非总能顺利执行完成。这种非正常结束的事务称为中止事务，成功完成执行的事务称为已提交事务。自事务提交后，事务的状态会因外界因素的影响而发生变化，可以建立一个事务的状态转换图来描述事务的执行过程，如图 6-1 所示。

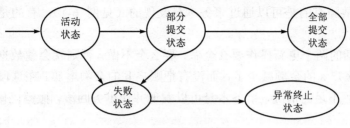

图 6-1　事务状态转换图

（1）活动状态

开始执行后，事务进入活动状态，事务开始执行对于数据库中数据的读操作或写操作。但写操作中对数据的更新操作仅保存在系统的缓冲区中，而未实际保存在物理存储设备中。

（2）部分提交状态

当事务中全部语句都执行完毕后，进入了部分提交状态。事务中的语句虽然执行完毕，但是事务中对于数据库中数据的更新操作仅保存在系统缓冲区中，还没有全部保存在物理存储设备中，需要时间进行提交，故事务进入部分提交状态。

（3）全部提交状态

事务进入部分提交后，事务中对于数据的更新开始写入物理存储设备中，当全部更新都写入完毕后，系统被告知事务执行已经结束，事务进入全部提交状态。

（4）失败状态

事务有两种可能会进入失败状态。第一种可能是如果活动状态的事务还没有执行到事务的最后一条语句就被中止，则事务进入失败状态；第二种可能是处于部分提交状态的事务，如果发生故障也将进入失败状态。

（5）异常终止状态

失败状态的事务可能已将对于数据更新的部分结果写入物理存储设备。为了保证事务的原子性，必须撤销已经写入物理设备中的数据更新。此时，事务进入异常终止状态。

6.2　数据库恢复技术📖

数据库在运行过程中可能会出现不同的故障，因此数据库管理系统 DBMS 需要提供数据库恢复机制，以保障数据库在遭到破坏后能够修复数据库，即实现数据库的恢复。数据库的恢复就是将数据库从错误的状态恢复到某一正确状态。

6.2.1　数据库可能出现的故障

尽管数据库系统中采取了各种保护措施来防止数据库的安全性和完整性被破坏，保证并发事务的正确执行，但是计算机系统中硬件在运行中的故障、软件的问题、操作员的失误及恶意的破坏仍是不可避免的，这些故障会带来一系列的问题，使数据库中部分甚至全部数据丢失，整个数据库遭到破坏。

数据库可能出现的故障有以下几种。

（1）事务内部的故障

事务内部的故障有的是可以通过事务本身发现的（见例 6-1），有的是非预期的，不能由事务本身处理。

例 6-1 所包括的两个更新操作要么全做，要么全不做，否则就会使数据库处于不一致状态。例如，只把账户 a 的余额减少了，而没有把账户 b 的余额增加。在这段事务操作序列中若产生账户 a 余额不足的情况，事务本身可以发现并让事务回滚，撤销已做的修改，恢复数据库到正确状态。

事务内部更多的故障是非预期的，是不能由事务本身处理的。例如，运算溢出、多个并发执行的事务因发生"死锁"而被选中撤销该事务、违反了某些完整性限制等。

（2）系统故障

系统故障是指在系统运行过程中造成系统停止运行的任何事件，使得系统需重新启动。系统故障称为软故障，如一些特定的硬件错误，如 CPU 故障、操作系统故障、突然停电等。这类故障影响正在运行的所有事务，但不破坏数据库。发生系统故障时，主存内容尤其是数据库缓冲区（在内存）中的内容都将丢失，所有运行事务都被非正常终止。发生系统故障时，一些尚未完成的事务的结果可能已送入物理数据库，有些已完成的事务可能有一部分甚至全部留在缓冲区，尚未写回到物理存储设备中，从而造成数据库处于不正确的状态。

（3）介质故障

介质故障又称为硬故障。硬故障指外存故障，即存放物理数据库的存储设备发生不可预知的故障。这类故障将破坏整个数据库或部分数据库，并影响正在存取这部分数据的所有事务。此类故障比事务故障和系统故障发生的可能性要小，但一旦发生破坏性极大。

（4）计算机病毒

计算机病毒是具有破坏性，可以自我复制的计算机程序。计算机病毒已成为计算机系统的主要威胁，同时也威胁着数据库系统的安全。因此，数据库一旦被病毒破坏，需要用数据库恢复技术将数据库恢复。

总结以上 4 类故障，对数据库的影响可分为两种：一是数据库本身被破坏；二是数据库没有被破坏，但数据可能不正确，这是因为事务的运行被非正常终止造成的。

数据库恢复的基本原理十分简单，可以使用数据冗余来实现。也就是说，数据库中任何一部分被破坏的或不正确的数据可以根据存储在别处的冗余数据来重建。尽管恢复的基本原理很简单，但实现技术的细节却比较复杂，下面重点介绍数据库恢复的实现技术。

6.2.2　数据库的恢复原理

一个好的数据库管理系统 DBMS 应该能够将数据库从不正确的状态（因出现故障）恢

复到最近一个正确的状态，DBMS 的这种能力称为"可恢复性"。

恢复机制涉及的两个关键问题是：

- 如何建立冗余数据，即数据库的重复存储；
- 如何利用这些冗余数据实施数据库恢复。

建立冗余数据最常用的技术是数据转储和登记日志文件。通常在一个数据库系统中，这两种方法一起使用。

1. 数据转储

数据转储是指数据库管理员 DBA 定期地将整个数据库复制到磁带或另一个磁盘上保存起来的过程。这些备用的数据文本称为后备副本或后援副本。

当数据库遭到破坏后可以将后备副本重新装入，但重装后备副本只能将数据库恢复到转储时的状态，要想恢复到故障发生时的状态，必须重新运行转储以后的所有更新事务。转储是十分耗费时间和资源的，不能频繁进行。DBA 应该根据数据库使用情况确定一个适当的转储周期。

数据转储可分为静态转储和动态转储两种。

静态转储是指在系统中没有运行事务时进行的转储操作，即转储操作开始的时刻，数据库处于一致性状态，在转储期间不允许对数据库的任何存取、修改操作。显然，静态转储得到的一定是一个具有数据一致性的副本。

静态转储简单，但转储必须等待正在运行的用户事务结束才能进行，同样，新的事务必须等待转储结束才能执行。显然，这会降低数据库的可用性。

动态转储是指转储期间允许对数据库进行存取或修改，即转储和用户事务可以并发执行。

动态转储可以克服静态转储的缺点，它无需等待正在运行的用户事务结束，也不会影响新事务的运行。但是，转储结束时，后备副本上的数据并不能保证正确有效。为了保持后备副本数据的一致性，必须将转储期间各事务对数据库的修改活动登记下来，建立日志文件（Log File）。这样，后备副本加上日志文件就能把数据库恢复到某一时刻的正确状态。

根据转储数据量的多少，转储还可以分为海量转储和增量转储两种方式。海量转储是指每次转储全部数据库。增量转储则指每次只转储上一次转储后更新过的数据。从恢复角度看，使用海量转储得到的后备副本进行恢复一般说来会更方便些，但如果数据库很大，事务处理又十分频繁，则增量转储方式更实用更有效。

数据转储有海量转储和增量转储两种方式，分别可以在静态转储和动态转储两种状态下进行，因此数据转储方法可以分为静态海量转储、静态增量转储、动态海量转储和动态增量转储 4 类。

2. 登记日志文件

（1）日志文件的格式和内容

日志文件是用来记录事务对数据库更新操作的文件。不同数据库系统采用的日志文件格式并不完全一样。概括起来日志文件主要有两种格式：以记录为单位的日志文件和以数据块为单位的日志文件。下面简要介绍以记录为单位的日志文件。

对于以记录为单位的日志文件，日志文件中需要登记的内容包括：各个事务的开始（BEGIN TRANSACTION）标记、各个事务的结束（COMMIT 或 ROLL BACK）标记及各个事务的所有更新操作。每个事务的开始标记、每个事务的结束标记和每个更新操作均作为日志文件中的一个日志记录（Log Record）。

每个日志记录的内容主要包括：事务标识（标明是哪个事务）、操作的类型（插入、删除或修改）、操作对象（记录内部标识）、更新前数据值及更新后数据值。

（2）日志文件的作用

日志文件可以用来进行事务故障恢复和系统故障恢复，并协助后备副本进行介质故障恢复。

① 事务故障恢复和系统故障恢复必须使用日志文件。

② 在动态转储方式中必须建立日志文件，后备副本和日志文件结合起来才能有效地恢复数据库。

③ 在静态转储方式中，也可以建立日志文件。当数据库毁坏后可以重新装入后备副本把数据库恢复到转储结束时刻的正确状态，然后利用日志文件，把已完成的事务进行重做处理，对故障发生时尚未完成的事务进行撤销处理。这样不必重新运行那些已完成的事务程序就可以将数据库恢复到故障前某一时刻的正确状态。

（3）登记日志文件（Logging）

为保证数据库是可恢复的，登记日志文件时必须遵循两条原则：

① 登记的次序严格按并发事务执行的时间次序。

② 必须先写日志文件，后写数据库。

把对数据的修改写到数据库中和把表示这个修改的日志记录写到日志文件中是两个不同的操作，有可能在这两个操作之间发生故障，即这两个写操作只完成了一个。如果先写了数据库修改，而在运行记录中没有登记这个修改，则以后就无法恢复这个修改了。如果先写日志，但没有修改数据库，按日志文件恢复时只不过是多执行一次不必要的撤销操作，并不影响数据库的正确性。所以，为了安全，一定要先写日志文件，即首先把日志记录写到日志文件中，然后写数据库的修改，这就是"先写日志文件"的原则。

在数据转储和登记日志文件实现数据冗余后，下一步要做的工作就是使用这些冗余数据实现数据库的恢复，具体恢复策略会根据故障类型的不同而不同。

6.2.3　SQL Server 2000 中数据备份与恢复的实现

要实现数据库的恢复首先要创建数据冗余，然后根据冗余数据实现数据库恢复。SQL Server 2000 中提供备份数据库和还原数据库实现数据库恢复机制。

1．数据库的备份

对于一个数据库来说何时被破坏及被破坏到什么程度都是不可预测的，所以备份数据库是一个非常重要的工作，必须确定一定的备份策略，按照策略实现备份。备份策略中应包含如下内容：什么时间备份、备份到什么位置、备份者是谁、备份哪些数据（备份内容）、平均隔多长时间进行备份（备份频率）及如何备份等。

数据库备份常用的两种方法有：完全备份和差异备份。完全备份是指每次都备份整个数据库或事务日志。差异备份只备份自上次数据库备份后发生更改的数据。差异备份比完全备份所占的空间小而且备份速度快，因此可以更经常地备份，经常备份将减少丢失数据的危险。

备份数据库即将数据从数据库中转存到某个位置，当数据库出现故障时再从这个位置导入数据库中。转存的这个位置称为备份设备。SQL Server 2000 使用物理设备名称或逻辑设备名称标识备份设备。物理备份设备是操作系统用来标识备份设备的名称，如 d:\student_backup.bak。逻辑备份设备是用来标识物理备份设备的别名或公用名称。逻辑设备名称永久地存储在 SQL Server 2000 内的系统表中。使用逻辑备份设备的优点是引用它比引用物理设备名称简单。

例如，逻辑设备名称可以是 student_backup，而物理设备名称则是 d:\student_backup.bak。

SQL Server 2000 提供了两种图形操作界面实现数据库备份：第 1 种是使用企业管理器实现数据库备份，第 2 种是使用备份向导实现数据库备份。

（1）使用企业管理器实现备份

使用企业管理器进行备份的步骤如下。

① 创建备份设备逻辑名称。在 SQL Server 2000 企业管理器窗口中打开服务器组，鼠标右键单击"管理"菜单的"备份"选项，在下拉菜单中选择"新建备份设备"选项，如图 6-2 所示。

② 在弹出的"备份设备属性——新设备"对话框中创建新的备份设备。在"名称"处填写备份设备逻辑名称，在"文件名"处选择此逻辑名称所关联的物理文件名。填写完毕后单击"确定"按钮即创建了备份设备，如图 6-3 所示。

图 6-2 创建备份设备

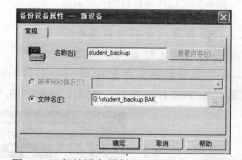
图 6-3 "备份设备属性——新设备"对话框

③ 鼠标右键单击要备份的数据库，在下拉菜单中选择"所有任务"中的"备份数据库"选项，如图 6-4 所示。

④ 在出现的"SQL Server 备份"对话框的"数据库"的文本框中显示要备份的数据库，"名称"文本框中显示备份名，在"备份"栏中选择备份的方式，在"目的"栏中选择要备份到的位置，可单击"添加"按钮选择备份目的，如图 6-5 所示。

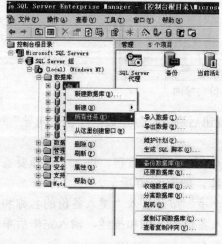
图 6-4 "备份数据库"选项

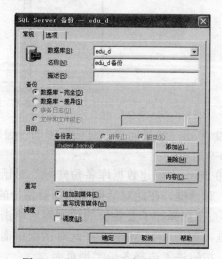
图 6-5 "SQL Server 备份"对话框

⑤ 在"选择备份目的"对话框中有两种备份目的可供选择，一种是文件名，另一种是备份设备。可通过单击"文件名"右侧的"选择"按钮选择磁盘中某个文件，或者单击"备份设备"右侧的下拉按钮选择事先已经创建的备份设备，如图6-6所示。

⑥ 单击"选择备份目的"对话框中的"确定"按钮后返回到"SQL Server备份"对话框，在正确设置此页面中各参数后单击"确定"按钮，系统执行备份操作。在备份操作完毕后，出现如图6-7所示备份完成对话框。

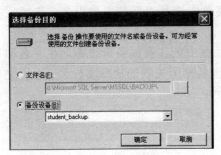

图 6-6 "选择备份目的"对话框

图 6-7 备份完成图

（2）使用备份向导实现数据备份

使用备份向导进行备份步骤如下。

① 在企业管理器菜单栏中单击"工具"选项，在下拉菜单中选择"向导"，在"选择向导"对话框中展开"管理"选项，选择"备份向导"，如图6-8所示。

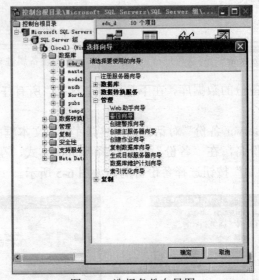

图 6-8 选择备份向导图

② 单击"选择向导"对话框中的"确定"按钮后进入"创建数据库备份向导"对话框，如图6-9所示。

③ 单击"创建数据库备份向导"对话框中的"下一步"按钮，进入"选择要备份的数据库"对话框。在此对话框中选择要备份的数据库，如图6-10所示。

④ 在选择好了要备份的数据库后单击"下一步"按钮进入"键入备份的名称和描述"对话框，如图6-11所示。在此对话框中需要输入备份的名称和描述，输入完毕后单击"下一步"按钮进入选择备份类型页面。

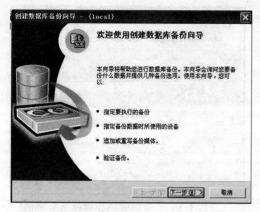
图 6-9　"创建数据库备份向导"对话框

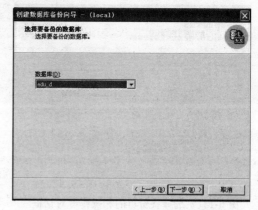
图 6-10　"选择要备份的数据库"对话框

⑤ 在"选择备份类型"对话框中选择备份的方式。有 3 种类型可供选择：数据库备份、差异数据库和事务日志，其中数据库备份类型将备份整个数据库，差异数据库类型只备份新的和已更改的数据，事务日志类型仅备份事务日志，即备份对数据库的所有更改的记录，如图 6-12 所示。

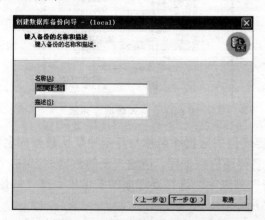
图 6-11　"键入备份的名称和描述"对话框

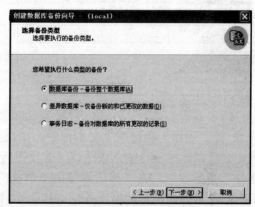
图 6-12　"选择备份类型"对话框

⑥ 在选择好备份类型后，单击"下一步"按钮进入"选择备份目的和操作"对话框。同样有两类备份目的可供选择：文件和备份设备。如果在"属性"栏中单击"追加到备份媒体"，将备份追加到备份设备上任何现有的备份中；如果单击"重写备份媒体"，将重写备份设备中任何现有的备份，如图 6-13 所示。

⑦ 选择备份设备后单击"下一步"按钮进入"备份验证和调度"对话框，如图 6-14 所示。

⑧ 单击"备份验证和调度"对话框"下一步"按钮后进入"正在完成创建数据库备份向导"对话框，单击"完成"按钮完成数据备份，如图 6-15 所示。

除了可以使用上述两种方式进行数据备份外还可以使用 T-SQL 语句实现数据备份。在 T-SQL 中，可以使用存储过程 sp_addumpdevice 创建备份设备，使用 backup 语句实现数据备份。

2．数据库的还原
数据库的还原步骤如下。

① 在 SQL Server 2000 企业管理器窗口中打开服务器组。展开数据库文件夹，鼠标右键单击要还原的数据库，指向"所有任务"子菜单，然后选择"还原数据库"命令，如图 6-16 所示。

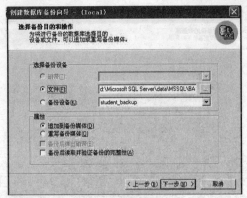

图 6-13　"选择备份目的和操作"对话框

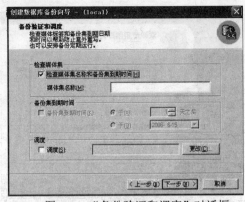

图 6-14　"备份验证和调度"对话框

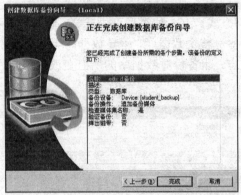

图 6-15　完成数据库备份

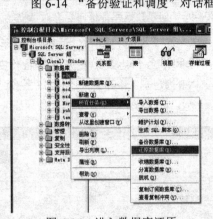

图 6-16　进入数据库还原

② 在"还原为数据库"文本框中，如果要还原的数据库名称与显示的默认数据库名称不同，可以在其中进行输入或选择。若要用新名称还原数据库，请输入新的数据库名称。然后选择"数据库"，在"要还原的第一个备份"列表中，选择要还原的备份集。在"还原"列表中，单击要还原的数据库备份，如图 6-17 所示。

③ 在单击"确定"按钮后，系统开始实现还原数据库操作，操作完毕后显示数据库恢复完成页面，如图 6-18 所示。

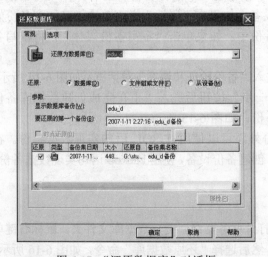

图 6-17　"还原数据库"对话框

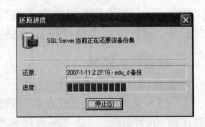

图 6-18　数据库还原

除在企业管理器中使用图形操作界面实现数据库还原外，还可以采用 T-SQL 中的 restore 语句实现数据库的还原。

6.3　并发控制📖

在数据库技术中，并发是指多个事务同时访问同一数据。与事务的并发执行相对的是事务的串行执行，即每个时刻只有一个事务运行，其他的事务只有在这个事务执行完毕后才能运行。各个不同的事务执行时需要的资源不同，如有的事务需要中央处理器，有的事务需要输入/输出操作，有的事务需要访问数据库，那么在事务串行执行时，就会存在许多系统资源空闲的情况。为了提高系统资源的利用率，数据库管理系统应该实现事务的并发控制。如果不对并发执行的事务进行控制，可能会带来一些问题。下面简要介绍这些不一致问题。

6.3.1　并发操作带来的不一致问题

存在 3 种并发操作带来的不一致问题：丢失修改（Lost Update）、不可重复读（Non-Repeatable Read）、读"脏"数据（Dirty Read）。

1．丢失修改

假设在售票系统中有如下操作序列：

① 甲售票点（甲事务）读出某车次的剩余车票张数 d，设 d=50；
② 乙售票点（乙事务）读出同一车次的剩余车票张数 d，同样为 50；
③ 甲售票点售出一张车票，修改剩余车票张数 d←d−1，所以 d 为 49，把 d 写回数据库；
④ 乙售票点也卖出一张车票，修改剩余车票张数 d←d−1，所以 d 为 49，把 d 写回数据库。

甲、乙两个售票点共卖出两张车票，而数据库中本车次剩余车票张数只减少 1，这样就丢失了甲事务对于数据 d 的修改，如图 6-19 表示。

2．不可重复读

不可重复读是指甲事务读取数据后，乙事务执行更新操作，使甲无法再现前一次读取结果。具体地讲，不可重复读包括 3 种情况。

① 甲事务读取某一数据后，乙事务对其做了修改，当甲事务再次读该数据时，得到与前一次不同的值，如图 6-20 所示。

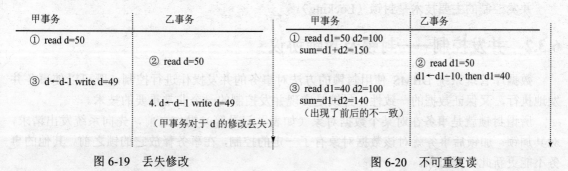

图 6-19　丢失修改　　　　　　　　　　　　图 6-20　不可重复读

② 甲事务按一定条件从数据库中读取了某些数据记录后，乙事务删除了其中部分记录，当甲事务再次按相同条件读取数据时，发现某些记录神秘地消失了。

③ 甲事务按一定条件从数据库中读取某些数据记录后，乙事务插入了一些记录，当甲

事务再次按相同条件读取数据时，发现多了一些记录。

3．读"脏"数据

在数据库技术中，"脏"数据是那些未提交但随后被撤销的数据。

假设售票系统中有如下操作序列：

① 甲售票点（甲事务）读出某车次的剩余车票张数 d，设 d=50；

② 甲售票点售出一张车票，修改剩余车票张数 d←d–1，所以 d 为 49，把 d 写回数据库。

③ 乙售票点（乙事务）读出同一车次的剩余车票张数 d 为 49；

④ 甲售票点有人退了一张车票，甲修改剩余车票张数 d←d+1，则 d 为 50，此时乙读出的 d 值即为"脏"数据。

读"脏"数据如图 6-21 所示。

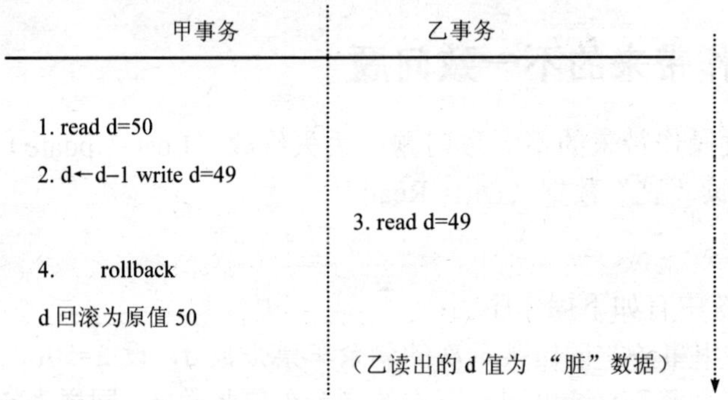

甲事务	乙事务
1. read d=50	
2. d←d–1 write d=49	
	3. read d=49
4.　　rollback d 回滚为原值 50	
	（乙读出的 d 值为 "脏" 数据）

图 6-21　读"脏"数据

产生以上 3 类数据不一致问题的主要原因是事务的并发操作破坏了它的隔离性。并发控制就是要用正确的方式调度并发操作，使每个事务的执行不受其他事务的干扰，从而避免造成数据的不一致。

在数据库管理阶段，数据库中的数据具有共享性，可能存在多个用户同时访问同一数据的情况，因此同一时刻并行运行的事务可能有很多。当多个用户并发地存取数据库时就会产生多个事务同时访问同一数据的现象，如果不对这些并发事务进行控制，多个事务之间可能相互干扰，导致数据不一致问题的发生。因此，数据库管理系统 DBMS 必须提供并发控制机制。并发控制机制是衡量一个数据库管理系统性能的重要标志之一。

并发控制的主要技术是封锁（Locking）。

6.3.2　并发控制——封锁及封锁协议

数据库管理系统 DBMS 使用封锁的方法对事务的并发操作进行控制，既可以使事务并发地执行，又保证数据的一致性。封锁是实现并发控制的一个非常重要的技术。

所谓封锁就是事务在对某个数据对象（如表、记录等）操作之前，先向系统发出请求，对其加锁。加锁后事务就对该数据对象有了一定的控制，在事务释放它的锁之前，其他的事务不能更新此数据对象。

有两种类型的锁：排他锁（Exclusive Locks，简记为 X 锁）和共享锁（Share Locks，简记为 S 锁）。

- 排他锁又称为写锁。若事务 T 对数据对象 d 加上排他锁，则 T 既可读 d 又可写 d。
- 共享锁又称为读锁。若事务 T 对数据对象 d 加上共享锁，则事务 T 可以读 d，但不能写 d。

要求每个事务都要根据即将要对数据对象 d 进行的操作类型申请适当的锁，事务对于数据对象 d 加锁的请求发送给并发控制管理器，由并发控制管理器来决定是否授予其所申请的锁，只有并发控制管理器授予事务申请的锁之后它才可继续对数据对象 d 进行操作。

在使用排他锁（X 锁）和共享锁（S 锁）对数据对象加锁时需要遵从一定的规则，这些规则称为封锁协议。这些封锁协议规定了何时加锁、何时解锁及加什么锁等。比较有代表性的三级封锁协议可以从不同程度上解决因事务并发操作造成的不一致问题：丢失修改、不可重复读、读"脏"数据。三级封锁协议的主要区别在于对什么数据对象加锁、何时加锁及何时释放锁。通过三级封锁协议可以防止上述几种因事务并发操作而引起的问题，实现事务的并发控制，有兴趣的读者可以参考其他书籍了解三级封锁协议及其原理。

6.4　数据库的完整性

6.4.1　数据库的完整性介绍

数据库的完整性是指数据的正确性和相容性。数据的正确性是指数据的合法性和有效性。例如，学生的年龄只能是数字而不是字母，并且为正整数值；学生选修的专业必须是所在学校已有的专业；学生选修的课程必须是学校已开的课程。数据的相容性是指表示同一含义的数据虽在不同位置但值应相同。例如，一个学生的出生日期在不同表中的取值应相同，如果不相同，就表示数据不相容。

保证数据库的完整性是为了保证数据库中存储的数据的正确性。数据库是否具备完整性关系到数据库系统能否真实地反映现实世界，因此保证数据库的完整性是非常重要的。

为保证数据库的完整性，数据库管理系统 DBMS 必须提供一种机制来检查数据库中的数据的正确性，即检查数据是否满足语义的条件，以防止数据库中存在不符合语义的数据，避免错误数据的输入和输出。这种机制称为完整性检查。这些加在数据库数据之上的语义约束条件称为数据库完整性约束条件，它们作为模式的一部分存入数据库。

完整性检查是以完整性约束条件作为依据的，所以完整性约束条件是完整性控制机制的核心。完整性约束条件实际上是由数据库管理员 DBA 或应用程序员事先规定好的有关数据约束的一组规则。每个完整性约束条件应包含三部分内容：

- 什么时候使用约束条件进行完整性检查；
- 要检查什么样的问题或错误；
- 如果检查出错误，系统应该怎样处理。

6.4.2　SQL 中的完整性约束

SQL 把完整性约束分成 3 种类型：实体完整性约束、参照完整性约束、用户自定义的完整性约束。

下面简要介绍这 3 种完整性约束类型。

1. 实体完整性约束

实体完整性要求表中所有元组都应该有一个唯一的标识，即关键字。可以通过定义候选码来实现实体完整性约束。

候选码定义格式如下：

　　　　UNIQUE(<列名序列>)　或　PRIMARY KEY(<列名序列>)

其中，使用 UNIQUE(<列名序列>)方式定义的表的候选码，只表示了所定义列值的唯一性，要定义值非空，需要在列定义时加上关键字 NOT NULL；使用 PRIMARY KEY(<列名序列>)方式，定义了表的主键。当某一列被定义为表的主键后，此列取值是唯一的，并且是非空的。一个表只能有一个主键。

【例 6-3】 定义学生基本表 STU_INFO，设定学号 XH 列为主键。

语句如下：

```
CREATE TABLE STU_INFO
(XH VARCHAR(15)
XM VARCHAR(24)
CSRP   VARCHAR(8)
PRIMARY KEY(XH) )
```

2．参照完整性约束

通过参照完整性约束可以实现参照表中的主键与被参照表中的外键之间的相容关系。在建立表时，通过创建外键可以实现参照完整性约束。

外键定义格式如下：

```
FOREIGN KEY(<列名序列 1>)
        REFERENCES<参照表>[(<列名序列 2>)]
            [ON DELETE <参照动作>]
            [ON UPDATE <参照动作>]
```

其中，列名序列 1 是外键，列名序列 2 是参照表的主键或候选码。

设定作为主键的基本表为参照表，而作为外键的基本表为被参照表。

参照动作有下列 5 种形式：NOT ACTION、CASCADE、RESTRICT、SET NULL 和 SET DEFAULT。默认参照动作为 NOT ACTION。

对参照表删除元组操作和修改主键值的操作将影响到被参照表，设定不同的参照动作会对这种影响做出不同的选择。

（1）修改参照表中主键值

如果要修改参照表的某个主键值时，那么对被参照表的影响将由参照动作决定。

* NOT ACTION：对被参照表没有影响。
* CASCADE：将被参照表与参照表中要修改的主键值对应的所有外键值一起修改。
* RESTRICT：只有当被参照表中没有外键值与参照表中要修改的主键值相对应时，系统才能修改参照表中主键值，否则拒绝此修改操作。
* SET NULL：修改参照表中主键值时，将被参照表中所有与这个主键值相对应的外键值设为空。
* SET DEFAULT：将被参照表中所有与这个主键值相对应的外键值设为预先定义好的默认值。

要采用哪一种参照动作，应根据不同要求做不同的选择，视具体情况而定。

（2）删除参照表中元组

如果要删除参照表的某个元组，那么对被参照表的影响将由参照动作决定。

- NO ACTION：对被参照表没有影响。
- CASCADE：将被参照表外键值与参照表要删除的主键值相对应的所有元组一起删除。
- RESTRICT：只有当被参照表中没有一个外键值与要删除的参照表中主键值相对应时，系统才能执行删除操作，否则拒绝此删除操作。
- SET NULL：删除参照表中元组时，将被参照表中所有与参照表中被删主键值相对应的外键值均设为空。
- SET DEFAULT：将被参照表中所有与参照表中被删主键值相对应的外键值均设为预先定义好的默认值。

要采用哪一种参照动作，应根据不同要求做不同的选择，视具体情况而定。

【例 6-4】　定义选课基本表 XK，表中含有 XH（学号）列、KCH（课程号）列和 KSCJ（成绩）列，其中主键为（XH、KCH），分别以学生表 STU_INFO 的 XH 列和课程表 GCOURSE 的 KCH 列作为参照。

语句如下：

```
CREATE TABLE XK
(XH VARCHAR(12)
KCH VARCHAR(9)
KSCJ   INT
PRIMARY KEY(XH,KCH)
FOREIGN KEY (XH) REFERENCES STU_INFO(XH)
FOREIGN KEY (KCH) REFERENCES GCOURSE(KCH)
    ON UPDATE CASCADE ON DELETE NO ACTION)
```

3．用户自定义的完整性约束

数据库系统根据实际应用环境的要求，往往需要添加一些特殊的约束条件，如规定学生的年龄只能为 0～30，学生的成绩只能为 0～100。用户自定义的完整性就是针对某一应用的约束条件，反映了具体应用中对于数据要满足的语义要求。

用户可以使用 CHECK 实现自定义约束。例如，在例 6-4 中，添加一个约束条件，规定表中的 kscj（成绩）列的取值只能为 0～100，则可以在创建基本表 xk 时添加如下语句：

```
check (kscj between 0 and 100)
```

6.4.3　SQL Server 2000 中完整性约束的实现

在 SQL Server 2000 中按照约束的范围可以分为列约束或表约束两种。列约束被指定为列定义的一部分，并且仅适用于此列。表约束的声明与列的定义无关，可以适用于表中一个以上的列。当一个约束中必须包含一个以上的列时，必须使用表约束。

例如，下列语句中实现的约束即为列约束：

```
CREATE TABLE STU_INFO
   (XH CHAR(15) PRIMARY KEY
   XM CHAR(24)
   CSRQ   VARCHAR(8))
```

而下列语句实现的约束即为表约束：

```
CREATE TABLE XK
  (XH    VARCHAR(12)
  KCH VARCHAR(9)
  KSCJ INT
  PRIMARY KEY(XH,KCH) )
```

SQL Server 2000 支持 6 类约束，这 6 类约束分别是默认值约束、空值约束、CHECK 约束、唯一性约束、主键约束和外键约束。

1. 空值约束

空值约束有两个取值：NULL 和 NOT NULL。NOT NULL 指定不接受 NULL 值的列，默认情况下取值为空（NULL），即在没有指定某一列为非空（NOT NULL）的情况下，该列取值允许为空。

在 SQL Server 2000 中有两种方式实现空值约束。

第 1 种方式是在使用 SQL 语言中创建表时实现。例如：

```
CREATE TABLE STU_INFO
(XH VARCHAR(15) NOT NULL
XM VARCHAR(24) NOT NULL
CSRQ VARCHAR(8) )
```

第 2 种方式是在企业管理器中实现，见第 3 章。

2. CHECK 约束

CHECK 约束对可以插入或修改后的列中的值进行限制。

CHECK 约束指定应用于列中输入的所有值的条件，拒绝所有不符合条件的值。可以为每列指定多个 CHECK 约束。下面的语句是在查询分析器中创建一个名为 chk_age 的约束，该约束规定 sage（年龄）列的取值范围为 15～30。

```
create table stu_info
(xh varchar(15) PRIMARY KEY
 xm varchar(24)
 sage int
 csrq varchar(8)
 CONSTRAINT chk_age CHECK (sage between 15 and 30))
```

其中，CONSTRAINT 将此 CHECK 约束命名为 chk_age，"CONSTRAINT chk_age"可以省略。

在企业管理器中也可以创建 CHECK 约束，在第 3 章已做叙述。

3. 唯一性约束

唯一性约束使用关键字 UNIQUE 实现，实现此约束的列要求取值在表中具有唯一性。对于 UNIQUE 约束中的列，表中不允许有两行包含相同的非空值。主键也强制执行唯一性，但主键不允许空值。

UNIQUE 约束实现与空值约束实现类似。

4. 主键约束

主键约束使用关键字 PRIMARY KEY 实现。PRIMARY KEY 约束标识列或列组，这些列或列组的值唯一标识表中的行。

在一个表中，不能有两行包含相同的主键值。不能在主键内的任何列中输入 NULL 值。在数据库中，NULL 是特殊值，代表不同于空白和 0 值的未知值。

一个表中可以有一个以上的列组合，这些组合能唯一标识表中的行，每个组合就是一个候选键。数据库管理员从候选键中选择一个作为主键。例如，假设在没有学生同名的情况下，在学生表 stu_info 中，学号 xh 和姓名 xm 都可以是候选键，但是只将学号 xh 选作主键。

```
create table stu_info
(xh varchar(15) PRIMARY KEY
 xm varchar(24)
 csrq varchar(8))
```

在企业管理器的新建表向导创建基本表的过程中，可以用鼠标右键单击要创建为主键的列，在下拉菜单中选择设置主键选项即可。

5．外键约束

外键约束通过关键字 FOREIGN KEY 实现。FOREIGN KEY 约束标识表之间的关系。

使用 SQL 语句实现外键约束事例可参见例 6-4。也可以在企业管理器中实现外键约束详见第 3 章。

如果一个外键值没有候选键，则不能插入带该值（NULL 除外）的行。如果尝试删除现有外键指向的行，ON DELETE 子句将控制所采取的操作。ON DELETE 子句有两个选项：

① NO ACTION 指定删除因错误而失败；

② CASCADE 指定还将删除包含指向已删除行的外键的所有行。

如果尝试更新现有外键指向的候选键值，ON UPDATE 子句将定义所采取的操作，它也支持 NO ACTION 和 CASCADE 选项。

6.5　数据库的安全性📖

6.5.1　计算机系统的安全性问题

数据库系统是运行在计算机系统之上的，因此要保证数据库系统的安全性首先要保证计算机系统的安全性。数据库的安全性是指保护数据库以防止不合法用户的使用而造成的数据泄漏、更改或破坏。安全性问题不是数据库系统所独有的，所有计算机系统都有安全性问题。数据库的安全性和计算机系统的安全性，包括操作系统、网络系统的安全性，是紧密联系、息息相关的。

计算机系统安全性，是指为计算机系统建立和采取的各种安全保护措施，以保护计算机系统中的硬件、软件及数据，防止因偶然或恶意的原因使系统遭到破坏，以及数据遭到更改或泄漏等。

计算机安全不仅涉及计算机系统本身的技术问题和管理问题，还涉及法学、犯罪学、心理学等问题，其内容包括了计算机安全理论与策略、计算机安全技术、安全管理、安全评价、安全产品，以及计算机犯罪与侦察、计算机安全法律、安全监察等。因此计算机的安全性是一个跨学科的问题，有兴趣的读者可以参考其他相关文献。下面主要介绍数据库的安全性问题。

6.5.2　权限

1. 权限

所谓权限是指用户（或应用程序）使用数据库的方式。

在 DBS 中，对于数据操作的权限有以下几种。

① 读（Read）权限：允许用户读数据，但不得修改数据。

② 插入（Insert）权限：允许用户插入新的数据，但不得修改数据。

③ 修改（Update）权限：允许用户修改数据，但不得删除数据。

④ 删除（Delete）权限：允许用户删除数据。

另外，系统还提供给用户（或应用程序）修改数据库模式的操作权限，主要有下列几种。

① 索引（Index）权限：允许用户创建和删除索引。

② 资源（Resource）权限：允许用户创建新的关系。

③ 修改（Alteration）权限：允许用户在关系结构中加入或删除属性。

④ 撤销（Drop）权限：允许用户撤销关系。

2. 权限的授予与回收

用户的权限是由系统管理员 DBA 授予的，同时允许用户将已获得的权限转授给其他用户，也允许把已授给其他用户的权限回收，但前提条件是 DBA 在授予该用户权限时赋予其转授（即传递权限）的能力。DBA 使用 SQL 的 GRANT 和 REVOKE 语句实现权限的授予与回收。具体的语句格式在接下来自主存取控制部分讲解。

6.5.3　数据库的安全性控制

数据库的安全性控制措施主要有以下几种。

1. 用户标识与鉴别

用户标识和鉴别是数据库系统提供的最外层安全保护措施，由数据库系统按一定的方式赋予用户标识自己的名字及权限。当用户要求进入系统时，系统对其身份进行验证，通过验证的用户才可进入系统，提供用户名和口令是比较常用的方式。

2. 存取控制

数据库安全最重要的一点就是确保合法的用户访问数据库，防止未被授权的非法人员接近数据库，这主要是通过数据库系统的存取控制机制实现的。

存取控制机制主要包括两部分：

- 定义用户权限，并将用户权限登记到数据字典中；
- 合法权限验证，当用户发出对于数据库的操作请求后，数据库管理系统查找数据字典，根据安全规则进行合法权限的验证，若用户的操作请求超出了事先定义的权限，系统将拒绝此操作请求。

用户权限定义和合法权限检查机制一起组成了 DBMS 的安全子系统。

存取控制又可以分为两种方式：自主存取控制和强制存取控制。

在自主存取控制中，用户对于不同的数据对象有不同的存取权限，不同的用户对同一对象也有不同的权限，而且用户还可将其拥有的存取权限转授给其他用户。

在强制存取控制中，每一个数据对象被标以一定的密级，每一个用户也被授予某一个级别的许可证。对于任意一个对象，只有具有合法许可证的用户才可以存取。

（1）自主存取控制

大型数据库管理系统大多支持自主存取控制。现在，标准 SQL 也对自主存取控制提供支持，主要通过 SQL 的 GRANT 语句和 REVOKE 语句来实现。

用户权限是由数据对象和操作类型两个要素组成。定义一个用户的存取权限就是要定义这个用户可以在哪些数据对象上进行哪些类型的操作。在数据库系统中，定义存取权限称为授权。

GRANT 语句用来授予用户权限，格式如下：

GRANT <权限列表> ON <数据对象> TO <用户列表> [WITH GRANT OPTION]

其中，权限列表中包含了授予用户的权限，如 select、insert、delete、update 权限。数据对象即用户得到权限后可以操作的对象，如表、属性列、视图等。用户列表中包含了被授予权限的用户名。

【例 6-5】　授予李平、王洪对于 STU_INFO 表的 SELECT 和 INSERT 权限，语句如下：

GRANT SELECT, INSERT ON STU_INFO TO 李平,王洪

在默认状态下，被授予权限者不允许将该权限授予其他用户。例如，上述语句中李平和王洪就不能将他们被授予的 SELECT 和 INSERT 权限授予其他用户。如果允许被授权者将权限传递给其他用户，则需要将 WITH GRANT OPTION 添加上去，即：

GRANT SELECT, INSERT ON STU_INFO TO 李平,王洪　WITH GRANT OPTION

UPDATE 授权既可以在关系表的所有属性列上进行，又可以只在某几个属性列上进行。

【例 6-6】　授予李平 STU_INFO 表中 xm 列的 UPDATE 权限，语句如下：

GRANT UPDATE(XM) ON STU_INFO TO 李平

权限不仅可以授予也可以收回，可通过 REVOKE 语句收回用户权限，格式如下：

REVOKE <权限列表> ON <数据对象> FROM <用户列表>

【例 6-7】　收回李平和王洪对于 STU_INFO 表 INSERT 权限，语句如下：

REVOKE INSERT ON STU_INFO FROM 李平,王洪

【例 6-8】　收回李平对于 STU_INFO 表中 XM 列的 UPDATE 权限，语句如下：

REVOKE UPDATE(XM) ON STU_INFO FROM 李平

用户权限定义中数据对象范围越小授权子系统就越灵活。例如，上面的授权定义可精细到字段级，而有的系统只能对关系授权。授权越精细，授权子系统就越灵活，但系统定义与检查权限的开销也会相应地增大。

自主存取控制能够通过授权机制有效地控制其他用户对有安全要求的数据存取，但是由于用户对数据的存取权限是自主的，用户可以自由地决定将数据的存取权限授予何人，或决定是否也将授权的权限授予别人。在这种授权机制下，仍可能存在数据的"无意泄漏"。

（2）强制存取控制

强制存取控制是指系统为保证很高程度的安全性，按照一定的标准所采取的强制存取检查方式。这种控制方式对于用户来说是透明的，用户不能直接感知或进行控制。强制存取控制适用于那些对数据安全有严格要求的部门，如军事部门、政府部门及金融部门。

在强制存取控制中，DBMS 所管理的全部对象分为主体和客体两类。主体是系统中的活动对象，包括 DBMS 所管理的实际用户，以及用户执行的各个进程。客体是系统中受主体操纵的被动对象，包括文件、基本表、索引、视图等。

DBMS 为每个客体分配一个密级。密级包括若干个级别，按级别从高到底有绝密、机密、秘密、公开等。主体也被赋予相应的级别，称为许可证级别。密级和许可证级别是有严格顺序的，如绝密→机密→秘密→公开。

在进行强制存取检查时采用两条简单的规则：① 主体只能查询比他级别低或者同级的客体；② 主体只能修改和他级别相同的客体。

强制存取控制机制就是通过比较主体的许可证级别和客体的密级，最终确定主体是否能够访问客体。

3．视图机制

视图是从一个或若干个基本表中导出的虚拟表。视图中数据并非是实际存在的，在创建视图时仅保存视图的定义，视图本身没有数据，并不占有存储空间，视图在创建后，用户可以像对基本表一样对视图进行查询操作，但对于视图的更新操作有一定的限制，因为对于视图的操作实际上是对于基本表的操作。

可以为不同的用户定义不同的视图，用户只能使用视图中的数据，而不能访问视图之外的数据，也就是说，通过视图机制把要保密的数据对无权存取的用户隐藏起来，从而自动地对数据提供一定程度的安全保护，保证了数据的安全性。

4．数据加密

对于安全性要求很高的数据，如财务数据、军事数据、国家机密，除了可以采用上述几种安全性措施外，还需要采用数据加密技术，用于数据加密的基本思想是根据一定的加密算法将原始数据（可称为明文）变换为不可被直接识别的格式（可称为密文），从而即使密文被非法用户窃取，但因不知道解密算法而无法获知数据内容。

下面介绍两种常用的数据加密方法：一种是替换方法，该方法使用密钥（Encryption Key）将明文中的每一个字符转换为密文中的一个字符；另一种是置换方法，该方法仅将明文的字符按不同的顺序重新排列。单独使用这两种方法的任意一种都是不够安全的。但是将这两种方法结合起来可以获得相当高的安全程度。除了上述两种普通的加密算法外，还有一种称为明键加密的算法，这种加密算法安全性要高于前两种算法。明键加密法有两个键，分别为加密键和解密键，可以公开加密算法和加密键，但解密键是保密的，即使使用这种加密算法进行加密的人在不知道解密键的情况下也很难解密。对于加密的研究涉及很多领域，有兴趣的读者可以参考其他书籍。

6.5.4　SQL Server 2000 中系统安全性的实现

数据的安全性是数据库服务器必需实现的重要特性之一。SQL Server 2000 提供了比较复杂的安全性措施以保证数据库的安全。其安全性管理主要体现在以下两个方面。

① 用户登录身份验证：当用户要登录到数据库服务器时，系统对于用户的合法性进行验证，防止不合法的用户访问数据库服务器。

② 用户数据操作权限控制：每个用户对于数据库中数据的操作都有一定的权限，用户只能在被赋予权限的范围内进行操作，不得有任何超越权限的行为。

1．SQL Server 2000 身份验证模式

SQL Server 2000 提供两种身份验证模式：Windows 身份验证模式和混合验证模式（Windows 身份验证模式和 SQL Server 身份验证模式的混合）。

如果采用 Windows 身份验证模式，则当用户登录 Windows 系统时进行身份验证，登录 SQL Server 时不再进行身份验证。在 SQL Server 身份验证模式下，SQL Server 数据库服务器要对登录用户的身份进行验证。当采用混合模式时，SQL Server 数据库服务器既允许 Windows 用户登录，又允许 SQL Server 用户登录。

（1）要设置某一个 SQL Server 数据库服务器的身份验证模式步骤

① 在企业管理器 SQL Server Enterprise Manager 下展开服务器组，鼠标右键单击要设置的数据库服务器，在下拉菜单中选择"属性"选项，如图 6-22 所示。

② 在显示的"SQL Server 属性（配置）"对话框中选择"安全性"选项卡，在此选项卡的上部可以实现登录身份验证模式选择，如图 6-23 所示。

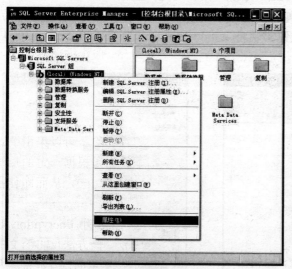
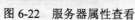
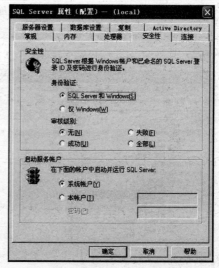

图 6-22　服务器属性查看　　　　　　　　　图 6-23　"SQL Server 属性（配置）"对话框

（2）通过企业管理器建立 Windows 验证模式登录账号的步骤

① 创建 Windows 系统的账号。以管理员身份登录 Windows XP，依次选择"开始"→"设置"→"控制面板"→"管理工具"→"计算机管理"，在计算机管理窗口中展开"本地用户和组"，右击"用户"选项，在下拉菜单中选择"新用户"，如图 6-24 所示。

② 在显示的"新用户"对话框中输入用户名、密码和确认密码后，单击"创建"按钮，一个系统账号创建完毕。重复上面过程可以继续创建用户，如果不再创建可单击"关闭"按钮，如图 6-25 所示。

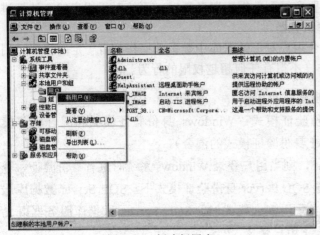

图 6-24　创建新用户　　　　　　　　　　　图 6-25　"新用户"对话框

③ 以管理员用户身份登录 SQL Server 2000 的企业管理器，展开服务器组，选择要操作的服务器，展开"安全性"，鼠标右键单击"登录"，在下拉菜单中选择"新建登录"，如图 6-26 所示。

④ 在新建登录页面中，打开"常规"选项卡，单击"名称"文本框右侧的选择图标，在弹出的用户列表中选择用户名后依次单击"添加"→"确定"按钮，将用户名添加到"名称"右侧的文本框中。在"身份验证"属性中选择"Windows 身份验证"，在"安全性访问"选择"允许访问"，然后单击"确定"按钮实现将 Windows 账号添加到 SQL Server 2000 中，如图 6-27 所示。

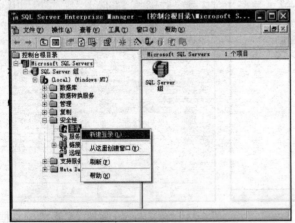

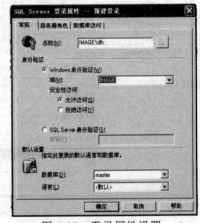

图 6-26　新建登录向导　　　　　　　　　　图 6-27　登录属性设置

（3）在混合模式下创建 SQL Server 登录账号

在 Windows XP 或 Windows 2003 系统中，如果要使用 SQL Server 账号登录 SQL Server 2000 应将 SQL Server 2000 数据库服务器的验证模式设置为混合模式。在设置为混合模式后，创建 SQL Server 登录账号步骤如下。

① 在企业管理器中选择要设置的数据库服务器，展开"安全性"，鼠标右键单击"登录"选项，在下拉菜单中单击"新建登录"。

② 在弹出的新建登录页面中，输入用户名称，选择验证方式为"SQL Server 身份验证"，输入密码和确认新密码，两次单击"确定"按钮，一个 SQL Server 登录账号即创建完毕。

不仅可以在企业管理器下创建 SQL Server 登录账号，SQL Server 还提供了系统存储过程 sp_addlogin 创建 SQL Server 登录账号，以及系统存储过程 sp_droplogin 来删除 SQL Server 登录账号。

2. 用户数据操作权限控制

在 SQL Server 2000 中，通过角色概念将用户分成不同的类，每一个角色代表不同的操作权限，每一类用户根据其扮演角色的不同可以实现不同的数据操作权限。角色按操作级别的不同可以分为服务器角色和数据库角色，服务器角色是独立于各个数据库的，而数据库角色是定义在数据库级别上的，每一个数据库角色可以进行特定数据库的管理及操作。用户可以根据实际的需要创建用户自定义数据库角色。

（1）服务器角色

SQL Server 2000 提供了服务器角色，如表 6-3 所示。

表 6-3　SQL Server 2000 内置服务器角色表

服务器角色	描　　述
sysadmin	可以在 SQL Server 中执行任何活动
serveradmin	可以设置服务器范围的配置选项，关闭服务器
setupadmin	可以管理链接服务器和启动过程
securityadmin	可以管理登录和 CREATE DATABASE 权限，还可以读取错误日志和更改密码
processadmin	可以管理在 SQL Server 中运行的进程
dbcreator	可以创建、更改和除去数据库
diskadmin	可以管理磁盘文件
bulkadmin	可以执行 BULK INSERT 语句

可以使用系统存储过程 sp_addsrvrolemember 将一个用户添加为某一服务器角色成员，使用系统存储过程 sp_dropsrvvrolemember 删除服务器角色成员。也可以在企业管理器下实现这一操作。

在企业管理器下将一个用户添加为服务器角色成员的步骤如下：

① 在企业管理器下，以系统管理员的身份登录数据库服务器，选择某一登录账号后单击鼠标右键，在下拉菜单中单击"属性"选项。

② 在"登录属性"对话框中展开"服务器角色"选项卡，如图 6-28 所示，在"服务器角色"列表栏中列出了所有的 SQL Server 提供的服务器角色，可以通过选择各个服务器角色前的复选框来为用户设置其可扮演的服务器角色。删除服务器角色成员的步骤与此相反。

（2）数据库角色

每个数据库都有一系列固定数据库角色。虽然每个数据库中都存在名称相同的角色，但各个角色的作用域只是在特定的数据库内。例如，如果数据库 db1 和数据库 db2 中都有名称为 dlh 的用户，将数据库 db1 中的 dlh 添加到数据库 db1 的 db_owner 数据库角色中，对数据库 db2 中的 dlh 是否是数据库 db2 的 db_owner 角色成员没有任何影响。

SQL Server 2000 提供了数据库角色，如表 6-4 所示。

在企业管理器下将一个用户添加为数据库角色成员步骤如下：

① 在企业管理器下展开要设置用户权限的数据库，单击"用户"选项，在右侧的用户栏中用鼠标右键单击要设置的用户名称，在下拉菜单中单击"属性"选项。

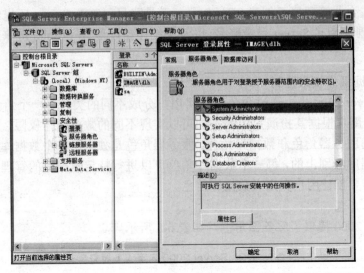

图 6-28 服务器角色

表 6-4 SQL Server 2000 内置数据库角色表

数据库角色	描述
db_owner	在数据库中有全部权限
db_accessadmin	可以添加或删除用户 ID
db_securityadmin	可以管理全部权限、对象所有权、角色和角色成员资格
db_ddladmin	可以发出 ALL DDL，但不能发出 GRANT、REVOKE 语句和 DENY 语句
db_backupoperator	可以发出 DBCC、CHECKPOINT 语句和 BACKUP 语句
db_datareader	可以选择数据库内任何用户表中的所有数据
db_datawriter	可以更改数据库内任何用户表中的所有数据
db_denydatareader	不能选择数据库内任何用户表中的任何数据
db_denydatawriter	不能更改数据库内任何用户表中的任何数据
public	建立用户后其所具有的默认的角色

图 6-29 数据库角色设置

② 在弹出的"数据库用户属性"对话框中进行用户数据库角色的选择，如图 6-29 所示。将要设置的数据库角色前面的复选框选中，则将此用户添加为此数据库角色成员，用户将具有此数据库角色所代表的数据操作权限。

（3）数据库用户的操作权限

在 SQL Server 2000 中为首次创建的数据库用户默认的设置数据库角色为 public，该用户并没有实际的数据操作权限，需要重新设置其数据操作权限。

在 SQL Server 2000 中，用户对数据库表的操作权限及对于存储过程的执行的权限见表 6-5。

表 6-5　数据库表操作权限及存储过程执行权限表

操作权限名称	描　述
Select	对表和视图具有执行 Select 的权限
Insert	对表和视图具有执行 Insert 的权限
Update	对表和视图具有执行 Update 的权限
Delete	对表和视图具有执行 Delete 的权限
Execute	具有执行存储过程的权限

在 SQL Server 2000 中，用户对于数据库表中字段的操作权限主要两种，如表 6-6 所示。

表 6-6　表字段操作权限表

表字段操作权限名称	描　述
Select	对表字段具有查询操作的权限
Update	对表字段具有更新操作的权限

在 SQL Server 2000 企业管理器下设置用户操作权限的步骤如下：

① 在企业管理器下，在用户列表栏中用鼠标右键单击一用户，在下拉菜单中单击"属性"选项，进入"数据库用户属性"对话框，如图 6-30 所示。

② 单击用户登录名右侧的"权限"按钮，在弹出的对话框中为该用户设置数据库表操作权限及存储过程的执行权限，如图 6-31 所示。

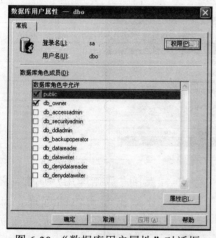

图 6-30　"数据库用户属性"对话框

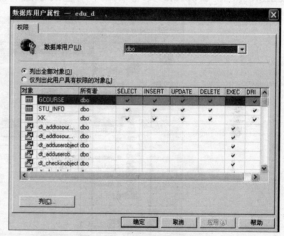

图 6-31　用户权限设置

③ 如果要设置对于某表字段的操作权限，可单击图 6-31 左下侧的"列"按钮，进入"列权限"对话框，在此对话框中实现表字段操作权限的设置，如图 6-32 所示。

如果多个用户具有相同的数据库操作权限，为每个用户单独设置其操作权限则稍显麻烦，此时可以考虑创建用户自定义数据库角色，为此角色分配一组权限，并将这些用户设置为该用户自定义角色成员。

在企业管理器下创建用户自定义数据库角色步骤如下：

① 展开服务器下要创建角色的数据库，右击"角色"选项，在下拉菜单中单击"新建数据库角色"选项，如图 6-33 所示。

② 在弹出的"新建角色"对话框中输入角色名称，并单击"确定"按钮。一个用户自定义数据库角色创建成功，但此时并没有为该角色赋予数据操作权限。

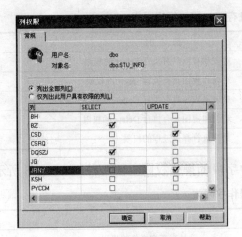

图 6-32　表字段权限设置

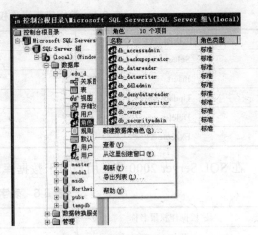

图 6-33　新建数据库角色

③ 在"角色"列表栏中用鼠标右键单击刚建立的数据库角色，在下拉菜单中单击"属性"按钮，在弹出的"数据库角色属性"对话框中单击右上部的"权限"按钮，为角色配置数据访问权限，如图 6-34 所示。

用户自定义数据库角色创建成功后，可以像使用 SQL Server 内置的数据库角色一样将用户设置为用户自定义的数据库角色成员。另外，SQL Server 2000 提供系统存储过程 sp_addrole 和 sp_droprole 实现数据库角色的创建和删除。

图 6-34　数据库角色权限设置

本 章 小 结

当数据库系统运行时，数据库管理系统需要对数据库进行管理，有时也可称作数据库的保护。事务是数据库系统运行的最小单位，对数据库进行的所有操作，都是以事务执行的形式实现的。数据库管理系统需要对事务进行相应的管理，以实现对于数据库系统的保护。数据库管理系统对于数据库系统的保护主要包含以下 4 方面的内容：数据库的恢复、并发控制、完整性控制及安全性控制。

　　数据库管理系统只有保证事务的原子性、一致性、隔离性和持续性，才能保证数据库处于一致性状态。一个好的数据库管理系统应该能够把数据库从不正确的状态（因出现故障）恢复到最近一个正确的状态。

　　在数据库技术中，并发是指多个事务同时访问同一数据。如果不对并发执行的事务进行控制，可能会带来一些问题。数据库管理系统使用封锁方法对事务并发操作进行控制，既可以使事务并发地执行又保证数据的一致性。封锁是实现并发控制的一个非常重要的技术。

　　数据库的完整性是指数据的正确性和相容性。为保证数据库的完整性，数据库管理系统必须提供完整性检查机制来保证数据库中数据的正确性。完整性检查是以完整性约束条件作为根据的，完整性约束条件是完整性控制机制的核心。

　　数据库的安全性是指保护数据库以防止不合法用户的使用而造成的数据泄漏、更改或破坏。可以采用设置用户权限、存取控制、数据加密等措施提高数据库的安全性。

习　题　6

6.1　选择题

1. 一个事务中的各个操作要么全做，要么全不做，这体现了事务的（　　）。

　　A. 原子性　　　　　　B. 一致性　　　　　　C. 隔离性　　　　　　D. 持续性

2. 恢复机制的关键问题是建立冗余数据，最常用的技术是（　　）。

　　A. 数据镜像　　　　B. 数据转储　　　　C. 登录日志文件　　　　D. B 和 C

3. 下列 SQL 语句中，能够实现回收用户 U1 对学生表 STU 中学号 SNAME 的修改权限的语句是（　　）。

　　A. REVOKE　UPDATE(SNAME)　ON　TABLE　FROM　U1

　　B. REVOKE　UPDATE(SNAME)　ON　TABLE　FROM　PUBLIC

　　C. REVOKE　UPDATE(SNAME)　ON　STU　FROM　PUBLIC

　　D. REVOKE　UPDATE(SNAME)　ON　STU　FROM　U1

4. 下列 SQL 语句中，能够实现授予用户 U2 对学生表 STU 查询权限并允许转授（将此权限授予其他人）的语句是（　　）。

　　A. GRANT　SELECT　TO　STU　ON　U2　WITH　PUBLIC

　　B. GRANT　SELECT　ON　STU　TO　U2　WITH　PUBLIC

　　C. GRANT　SELECT　TO　STU　ON　U2　WITH　GRANT　OPTION

　　D. GRANT　SELECT　ON　STU　TO　U2　WITH　GRANT　OPTION

5. 下列 SQL 语句中，能够实现实体完整性控制的语句是（　　）。

　　A. FOREIGN　KEY　　　　　　　　B. PRIMARY　KEY

　　C. REFERENCES　　　　　　　　　D. FOREIGN　KEY 和 REFERENCES

6. 下列 SQL 语句中，能够实现参照完整性控制的语句是（　　）。

　　A. FOREIGN　KEY　　　　　　　　B. PRIMARY　KEY

　　C. REFERENCES　　　　　　　　　D. FOREIGN　KEY 和 KEY REFERENCES

7. 下列 SQL 语句中，（　　）是关于用户自定义完整性约束的语句。

　　A. NOT　NULL

　　B. UNIQUE

　　C. NOT　NULL、UNIQUE 及 CHECK

D．NOT　NULL 和 UNIQUE

6.2　填空题

1．事务的性质有＿＿＿＿＿＿＿、＿＿＿＿＿＿＿、＿＿＿＿＿＿＿、＿＿＿＿＿＿＿，上述 4 个性质统称为事务的＿＿＿＿＿＿＿性质。

2．在数据库系统中，系统故障又可称为＿＿＿＿＿＿＿，介质故障又可称为＿＿＿＿＿＿。

3．数据库恢复时，可定期对数据库进行复制和转储，其中转储可分为＿＿＿＿＿＿转储和 ＿＿＿＿＿＿转储。

4．数据库的并发操作通常会带来＿＿＿＿＿＿、＿＿＿＿＿＿、＿＿＿＿＿＿ 3 类问题。

5．存取控制可分为两种方式：＿＿＿＿＿＿和＿＿＿＿＿＿。

6．SQL 中把完整性约束分成 3 种类型，分别是＿＿＿＿＿＿、＿＿＿＿＿＿、＿＿＿＿＿＿。

6.3　简答题

1．解释下列名词含义：事务、数据库的可恢复性、X 锁、S 锁、数据库的安全性、授权。

2．简述什么是事务的 ACID 特性，并对于事务的每一种特性做出解释。

3．在定义事务时，用到的 COMMIT 和 ROLLBACK 主要完成哪种功能？

4．数据库可能出现的故障有哪几种？并分别解释。

5．数据库出现不同的故障后，数据库的应对策略有哪些？

6．数据库的并发操作会带来哪些问题？

7．什么是封锁？

8．在使用封锁机制实现事务的并发控制时会使用到两种类型的锁：排他锁和共享锁，这两种类型的锁有哪些区别？

9．什么是数据库的完整性？

10．数据库的完整性和数据库的安全性有什么区别和联系？

11．如何实现数据库的完整性控制？

12．什么是"权限"？用户有哪些访问数据库的权限？

13．简要描述权限的转授和回收。

14．计算机的安全性问题有哪些？

15．什么是数据库安全性？可以采取哪些安全措施保证数据库的安全性？

16．SQL 中使用哪些语句实现权限的授予和回收？

17．数据加密的基本思想是什么？

6.4　综合题

1．假设图书管理信息系统中有如下 3 个关系模式：

① 读者（借书证号，姓名，年龄，所在院系），其中借书证号为主码；

② 图书（图书号，书名，作者，出版社，价格），其中图书号为主码；

③ 借阅（借书证号，图书号，借阅日期）；

使用 SQL 语言定义这 3 个关系模式，要求在模式中完成下面 3 个完整性约束条件的定义：

① 定义每个模式的主码；

② 定义参照完整性；

③ 定义每本图书的价格不得大于 120 元。

第7章 数据库新技术及国产数据库介绍

本章介绍数据库技术的发展状况，对面向对象数据库系统、分布式数据库、主动数据库技术、并行数据库技术、数据仓库及数据挖掘技术进行了简要介绍。

目前，国产数据库有了较大的发展，本章挑选了金仓数据库管理系统和达梦数据库管理系统进行简单介绍。

本章内容以读者自主学习为主，目的在于开阔眼界，拓展思路。

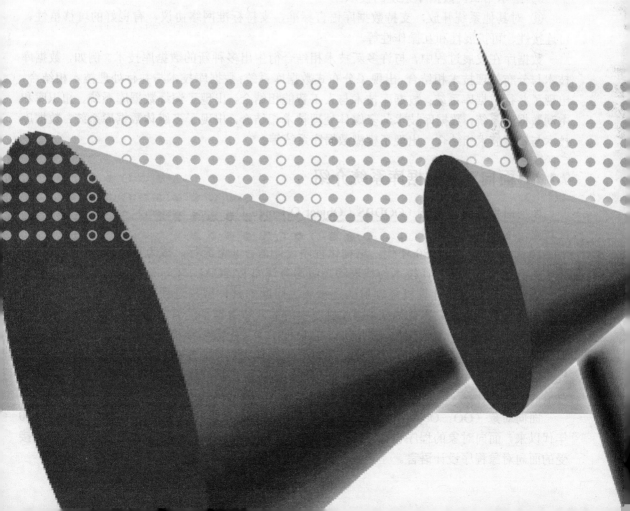

7.1　数据库技术的发展📖

7.1.1　数据库技术的发展

数据库技术最初产生于 20 世纪 60 年代中期，根据数据模型的发展，可以划分为以下几个阶段。

第一代的数据库系统是层次模型的数据库系统和网状模型的数据库系统。层次数据库的数据模型是有根的定向有序树，网状模型对应的是有向图。这两种数据库奠定了现代数据库发展的基础。

第二代的关系数据库系统主要特征是支持关系数据模型。关系型数据库的数据模型及其理论是在 20 世纪 70 年代由 E.F.Codd 提出的，最初并未引起很大重视，但是后来人们逐渐发现了它的重要性，现在它已从理论研究走向系统实现，占据了数据库市场的主流地位。

第三代的数据库以面向对象模型为主要特征。随着科学技术的不断进步，各个行业领域对数据库技术提出了更多的需求，关系型数据库系统已经不能完全满足需求，于是产生了第三代数据库。

第三代数据库主要有以下特征：

① 支持数据管理、对象管理和知识管理；

② 继承第二代数据库系统的技术；

③ 对其他系统开放，支持数据库语言标准，支持标准网络协议，有良好的可移植性、可连接性、可扩展性和互操作性等。

数据库在发展过程中，与许多新技术相结合衍生出多种新的数据库技术。例如，数据库技术与分布处理技术相结合，出现了分布式数据库系统；数据库技术与并行处理技术相结合，出现了并行数据库系统；数据库技术与人工智能相结合，出现了演绎数据库系统、知识库和主动数据库系统；数据库技术与多媒体处理技术相结合，出现了多媒体数据库系统；数据库技术与模糊技术相结合，出现了模糊数据库系统等。

7.1.2　面向对象数据库系统介绍

面向对象数据库系统（OODBS，Object Oriented DataBase System）是数据库技术与面向对象技术相结合的产物。

20 世纪 70 年代到 80 年代，结构化程序设计语言非常流行，成为当时软件开发的主流技术，以结构化程序设计技术为代表的高级语言（如 PASCAL、C）是面向过程的语言。面向过程的语言可以用计算机能理解的逻辑表达问题的具体解决过程，然而它将数据和对于数据的操作过程分离，各自独立，因此程序中的数据和操作不能有效的组织在一起，很难把具有多种相互联系的复杂问题表达清晰。如果程序中某个数据结构需要发生微小的变化，处理这些数据的操作也要做相应的修改，所以结构化程序设计方法编写的程序重用性差。为了提高软件的可重用性，降低代码编写的复杂性，于是人们提出了一种新的编程技术——面向对象的程序设计。

面向对象（OO，Object Oriented）最初是作为程序设计的一种方法出现的，20 世纪 80 年代以来，面向对象的程序设计法逐渐被广大程序员接受，C++、Java 成为程序员们普遍接受的面向对象程序设计语言。

　　面向对象的程序设计方法使用面向对象程序设计语言可以更好地描述客观世界，以及事物之间的联系，更加清晰地模拟客观现实世界。具体体现在以下方面：

　　① 客观世界是由很多具体的事物构成，并且每个事物都具有两个性质，一个为静态的，一个为动态的。事物静态的特性称为事物的属性，事物动态的特性称为事物所具有的行为。在面向对象的程序设计中将客观世界中的事物抽象为一个个的对象，使用对象的一组数据来描述事物的属性，使用对象的一组方法来表述事物的行为。

　　② 大千世界，无奇不有。但客观世界中的很多事物具有相同的特性，也就是说，很多事物具有共同性，一般将具有相同特性的事物划为一类。面向对象的程序设计中使用"类"这个概念来描述一组具有相同属性和方法的对象。

　　③ 在同一类事物中，每个事物又具有其区别于其他同类事物的独特的个性。面向对象语言采用继承机制来描述这种现象，使用父类来描述同类事物的共性，使用子"类"来描述各个事物自己独特的个性，子类可以继承父类全部的或者部分的属性和方法。

　　④ 客观世界中的每个事物都是一个独立的整体，外界一般很少关心事物的内部实现细节。面向对象语言在描述一个事物时使用封装机制将其属性和方法封装到一个对象中，对外界屏蔽内部的细节，同时也有利于保护每个对象不受外界的干扰。

　　⑤ 客观世界中的每个事物都不是孤立的，事物和事物之间可能会发生这样或者那样的联系，面向对象程序设计中使用对象与对象之间的消息机制来实现事物之间的联系。

　　可以看出，面向对象的程序设计能够比较直接地反映客观世界，程序员能够运用人类认识世界的思维方式来进行软件开发。与其他的程序设计方法相比，面向对象的程序设计方法是更贴近现实的一种方法，面向对象的语言是与人类的自然语言差距最小的语言，因此面向对象的程序设计方法是程序开发和应用的主流技术。将面向对象的技术和数据库技术相结合，就是一种新的数据库技术——面向对象的数据库技术。

　　在一些经典的数据库教材中指出，面向对象数据库系统作为组织者和管理者，实现对于持久可共享的对象库的组织和管理，而对象库是由很多面向对象模型定义的对象的集合。

　　面向对象数据库系统首先应该是一个数据库系统，应该具有数据库的基本性质和功能，如数据的管理与共享、事务的管理、并发控制和安全性控制及可恢复性等。另外，面向对象数据库系统还应该是一个面向对象的系统，它应该具有面向对象的性质，支持面向对象的概念和机制，如可以进行对象的管理、类的封装与继承等。

　　与关系型数据库系统相比，面向对象数据库系统的规范说明并不是很清晰。E.F.Codd在其论文中首次给出了关系模型的规范，以后的关系型数据库系统都是建立在关系模型规范之上的，但直到目前为止，尚找不到关于面向对象数据模型的统一明确的规范说明，没有一个关于面向对象模型的统一准确的概念。但是，即使如此，面向对象模型已经被越来越多的人重视，并在许多核心概念上取得了共识。

　　下面简要介绍面向对象模型的几个基本概念。

　　（1）对象及对象标识

　　我们将现实世界中存在的客观实体进行一定的抽象后可称为对象，如数据库教材是一个对象，某一门课程是一个对象，一个订单也是一个对象。对于每一个对象都需要有一个唯一的标识，使用对象标识符来标示每一个对象。

　　如何来描述一个对象呢？一个对象可以通过三方面来描述。

　　① 成员变量：描述对象的静态属性。

　　② 消息：消息是当对象与外界发生通信时传递的信息，要描述一个对象，应该将其他

对象发给此对象的信息保存，对象接收此信息后根据信息内容做出相应的反应。消息机制是对象与外界交流的途径。

③ 方法：描述对象动态的特性。

（2）封装

每一个对象是一组属性和方法的集合，属性描述了对象的状态，而方法是该对象所有可能的操作的集合。通过对象的定义，将属性和方法封装起来，对象通过消息机制与外界进行交流。

（3）类

现实中有很多对象具有公共的属性和方法，这些对象构成了一个对象集合，可以用类来描述这个集合。类是对于对象的描述，而对象是类的实例。比如，可以使用下面的伪代码建立一个学生类 student：

```
CLASS STUDENT
{STRING SNUMBER
STRING SNAME
STRING SAGE
VOID STUDY(STRING CNUMBER)
INT TEST(STRING CNUMBER)
......
}
```

上面定义了一个学生类 student，其中包含 3 个属性，分别为学号、姓名、年龄；包含两个方法，分别为学习和考试，其中学习和考试两个方法中都带有字符串类型的参数，表示学习或考试的课程号，并且考试方法具有整数类型返回值，表示考试的成绩。

可以通过学生类创建某个名为 e 的学生对象。学生对象 e 的属性和方法如下：

```
E.SNUMBER:20040512,
E.SNAME:张丹,
E.SAGE:18,
E.STUDY(120602),
E.TEST(120602)=89;
```

创建的对象表示如下含义：学号为 20040512 的学生名叫张丹，年龄 18 岁，选修了课程号为 120602 的课程，考试成绩为 89。

当然可以通过为学生类 student 中的属性赋予不同的值，为方法传递不同的参数来创建另外一个学生对象。

从上面例子中可以看出，实质上类是一个"型"，而对象是某一个类的"值"。

（4）继承

类是具有层次的，在现实世界中，存在继承的事实。例如，轿车和货车都属于车的范畴，而车位于轿车和货车的上一层，轿车和货车将继承车的属性和方法，并且轿车和货车还具有自己的个性。可以说车是轿车和货车的父类，而轿车和货车是车的子类，子类继承父类的属性和方法。

20 世纪 80 年代后期，一些计算机厂商纷纷推出了面向对象的数据库产品，并且成立了 ODMG（Object Data Management Group）国际组织，在 1993 年提出面向对象数据库标准

ODMG 1.0。这个标准主要定义了一个面向对象数据管理产品的接口。

ODMG 1.0 标准主要包括以下内容：

① 主要的数据结构是对象，对象是存储和操作的基本单位；

② 每个对象都有一个永久的标识符，通过此标识符可以在对象的整个生命周期中标识此对象；

③ 对象可以被指定类型和子类型，对象可以初始被定义为一个给定的类型，或者定义为其他对象的子类型，如果一个对象为另一个对象的子类型，它将继承另一个对象的行为和特性；

④ 对象状态由数据的值及联系定义；

⑤ 对象行为由对象操作定义。

在 1997 年 ODMG 组织又推出了 ODMG 2.0 标准，其中涉及对象模型、对象定义语言、对象查询语言等内容。

可以认为一个面向对象数据库系统是一个面向对象系统和数据库系统的结合。到目前为止，具有代表性的商品化的面向对象数据库管理系统有 1989 年美国 Object Design 公司推出的 OODBMS 产品 ObjectStor、1989 年美国 Ontologic 公司推出的 OODBMS 产品 Ontos 和 1991 年法国 Altair 公司推出的 OODBMS 产品 O2。

7.1.3 分布式数据库技术介绍

分布式数据库作为数据库领域的一个分支，已经在数据库应用中占有的重要的地位。分布式数据库的研究起始于 20 世纪 70 年代。美国的一家计算机公司在 DEC 计算机上实现了第一个分布式数据库系统。随后，分布式数据库系统逐渐进入商用领域。

分布式数据库（Distributed Database）简记为 DDB，分布式数据库系统简记为 DDBS，分布式数据库管理系统简记为 DDBMS。

1. 集中式数据库系统

在集中式数据库系统中，所有的工作都是经由一台计算机来完成。集中式数据库系统易于集中管理，可以减少数据冗余，价格也比较合理，应用程序和数据库的结构也具有很高的独立性。但是，随着时间的增加，数据库中需要管理的数据量越来越多，数据库规模越来越大，集中式数据库系统会逐渐显示出其缺陷，大数据量的数据库的设计与实现比较复杂，系统的灵活性和安全性会变得越来越低。

2. 分散式数据库系统

因集中式数据库系统中所有的数据都有一台计算机来管理，特别是对于大型的数据库其灵活性较差，因此可以采用数据分散的方法，将数据库分解成若干个，将数据库中数据分别保存在不同的计算机中，这种系统成为分散式数据库系统。虽然数据库的管理和应用程序的开发是分开的，但是分散不同计算机中的数据没有实现通信功能，随着网络通信技术的发展，分散式系统的这种数据孤立性会带来很多的麻烦。因此需要将分散在各个不同计算机中的数据通过网络连接起来，形成一个逻辑上的统一数据库，这就是分布式数据库系统。

3. 分布式数据库系统

随着地理上分散的用户对数据库共享的要求，以及计算机网络技术的发展，在传统的集中式数据库技术基础上发展了分布式数据库技术。

分布式数据库系统是分布式网络技术与数据库技术相结合的产物，是分布在计算机网络上的多个逻辑相关的数据库的集合，如图 7-1 所示。

图 7-1 中每个"地域"可以称为"场地"。图中的 4 个场地通过网络连接，可能相距很远，也可能就在同一个地区甚至同一个校区中。

在同一个场地中，由计算机、数据库及不同的终端构成一个集中式数据库系统，各个不

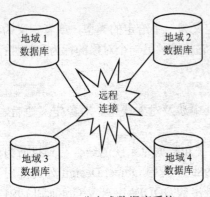

同场地的集中式数据库系统通过网络连接，组成一个分布式数据库系统。从图 7-1 可以看出，在分布式数据库系统中，数据物理上分布在不同的场地中，但通过网络连接，逻辑上又构成一个统一的整体，这也是分布式数据库系统与分散式数据库系统的区别。各个场地中的数据库可以称为局部数据库，与之对应的即为全局数据库。

假设图 7-1 中的 4 个地域分别代表 4 个不同的城市，每个数据库中保存了各自城市中的人口信息。在一般情况下，本城市的管理人员只关心本城市的人口信息，只需要访问本地数据库即可，这些应用称为局部应用。如果分布式数据库系统仅仅限于局部应用，那么与分散式

图 7-1　分布式数据库系统

数据库系统应用没有区别。如果某一个城市的管理人员要查询其他城市的人口信息，则此城市的管理人员需要访问其他场地的数据库，这种应用称为全局应用。

区分一个数据库系统是分布式还是分散式只需要查看在系统中是否支持全局应用，全局应用是指涉及两个或两个场地以上的数据库的应用。

分布式数据库系统是指物理上分散而逻辑上统一的数据库系统，系统中的数据分散存放在各个不同的场地计算机中，每一个场地中的子系统具有自治能力可以实现局部应用，而每一个场地中的子系统通过网络参与全局应用。

通过以上介绍，可以总结出分布式数据库系统的主要特点。

（1）数据的物理分布性

分布式数据库系统中的数据不是集中存放在一个场地的计算机中，而是分布在多个不同场地的计算机中，各场地的子系统具有自治能力，可以完成局部应用。

（2）数据的逻辑统一性

在分布式数据库系统中，数据虽然在物理上是分布的，但这些数据并不是互不相关的，它们在逻辑上构成统一的整体。各场地虽然具有高度自治能力，但又相互协作构成一个整体。

（3）数据的分布独立性

在分布式数据库中，除了数据的物理独立性和数据的逻辑独立性外，还有数据的分布独立性。在普通用户看来，整个数据库仍然是一个集中的整体，不必关心数据的分片存储和数据的具体物理分布，完全由分布式数据库管理系统来完成。

（4）数据冗余及冗余透明性

分布式数据库中存在适当冗余以适合分布处理的特点，对于使用者来说，这些冗余是透明的，可以提高整个系统处理的效率和可靠性。

7.1.4　主动数据库技术介绍

主动数据库是相对于传统的数据库被动性而言的。

传统的数据库中存储的数据都是被动接受使用者对它们的操作（如查询、插入、删除及

更新等），数据库系统不能根据数据自身的变化发出某种操作指令。在许多实际的应用领域中，如计算机集成制造系统 CIMS、管理信息系统 MIS、办公自动化系统 OAS 及工业控制中，常常希望数据库系统在紧急情况下能根据数据库的当前状态，主动适时地做出反应，执行某些操作，向用户提供有关信息。在现代的数据库应用中，要求数据库在反应能力上具有主动性、快速性和智能性的特点，要求数据库系统能够根据数据不同状态之间的变化，主动、快速地发出某一些智能性的指令，满足现实的需要。

主动数据库系统通常采用的方法是在传统数据库系统中嵌入 ECA（即事件-条件-动作）规则，在某一事件发生时引发数据库管理系统去检测数据库当前状态，看是否满足设定的条件，若条件满足，便触发规定动作的执行。

为了有效地支持 ECA 规则，主动数据库的研究主要集中于解决以下几个问题。

（1）主动数据库的数据模型和知识模型

即如何扩充传统的数据库模型，使之适应于主动数据库的要求。

（2）执行模型

即 ECA 规则的处理和执行方式，是对传统数据库系统事务模型的发展和扩充。

（3）条件检测

条件检测是主动数据库系统实现的关键技术之一，由于条件的复杂性，如何高效地对条件求值，对于提高系统效率有很大的影响。

（4）事务调度

主动数据库与传统数据库系统中的数据调度不同，它不仅要满足并发环境下的可串行化要求，而且要满足对事务时间方面的要求。目前，对执行时间估计的代价模型是有待解决的难题。

（5）体系结构

目前，主动数据库的体系结构大多是在传统数据库管理系统的基础上，扩充事务管理部件和对象管理部件，以支持执行模型和知识模型，并增加事件侦测部件、条件检测部件和规则管理部件。

（6）系统效率

系统效率是主动数据库研究中的一个重要问题，是设计各种算法和选择体系结构时应主要考虑的设计目标。

7.1.5　并行数据库技术介绍

并行数据库系统是在并行机上运行的具有并行处理能力的数据库系统。并行数据库系统是数据库技术与并行计算技术相结合的产物。

近几年来，计算机系统性能价格比的不断提高迫切要求硬件和软件结构的改进。硬件方面，传统的靠提高微处理机速度和缩小体积来提高性能价格比的方法正趋于物理的极限。软件方面，随着在应用领域中，数据库规模的急剧膨胀，数据库服务器对大型数据库各种复杂查询响应时间和联机事务处理 OLTP 吞吐量的要求顾此失彼。数据库应用的发展对数据库的性能和可用性提出了更高的要求，能否为越来越多的用户维持高事务吞吐量和低响应时间，已成为衡量数据库管理系统 DBMS 性能的重要指标。

随着微处理机技术和磁盘阵列技术的进步，并行计算能力的发展十分迅速。并行计算机系统可以使用数个、数十个，甚至成百上千个廉价的微处理机协同工作，性价比远高于中、大型计算机系统，并且这些系统广泛地采用了 RAID 磁盘阵列技术，增加了 I/O 的能力，能有效地缓解应用中的输入和输出"瓶颈"问题。

一般，一个并行数据库系统可以实现如下的目标。

（1）高性能

并行数据库系统通过将数据库管理技术与并行处理技术有机结合，发挥多处理机结构的优势，从而提供比相应的大型机系统要高得多的性价比和可用性。

（2）高安全性

并行数据库系统可以通过数据复制来增强数据库的安全性。因此，当某一物理磁盘发生故障时，该盘上的数据在其他磁盘上的副本仍可供使用，数据复制还应与数据划分技术相结合以保证当磁盘损坏时系统仍能并行访问数据。

（3）可扩充性

数据库系统的可扩充性是指系统通过增加处理和存储能力而无缝地扩展整个系统性能的能力，如减少系统响应时间、增加系统吞吐量等。

从硬件结构来看，根据处理机与磁盘及内存的相互关系可以将并行数据库系统分为 3 种基本的体系结构：共享内存（主存储器）结构（SM 结构，Shared Memory）、共享磁盘结构（SD 结构，Shared Disk）、无共享资源结构（SN 结构，Shared Nothing）。

并行数据库系统把数据库技术与并行技术结合，发挥多处理机结构的优势，采用先进的并行查询技术和并行数据管理技术，其目标是提供一个高性能、高安全性、高扩展性的数据库管理系统，而在性能价格比方面，高于相应大型机上的数据库管理系统 DBMS。

并行数据库系统通过将数据库在多个磁盘上分布存储，可以利用多个处理器对磁盘数据进行并行处理，从而解决了磁盘的 I/O"瓶颈"问题。

并行数据库系统作为一个新兴的方向，需要深入研究的问题还很多，是目前数据库研究领域热门课题之一。可以预见，并行数据库系统可以充分地利用并行计算机强大的处理能力，必将成为并行计算机最重要的支撑软件之一。

7.1.6　数据仓库及数据挖掘技术

1. 数据仓库

数据仓库（DW，Data Warehouse）概念最早是 1992 年由著名的数据仓库专家 W.H.Inmon 在其著作"Building the Data Warehouse"中提出的。

W.H.Inmon 在其著作中对于数据仓库的概念描述如下：数据仓库（DW）是一个面向主题的（Subject Oriented）、集成的（Integrate）、相对稳定的（Non-Volatile）、反映历史变化（Time Variant）的数据集合，用于支持管理决策。

（1）数据仓库是面向主题的

数据仓库是与传统数据库面向应用相对应的。主题是一个在较高层次将数据归类的标准，每一个主题基本对应一个宏观的分析领域。比如，一个保险公司的数据仓库所组织的主题可能是客户政策保险金索赔。而按应用来组织则可能是汽车保险、生命保险、健康保险、伤亡保险。可以看出，基于主题组织的数据被划分为各自独立的领域，每个领域有自己的逻辑内涵而不相交叉。而基于应用的数据组织则完全不同，它的数据只是为了处理具体应用而组织在一起的。应用是客观世界既定的，它对于数据内容的划分未必适用于分析所需。

（2）数据仓库是集成的

操作型数据与适合决策支持系统（DSS）分析的数据之间的差别很大。因此数据在进入数据仓库之前，必然要经过加工与集成，这一步实际上是数据仓库建设中最关键、最复杂的一步。首先，要统一原始数据中所有矛盾之处，如字段的同名异义、异名同义、单位不统一、字长不一致等，并且将原始数据结构做一个从面向应用到面向主题的大转变。

（3）数据仓库是相对稳定的

数据仓库反映的是历史数据的内容，而不是处理联机数据。因而，数据经集成进入数据库后是极少或根本不更新的。

（4）数据仓库是反映历史变化的

首先，数据仓库内的数据时限要远远大于操作环境中的数据时限。前者一般在 5～10 年，而后者只有 60～90 天。数据仓库保存数据时限较长是为了适应 DSS 进行趋势分析的要求。其次，操作环境包含当前数据，即在存取的时刻是正确有效的数据。而数据仓库中的数据都是历史数据。再次，数据仓库数据的码键都包含时间项，从而标明该数据的历史时期。

2．联机分析处理技术及工具

传统的数据库技术以单一的数据资源为中心进行各种操作型处理。操作型处理也叫事务处理，是指对数据库联机的日常操作，通常是对一个或一组记录的查询和修改，主要是为企业的特定应用服务的，人们关心的是响应时间、数据的安全性和完整性。分析型处理则用于管理人员的决策分析，如决策支持系统（DSS）等，经常要访问大量的历史数据。

联机事务处理（OLTP，On-Line Transaction Processing）是操作人员和底层管理人员利用计算机网络对数据库中数据实现查询、删除、更新等操作，完成事务处理工作。

联机分析处理（OLAP，On-Line Analytical Processing）是决策人员和高层管理人员对数据仓库进行信息分析处理。

在短短的几年中，联机分析处理 OLAP 技术发展迅速，产品越来越丰富。它们具有灵活的分析功能、直观的数据操作和可视化的分析结果表示等突出优点，从而使用户对基于大量数据的复杂分析变得轻松而高效。

目前 OLAP 工具可以分为两类，一类是基于多维数据库的，另一类是基于关系数据库的。两者的相同之处是基本数据源仍是数据库和数据仓库，是基于关系数据模型的，向用户呈现的也都是多维数据视图。不同之处是，前者把分析所需的数据从数据仓库中抽取出来物理地组织成多维数据库，后者则利用关系表来模拟多维数据，并不物理地生成多维数据库。

3．数据挖掘技术和工具

数据挖掘（DM，Data Mining）是从大型数据库或数据仓库中发现并提取隐藏内在信息的一种新技术。目的是帮助决策者寻找数据间潜在的关联，发现被忽略的要素，它们对预测趋势、决策行为也许是十分有用的信息。数据挖掘技术涉及数据库技术、人工智能技术、机器学习、统计分析等多种技术，它使决策支持系统（DSS）跨入了一个新阶段。传统的决策支持系统通常是在某个假设的前提下，通过数据查询和分析来验证或否定这个假设，而数据挖掘技术则能够自动分析数据，进行归纳性推理，从中发掘出潜在的模式或产生联想，建立新的业务模型帮助决策者调整市场策略，找到正确的决策。

数据仓库、OLAP 和数据挖掘是作为 3 种独立的信息处理技术出现的。数据仓库主要用于数据的存储和组织，OLAP 集中于数据的分析，数据挖掘则致力于知识的自动发现。它们都可以分别应用到信息系统的设计和实现中，以提高相应部分的处理能力。但是，由于这 3 种技术内在的联系性和互补性，将它们结合起来就成为一种新的构架。这个构架以数据库中的大量数据为基础，系统由数据驱动，其特点是：

① 在底层的数据库中保存了大量的事务级细节数据，这些数据是整个决策支持系统（DSS）的数据来源；

② 数据仓库对底层数据库中的事务级数据进行集成、转换、综合，重新组织成面向全局的数据视图，为 DSS 提供数据存储和组织的基础；

③ OLAP 从数据仓库中的集成数据出发，构建面向分析的多维数据模型，再使用多维分析方法从多个不同的视角对多维数据进行分析、比较，分析活动从以前的方法驱动转向了数据驱动，分析方法和数据结构实现了分离。

数据挖掘以数据仓库和多维数据库中的大量数据为基础，自动地发现数据中的潜在模式，并以这些模式为基础自动地做出预测。数据挖掘表明知识就隐藏在日常积累下来的大量数据之中，仅靠复杂的算法和推理并不能发现知识，数据才是知识的真正源泉。数据挖掘为人工智能 AI 技术指出了一条新的发展道路。

7.2　国产数据库介绍📖

数据库管理系统与操作系统一样都属于基础软件的范畴，其技术含量、规模和开发难度要高于其他应用软件，是国家信息安全的核心基础之一，是国民经济信息化的关键技术，也是信息产业的重要支柱之一。国家信息安全和国民经济信息化需要自主知识产权的数据库管理系统，我国民族信息产业及软件产业的发展更需要自主知识产权的数据库管理系统的支撑。为此，在国家"十五"863 计划中设立了数据库管理系统及其应用重大专项，其战略目标定位在突破数据库管理系统的核心技术，研发具有自主知识产权和知名品牌的、满足国内用户需要的数据库管理系统，并在制造业信息化、电子政务、国家信息安全、电子教育等领域推广应用，为国民经济信息化和国家信息安全提供支撑。

我国对于数据库管理系统的研究要晚于一些西方国家，但数据库作为信息系统的核心软件，如果源代码控制在其他人手中，国家安全将受到极大威胁。基于民族利益的考虑，我国近年来一直支持国产数据库的研发工作。但同国外相比，国内对于数据库系统研究起步较晚，在投入资金、企业规模、人才队伍、管理水平和测试环境上都有一定的距离。国产数据库在一些关键性能上确实比不上国外主流数据库，但它们可以提供完整的数据库功能，并能达到一定的可扩展性、安全性水平，完全能够胜任很多应用。在 863 计划等项目的支持下，国产数据库管理系统已经在核心技术上取得了显著进步，比较有代表性的国产数据库管理系统有金仓数据库管理系统 Kingbase ES 和达梦数据库管理系统 DM。

7.2.1　金仓数据库管理系统

金仓数据库管理系统（Kingbase ES）是由北京人大金仓信息技术有限公司研制和开发的，具有自主版权的关系数据库管理系统。Kingbase ES 拥有大型关系数据库管理系统的处理能力，可以在 Windows NT/2000/XP 和 Linux 操作系统上运行。

Kingbase ES 系统由以关系型数据库管理系统 RDBMS 为核心的一批软件产品构成，其产品结构轮廓如图 7-2 所示。

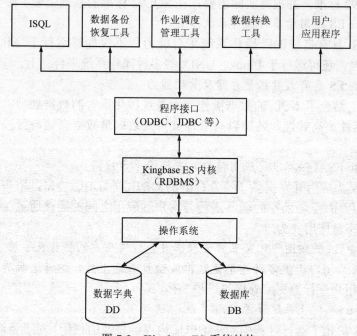

图 7-2　Kingbase ES 系统结构

　　Kingbase ES 运行环境包括服务器端运行环境和客户端运行环境，不论是服务器端还是客户端，对于硬件和软件都有一个基本的要求。

　　服务器端运行环境基本要求如下。

（1）**硬件环境**

- CPU：IBM PC 或兼容机 Pentium 以上。
- 内存：128MB 以上（建议 256MB 以上）。
- 硬盘：至少 1GB 空闲空间。

（2）**软件环境**

- Microsoft 中文简体 Windows NT、Windows 2000 Professional/Advance Server、Windows XP。
- Red hat、中软/红旗 Linux。

客户端运行环境基本要求如下。

（1）**硬件环境**

- CPU：IBM PC 或兼容机 Pentium 以上。
- 内存：64MB 以上。
- 硬盘：至少 100MB 空闲空间。

（2）**软件环境**

- Microsoft 中文简体 Windows 98、Windows NT、Windows 2000 Professional/Advance Server、Windows XP。
- Red hat、中软/红旗 Linux。

Kingbase ES 数据库管理系统特点如下。

（1）Kingbase ES 是专业实用的 RDBMS

目前广泛应用的数据模型为关系模型。Kingbase ES 是基于关系模型的 DBMS，数据操纵语言符合 SQL92 标准，并根据实际需要，在 SQL92 标准的基础上做了必要的扩充。

（2）Kingbase ES 适用于多种操作系统平台

Kingbase ES 具有良好的跨操作系统平台能力，不仅能够运行于 Microsoft Windows 2000/XP 系列平台，还可运行于 Linux、UNIX 等多种操作系统平台之上。

（3）Kingbase ES 具有大数据量存储及管理能力

Kingbase ES 结合了 SQL 的数据操作能力及过程化语言的数据处理能力，不仅增强了 SQL 语言的灵活性、高效性，还可以有效地支持大数据量数据存储与管理，并保证数据的完整性和安全性。

（4）Kingbase ES 提供标准化应用接口，支持跨平台应用

Kingbase ES 为应用开发提供了符合标准的 ODBC、JDBC 接口，用户可以在此基础上开发复杂的应用程序。服务器端的服务进程与客户端应用之间的连接通过 TCP/IP 协议实现，具有跨操作系统平台应用能力。

（5）Kingbase ES 提供图形化交互式管理工具，方便用户的操作及管理

Kingbase ES 为用户提供多种图形化数据库交互管理工具，这些工具界面功能清晰，操作简单，能方便用户进行数据库管理与维护工作。

（6）Kingbase ES 优化系统资源占用

Kingbase ES 优化了运行过程中对于 CPU、内存等资源的使用，对于资源占用要求不高，可以根据实际应用需求灵活调整，显著提高系统整体效率。

（7）Kingbase ES 的功能接口和外部特性靠近数据库主流产品

Kingbase ES 从实际需要出发，在功能扩展、函数配备、调用接口及方式等方面不断改进，提高应用系统的可移植性与可重用性，降低开发厂商软件移植和升级的工作难度和强度。

用户可以在 Windows 和 Linux 两种系统下安装 Kingbase ES。在安装完成后，Kingbase ES 中用户选择的组件都装在安装路径下，同时完成注册文件的配置。并在"开始"菜单和"程序"菜单中生成"Kingbase ES"程序组。

在使用 Kingbase ES 之前需要对于数据库进行初始化。其中，"初始化系统目录"是默认的数据库初始化的目录，用户可以更改，SYSTEM 是数据库初始化过程中建立的系统默认的 DBA 用户名，密码为 MANAGER，用户也可以自行修改。

Kingbase ES 的系统管理实现了数据库管理员（DBA）操作和管理数据库。例如，数据库初始化、启动、关闭和服务管理等功能。

Kingbase ES 交互式工具 ISQL 提供了部分数据库管理和操作功能，是 Kingbase ES 的前台输入/输出系统，负责进行对数据库的各类操作并显示相应的结果，界面友好，操作简便。普通用户和数据库管理员均可以使用 ISQL 来操作数据库，但部分专门面向数据库管理员的菜单，只有拥有 DBA 权限的用户才可以使用。

Kingbase ES 数据转换工具支持 Kingbase ES 数据库与其他异构数据库系统之间进行导入、导出和传输数据。它采用向导驱动和 GUI 图形用户界面，为 Kingbase 和其他数据库进行数据交换提供了更加灵活和方便的方式。

Kingbase ES 备份恢复工具是运行于 Windows 客户端的 Kingbase ES 数据备份恢复系统，负责对数据库进行日常的数据备份。

有关金仓数据库管理系统 Kingbase ES 的知识，读者可以登录人大金仓的官方网站查询，并可以从网站上下载某一试用版本的 Kingbase ES 试用，公司官方网站网址如下：http://www.kingbase.com.cn。

7.2.2　达梦数据库管理系统

达梦数据库管理系统（简称 DM）是武汉华工达梦数据库有限公司完全自主开发的新一代高性能关系数据库管理系统，具有开放、可扩展的体系结构，高性能事务处理能力，以及低廉的维护成本。

达梦公司研制数据库管理系统从 1988 年开始。1988 年达梦公司研制了我国第一个自主版权的数据库管理系统 CRDS。1996 年，达梦公司研制了第一个我国具有自主版权的、商品化的分布式多媒体数据库管理系统 DM2。2000 年，达梦公司推出 863 重大项目目标产品——达梦数据库管理系统 DM3，在安全技术、跨平台分布式技术、Java 和 XML 技术、智能报表、标准接口等诸多方面，又有重大突破。2004 年 1 月，达梦公司正式推出国家 863 数据库重大专项项目产品——大型通用数据库管理系统 DM4。2005 年 9 月，达梦公司正式推出国家 863 数据库重大专项项目产品——大型通用数据库管理系统 DM（V5.0）。

达梦数据库管理系统 DM 是以 RDBMS 为核心，以 SQL 为标准的通用数据库管理系统。DM 数据库提供了多操作系统支持，并能运行在多种软、硬件平台上，同时提供了丰富的数据库访问接口，包括 ODBC、JDBC、API、OLEDB 等，还提供了完善的日志记录和备份恢复机制，保证了数据库的安全性和稳定性。

目前所使用的达梦数据库管理系统 DM4 版本包括个人版、标准版、企业版等，各个不同版本的系统适合不同的使用范围，用户可以根据实际需求选择使用不同的版本。

DM 提供一个基于 Java 的安装程序，利用 Java 的跨平台性，它可以在 Windows、Unix、Linux、Solaris 等平台上运行，而且具有统一界面。

DM 系统管理工具 JManager 是管理 DM 数据库系统的图形化工具，类似于 Oracle 和MS SQL Server 的 Enterprise Manager。JManager 可以帮助系统管理员更直观、更方便地管理和维护 DM 数据库，普通用户也可以通过 JMananger 完成对数据库对象的操作。JManager的管理功能完备，能对 DM 数据库进行较为全面的管理，在不借助其他工具的前提下，可以满足管理员和用户的基本要求。

在 DM 安装完毕后，执行"开始"→"程序"→"DMDBMS"→"达梦服务器"启动DM 数据库服务器。服务器启动后，可以使用客户端工具"管理工具 JManager"实现对于数据库服务器的管理。"管理工具 JManager"窗口如图 7-3 所示，其中系统默认的管理员SYSDBA 的密码为"SYSDBA"。

SQL 是管理员与数据库管理系统进行交流的最直接、最高效的语言，它为数据库管理员提供了更专业的交流方式。DM 提供了交互式 SQL 工具 JISQL，作为数据库管理员和开发人员与数据库沟通的桥梁。JISQL 是一个用纯 Java 语言编写的基于 JDBC 的交互式 SQL程序，支持查询结果集的表格显示。程序可运行于各种常见操作系统平台（Windows、Linux、Solaris 等）。通过 JISQL，开发人员可以方便地执行 SQL 语句。JISQL 特别提供了对 SQL语句、存储过程、存储函数和触发器等进行调试的功能，能成批执行或单步执行 SQL 语句，能定位错误语句等。

DM 数据迁移工具 JDTS 可以跨平台实现数据库之间的数据和结构互导，如 DM 与 DM之间、DM 与 ORACLE、MS SQL Server 之间等，也可以复制从 SQL 查询中获得的数据，还可以实现数据库与文本文件之间的数据或者结构互导。

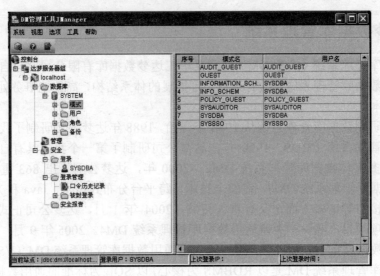

图 7-3　"DM 管理工具 JManager"窗口

另外，DM 还提供了性能监控工具 JMonitor、DM 安全策略管理工具 JPolicy 和 DM 审计工具 JAuditor。其中，性能监控工具 JMonitor 是 DM 系统管理员用来监视服务器活动和性能情况的客户端工具；安全策略管理工具 JPolicy 是 DM 标记员进行强制访问控制的工具，同时它也为 DM 标记管理员提供了管理标记员及标记员登录的操作界面。

达梦公司官方网站提供了 DM 的下载试用版本，读者可以登录公司官方网站查询达梦数据库管理系统相关内容并下载试用版本，网站地址为：http://www.dameng.cn。

除了以上介绍的两种国产数据库系统外，比较有影响力的国产数据库系统还有东软集团有限公司的 OpenBASE 数据库系统、北京神舟航天软件技术有限公司的神舟 OSCAR 数据库系统和北京国信贝斯软件有限公司的 iBASE 数据库系统等。

本 章 小 结

数据库技术最初产生于 20 世纪 60 年代中期，根据数据模型的发展，可以划分为以下几个阶段。第一代的数据库系统是层次模型的数据库系统和网状模型的数据库系统。第二代的关系数据库系统的主要特征是支持关系数据模型。第三代以面向对象模型为主要特征的数据库系统支持多种数据模型，如关系模型和面向对象的模型，并与多种新技术相结合，广泛应用于多个领域，并由此衍生出多种新的数据库技术。

同国外相比，国内对于 DBMS 研究起步较晚，在投入资金、企业规模、人才队伍、管理水平和测试环境上都有一定的距离。国产数据库管理系统在一些关键性能上与国外主流数据库管理系统仍有差距，但它们可以提供完整的数据库功能，并能达到一定的可扩展性、安全性水平，完全能够胜任很多应用。近年来，国产数据库系统已经被应用到各行各业。

习 题 7

7.1　选择题

1. 随着数据库技术的发展，第二代数据库系统主要特征是支持（　　）数据模型。

    A．层次   B．网状   C．关系   D．面向对象

2．数据库技术与并行处理技术相结合，出现了（   ）。

    A．分布式数据库系统   B．并行数据库系统

    C．主动数据库系统   D．多媒体数据库系统

3．数据库技术与分布处理技术相结合，出现了（   ）。

    A．分布式数据库系统   B．并行数据库系统

    C．主动数据库系统   D．多媒体数据库系统

7.2 填空题

1．_____是分布式网络技术与数据库技术相结合的产物，是分布在计算机网络上的多个逻辑相关的数据库的集合。

2．_____通过将数据库管理技术与并行处理技术的有机结合。

3．_____是一个面向主题的、集成的、相对稳定的、反映历史变化的数据集合，用于支持管理决策。

4．分布式数据库系统的 4 个主要特点有_____、_____、_____和_____。

7.3 简答题

1．解释下列名词含义：

对象 封装 类 继承

2．结合实际，谈谈你对国产数据库管理系统发展策略的认识。

3．自 20 世纪 60 年代中期以来，数据库技术发展经历了哪些阶段？

4．为什么说面向对象的程序设计方法更能明确地描述现实世界？

5．ODMG1.0 标准由哪 5 个方面组成？

6．什么是面向对象的数据库系统？

7．面向对象的数据库系统应包含哪两个方面的含义？

8．什么是分布式数据库系统？

9．分布式数据库特点有哪些？

10．集中式数据库、分散式数据库和分布式数据库系统主要有哪些区别？

11．在分布式数据库系统中什么是局部应用？什么是全局应用？

12．并行数据库是为了实现哪些目标？

13．什么是数据仓库？数据仓库有哪些特点？

14．什么是联机事务处理和联机分析处理？

15．数据挖掘的目的是什么？

7.4 综合题

下载金仓数据库管理系统 Kingbase ES 和达梦数据库管理系统 DM 试用版本试用后并比较它们与 MS SQL Server 2000 的异同点。

第 8 章 实 验

实验建议：

建议读者在本课程的学习中，按照研究型教学模式学习。提倡读者在第 1 章布置的设计操作题中选择一个自己感兴趣的课题作为目标驱动，以自主学习、积极探索为主，结合课程的进度，通过网络教学平台等学习环境，通过上机实验完成数据库设计。

本课程的试验内容也以学生在完成设计操作题过程中的探索为主，适当安排一些必要的练习，力求达到培养学生的操作能力和自主学习能力、自觉从网络及各种渠道获取知识和信息的能力，进一步激发创新能力的目的。

实验 1　SQL Server 2000 环境的熟悉和数据库的创建

一、实验目的

1．了解 SQL Server 2000 的功能和基本的操作方法，学会使用该系统。

2．了解在该系统上如何创建和管理数据库。

3．通过观察系统中的数据库，初步了解数据库的组成。

二、实验内容

1．学习启动 SQL Server 2000。

2．用 SQL Server 企业管理器建立 SQL Serve 注册及注册属性的修改。

3．熟悉 SQL Server 的操作环境，了解主要菜单命令的功能和窗口，如新建数据库，数据库表的建立，导入、导出数据等。

4．在某个已注册实例中，认识与体会 SQL Serve 的体系结构。

5．在某个已注册实例的数据库范例中，认识数据库的组成。

三、设计操作

参考数据库范例，开始设计数据库的初步工作，确定设计操作题的选题，自学并进行需求分析，收集初步资料和数据。

实验 2　数据库与数据表的创建、删除与修改

一、实验目的

1．掌握用企业管理器创建数据库、数据表。

2．掌握数据表结构的修改。

3．掌握设置主码、外码。

二、实验内容

1．利用企业管理器中的菜单功能练习创建、修改、删除数据库。

2．利用企业管理器，建立如表 8-1～表 8-3 所示的 3 个数据表，并录入数据。

表 8-1　S 表

SNO	SNAME	STATUS	CITY
S1	精益	10	天津
S2	盛锡	10	北京
S3	东方红	10	北京
S4	丰泰盛	20	天津
S5	为民	10	上海

表 8-2　P 表

PNO	PNAME	COLOR	WEIGHT
1	螺母	红	12
2	螺栓	绿	17
3	螺丝刀	蓝	14
4	凸轮	红	20
5	齿轮	蓝	30
6	螺丝刀	红	14

表 8-3　PS 表

SNO	PNO	QTY	PRICE	TOTAL
S1	1	200	0.5	
S1	2	100	0.8	
S2	3	700	2.00	
S3	1	400	0.5	
S4	3	300	2.00	
S5	5	700	8.00	
S2	6	800	2.00	
S4	2	500	0.8	
S5	3	100	2.00	

表 8-1 中，SNO 代表供应商号、SNAME 代表供应商名、STATUS 代表供应商状态、CITY 代表供应商所在城市。

要求主键为 SNO，供应商姓名和供应商所在城市不允许为空，供应商姓名唯一，供应商状态用默认值为 10。

表 8-2 中，PNO 代表零件号，PNAME 代表零件名，COLOR 代表零件颜色，WEIGHT 代表零件重量。

要求 PNO 是标识列，WEIGHT 介于 10～30 之间，主键是 PNO。

表 8-3 中，QTY 代表数量，PRICE 代表价格，TOTAL 代表总价。

要求主键为（SNO, PNO），SNO、PNO 为外键，TOTAL 由公式计算得到。

三、设计操作

使用企业管理器创建自己在试验一中确定的题目的数据库和数据库表，并输入部分数据。使用分离数据库的方法将自己设计的数据库备份到移动存储设备中。

实验 3　单表 SQL 查询语句练习

一、实验目的

1．熟练掌握单表查询属性列信息。

2．掌握查询各种条件组合的元组信息。

3．掌握各种查询条件的设定，以及常用查询条件中使用的谓词。

二、实验内容

1．对已有的数据库 pubs 中的表完成以下查询功能：

- 查询 jobs 表中所有属性列信息；
- 查询 employee 表中的雇员号和雇员名信息；
- 查询 employee 表中的雇员工作年限信息。

2．对 employee 数据表完成以下 SQL 查询：

- 查询名字首字母为 F 的雇员信息；
- 查询工种代号为 11 的所有雇员信息；
- 查询雇佣年限超过 5 年的雇员信息；

- 查询工种代号在 5～8 的雇员信息；
- 查询名字为 Maria 的雇员信息；
- 查询姓名中包含字符 sh 的所有雇员信息。

3．查询 sales 表中 1993-1-1 前订货的订单信息。

4．对实验 2 中的表执行以下单表信息查询：

- 从 S 表中查询 SNAME 中带"盛"字的供应商信息；
- 从 P 表中查询重量介于 14～20 之间的零件的零件号及零件名称；
- 从 P 表中查询零件名称中带有"螺"字、红色的零件信息；
- 从 PS 表查询 S5 供应的零件号、单价以及数量；
- 从 PS 表中查询各供应商号、供应的零件号、数量以及打 8 折之后的单价。

三、设计操作

使用附加数据库的方法将实验 2 中备份的数据库复制到实验用计算机上，并附加到当前数据库实例中。

进一步修改、完善自己设计的数据库。根据实际应用对自己的数据库表中的数据进行一些基本查询操作。

将自己设计的数据库备份到移动存储设备中。

实验 4　多表 SQL 查询语句练习

一、实验目的

1．掌握多表之间的连接查询。

2．掌握使用集函数完成特殊的查询。

3．学会对查询结果排序。

4．练习数据汇总查询。

二、实验内容

从 edu_d 数据库中的 stu_info、xk、gdept、gfied、gban、gcourse 表中做以下查询。

1．查询信息科学与工程学院的学生的学号、姓名、性别。

2．查询成绩在 85 分以上的学生的学号、姓名、课程名称。

3．查询学号的前 4 位是'2001'的学生的学号、姓名、学院名称。

4．查询高等数学（kch='090101'）成绩不及格的学生的学号、姓名。

5．查询信息科学与工程(xsh='12')学院考试成绩不及格的同学的学号、姓名、课程名称。

6．查询每个同学在 2001—2002 学年第一学期（kkny='20011'）的总分、平均分。

7．查询 2001—2002 学年第一学期（kkny='20011'）选修课程超过 10 门的学生的学号、姓名、学院名称。

三、设计操作

根据具体应用，针对自己的数据库进行多表查询、统计汇总等操作。

将自己设计的数据库备份到移动存储设备。

实验 5　嵌套查询和集合查询

一、实验目的

1. 掌握多表之间的嵌套查询。
2. 掌握使用集函数完成特殊的查询。
3. 学会对查询结果排序。
4. 练习集合查询。

二、实验内容

1. 使用嵌套查询语句查询高等数学（kch='090101'）成绩不及格的学生的学号、姓名。
2. 使用嵌套查询语句查询信息科学与工程学院的学生的学号、姓名、性别。
3. 查询与李明同学在同一个专业学习的同学的学号、姓名、性别、班级，并按学号升序排序。
4. 使用嵌套查询语句查询材料科学与工程学院所开设的各专业号、专业名称。
5. 使用嵌套查询语句查询信息科学与工程学院的男生中年龄最小的学生的信息。
6. 查询化学化工学院的各班的人数。

三、设计操作

根据具体应用，针对自己的数据库进行嵌套查询、使用集函数的查询等。

进一步修改、完善自己的数据库设计。

实验 6　SQL Server 2000 中视图的创建和使用

一、实验目的

1. 学会在 SQL Server 2000 中创建、更新、删除视图，并对视图执行各种情况的数据查询。
2. 了解视图的外模式特征。

二、实验内容

1. 建立视图，从数据库 edu_d 的表 stu_info 中查询全校共有多少个班级。
2. 建立视图，从数据库 edu_d 的表 stu_info 中查询全校各个班级的名称。
3. 建立视图，查询材料学院（xsh='01'）和化学院(xsh='02')学生的姓名、性别、班级等信息。
4. 建立视图，查询材料学院姓张的学生。
5. 建立视图，在 xk 表中查询选修了课程的学生人数。
6. 建立视图，在 xk 表中查询各门课程及相应的选课人数。
7. 建立视图，在 xk 表中查询选修了 45 门以上课程的学生及选课数。
8. 建立视图，查询材料学院"材 0168 班"的每个学生及其选修课程的情况。
9. 建立视图，在 stu_info 中查询选修了高等数学的学生姓名。

三、设计操作

给自己的数据库创建视图。

根据第 5 章的内容，撰写自己选题的需求分析报告，并画 E-R 图。

实验 7 SQL Server 2000 中数据的控制与维护

一、实验目的

1. 了解数据库的安全机制，授权不同用户的数据访问范围。
2. 掌握数据库中数据的备份与还原操作。
3. 熟悉 SQL Server 2000 中的数据导入、导出功能。

二、实验内容

1. 使用 SQL 企业管理器在 SQL Server 上创建一个登录用户，它使用 SQL Server 认证，能访问 pubs 数据库。
2. 允许用户 TestUser 具有在 pubs 数据库上创建表的能力。
3. 掌握数据库的备份与还原操作。
4. 使用导入/导出向导，从 pubs 数据库的 titles 表中提取所有数据，并导出到一个 EXCEL 文件中。

三、设计操作

备份并还原自己设计的数据库。

实验 8 数据定义和数据更新

一、实验目的

1. 学会用 SQL 语句创建数据表，包括插入、修改和删除等。
2. 掌握用 SQL 语句进行数据更新。

二、实验内容

1. 把实验 2 中的 3 张表用 SQL 语句定义，并用 SQL 语句输入数据。
2. 删除 PS 表中的 S3 所供应的所有商品信息。
3. 把 PS 表中的各种商品的价格提高一倍。

三、设计操作

以规范化理论为指导，进一步完善自己的数据库，完成设计操作题。

附录 A   Delphi/SQL Server 开发与编程

Delphi 中开发数据库应用程序，需要使用数据库连接组件、数据集组件和数据显示/编辑组件。Delphi7 提供了两种访问数据库的方式，即 BDE 和 ADO。ADO 是微软公司面向各种数据的高层接口，可以访问各种数据类型，包括关系型数据库和非关系型数据库、电子邮件与文件系统、文本与图片及客户事务对象等。由于使用的高效性和方便性，ADO 方式越来越多地被使用。本书仅介绍在 Delphi 7 中使用 ADO 方式访问 SQL Server 2000 数据库的方法。

A.1   Delphi 数据库应用程序结构

Delphi7 数据库应用程序在逻辑上通常由两部分构成：一是数据库访问链路，二是用户界面，如图 A-1 所示。

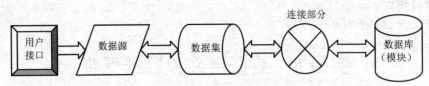

图 A-1   Delphi7 数据库应用程序结构

1．用户界面

用户界面是用户与系统的接口，用于将数据库中的数据显示出来，或者使用户通过界面操作控制数据库中的数据。用户界面通过在窗体上放置数据显示/编辑组件的方式实现。图 A-2 所示为数据库操作的界面。

2．数据源

数据源组件是数据显示组件和数据集组件之间的中介，数据集从数据库获取数据后，将其发送到数据源，然后数据源将数据送到界面上的数据显示组件进行显示，通过组件面板的 Data Access 页中的组件进行数据源设计。

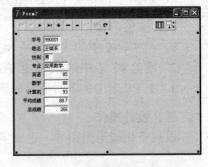

图 A-2   数据库操作的界面

3．数据集

数据集是数据库应用程序的核心。数据集组件保存了一系列从底层的数据库取出的记录。这些记录的数据可以取自一个数据表、一个数据表的若干个字段或多个数据表的若干字段。数据集组件实际上是为应用程序提供了一个缓冲区来保存数据库中实际存在的表的数据。本书主要介绍 ADO 数据集，可以通过组件面板的 ADO 页中的组件进行设计。

4．连接部分

不同类型的数据集采用不同的机制连接底层数据库，常用的有 BDE 和 ADO 方式。由于数据存取机制不同，每种数据集使用不同的链接组件连接数据库服务器。

5．数据模块

从图 A-1 可以看出，数据模块用于放置数据库组件，相当于一个容器。通过数据模块组件来组织数据库组件有以下两个主要的优点：一是这些不可视组件不用直接放在窗体上，简化了窗体的设计；二是可以对数据库相关组件进行统一管理，共享相同的内容。例如，如果在两个窗体上放置了同一张表，只是显示方式不同，如果不采用数据模块，可能就需要在每个窗体上放置一个表组件，而采用数据模块后，只需要放置一张表即可。可见，数据模块体现了 Delphi 面向对象和组件重用的特征。

A.2　ADO 组件

ADO（Active Data Object）是由微软所制定的一组提供给应用程序存取数据库的组件。微软的 ADO 主要由 7 个对象和 4 个数据集合组成。7 个对象是 command、connection、parameter、recordset、field、property 和 error；4 个数据集合是 fields、properties、parameters 和 errors。把这 7 个对象和 4 个数据集合称为 ADO 原生对象。Delphi 7 的 ADO 组件是对 ADO 原生对象加以封装，以 VCL（Visual Component Library，可视化组件库）组件呈现的。通过 ADO 组件，可以开发出功能完整的数据库应用程序。

ADO 组件位于组件面板的 ADO 组件页，如图 A-3 所示。

1．ADOConnection 组件

ADOConnection 组件的主要作用是建立与数据库的链接。使用 ADO 访问数据库，必须先与其连接。ADO 数据集及操作组件可以共用 ADOConnection 来执行命令，并执行相应的操作。ADOConnection 组件通过 ConnectionString 属性的设置和操作建立与数据库的连接。ConnectionString 属性是一个字符串，指定一个到 ADO 的数据存储及其属性的连接。通常可以直接使用属性编辑器生成连接串，其生成过程如下。

① 向当前窗体上添加一个 ADOConnection 组件并选中这个组件，在对象浏览器中双击这个组件的 ConnectionString 属性，弹出如图 A-4 所示的对话框，选中 Use Connection String，然后单击"Build…"按钮。

组件	名称
	ADOConnection
	ADOCommand
	ADODataset
	ADOTable
	ADOQuery
	ADOStoredProc
	RDSConnection

图 A-3　ADO 组件

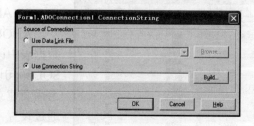

图 A-4　设置 ConnectionString 属性的对话框

② 系统弹出"数据链接属性"对话框，如图 A-5 所示。对于 SQL Server 2000 数据库，

选择"Microsoft OLE DB Provider for SQL Server"，单击"下一步"按钮。

③ 在所出现的如图 A-6 所示的"数据链接属性"对话框的"连接"页上输入数据库服务器的名称，输入服务器的登录信息，选择数据库名称，然后单击"测试连接"按钮，若所设置的属性正确，则将出现"测试连接成功"对话框。至此，连接属性设置完毕。

图 A-5　"数据链接属性"对话框

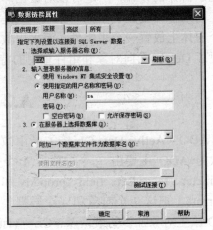
图 A-6　"数据链接属性"对话框

【例 A-1】　利用 ADOConnection 组件显示数据表的内容：

所用到的组件属性如表 A-1 所示。

表 A-1　组件属性表

组 件 类 型	组 件 名	属 性 名	属 性 值
连接组件（ADOConnection）	ADOConstu	ConnectionString	Provider=MSDASQL.1;Persist Security Info=False; Data Source=LocalServer;Initial Catalog=edu_d
		Connected	True
ADO 数据表（ADOTable）	ADOTable	Connection	ADOconstu
		Tablename	edu_d
		Active	True
数据源（DataSource）	DSstu	DataSet	Adotable
表格显示（DBgrid）	Grdstu	DataSource	Dsstu
数据浏览	Nag	DataSource	Dsstu

图 A-7　ADOConnection 应用程序窗口

程序窗口如图 A-7 所示。

2. ADODataset 组件

ADODataset 组件主要用于从数据库的一个或多个数据表中读取数据。可以直接读取数据表，也可以通过 SQL 语句访问数据表。在使用 ADODataset 访问数据之前需要建立它与数据库之间的关联，建立这种关联可以通过设置 ADODataset 的 ADO Connection String 属性或者设置 Connection 属性为 1 个 ADOConnection 组件。ADODataset 组件的主要属性有 ConnectionString、Connection、Commandtext 和 Commandtype。

（1）ConnectionString 属性

ConnectionString 属性用于指明数据库连接信息。例如：

```
adodataset1.connectionstring='provider=sqloledb.1;user id=sa;
datasource=xscl;initioal catalog=xscj;persist security info=false; '
```

（2）Connection 属性

Connection 属性用于指明 ADO 组件与数据库联系的方式。例如：

```
adodataset1.connection:=adoconnection1;
```

也可以在程序设计阶段，从用户查看器的 Connection 属性栏的下拉菜单中选择可能的 TADOConnection 对象。

（3）Commandtext 属性

Commandtext 属性用于存储 SQL 语句、数据表名或存储过程名。例如：

```
ADODataset1.commandtext:= 'SELECT * FROM xs';
```

（4）Commandtype 属性

Commandtype 属性用于指出 Commandtext 中所存储的命令类型。Commandtype 属性的常用值及其含义列于表 A-2 中。

表 A-2　Commandtype 属性的常用值及其含义

常 用 值	含 义
CmdText	Commandtext 存储的是 SQL 命令
CmdTable	Commandtext 存储的是数据表名
CmdstoredProc	Commandtext 存储的是存储过程名
CmdTabledirect	Commandtext 存储的是数据表名，并且数据表所有字段都会回传在结果的数据表中

3. ADOTable 组件

ADOTable 组件主要用于从单个数据表中读取数据，它的主要属性有 Connectionstring、Connection 和 Tablename。Connectionstring 和 Connection 属性的含义与使用 ADODataset 组件相同，Tablename 属性指出数据表名。

4. ADOQuery 组件

ADOQuery 组件通过使用 SQL 语句对数据表查询来读取数据，它还可以执行 DDL 语句，如 CREAT TABLE 语句。它的主要属性有 ConnectionString、Connection、DataSource、SQL 和 Parameters。ConnectionString 和 Connection 属性的含义与上述的相同，DataSource 指出数据源名称，SQL 是需要执行的 SQL 语句，Parameters 存储的是 SQL 语句所需的参数。

5. ADOStoredProc 组件

ADOStoredProc 组件用于执行存储过程，它的主要属性有 ConnectionString、Connection、Datasource、ProcedureName 和 Parameters。ConnectionString 和 Connection 属性的含义与使用 ADODataset 组件相同。Datasource 属性指出数据源名称，ProcedureName 是需执行的存储过程名，Parameters 是需执行的存储过程所需要的参数。

6. ADOCommand 组件

ADOCommand 组件主要用于执行不返回数据结果的 SQL 命令，如 Insert、Update 等，也可以执行存储过程。它的主要属性有 ConnectionString、Connection、Commandtext、Commandtype，这些属性的含义和使用方法同 ADODataset 组件。

A.3　数据源组件和数据显示/编辑组件

1. 数据源组件

数据源组件位于组件面板的 Data Access 页上，如图 A-8 所示。数据源组件在 ADO 数据集组件（包括 ADODataset、ADOTable、ADOStoredProc 和 ADOQuery 等）与数据显示/编辑组件之间提供了一个接口，起着两者之间通信的媒介作用。每个数据显示/编辑组件通过数据源连接 ADO 数据库组件，取得要显示和操纵的数据。同时，ADO 数据集组件为了让它的数据被显示和操纵，必须连接数据源组件。

数据源组件的主要属性为 Dataset，用于指出数据集。例如：

　　　　datasource.dataset=ADOQuery1;

2. 数据显示/编辑组件

组件面板的 Data Control 页中的组件主要用于显示或编辑数据源提供的数据，如图 A-9 所示。它们都是数据敏感组件，使用它们可以建立应用程序的用户界面。数据显示/编辑组件将数据表的数据显示在窗体中，并实现与用户之间的交互。Delphi 的数据显示组件非常丰富，功能非常强大。常用的数据显示/编辑组件是 Dbgrid、Dbnavigator、DBtext、Dbedit、Dbmemo、DBimage 等组件。

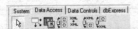

图 A-8　数据源组件在组件面板上的位置　　　　　图 A-9　数据显示/编辑组件面板

（1）DBgrid 组件

DBgrid 组件采用网格的方式显示数据表中指定字段的数据，并能够让用户编辑这些数据。表 A-3 列出了 DBgrid 组件的主要属性值及含义。DBgrid 组件的事件列于表 A-4 中。

表 A-3　DBgrid 组件的主要属性值及含义

属　　性	含　　义
Datasource	该属性指定 Dataaccess 组件的数据源，通过这个数据源 Datacontrol 组件才能访问数据库中的数据。该属性一般可以通过下拉菜单进行选择
Columns	该属性是 Tcolumn 对象的集合，集合中的每一个对象均有一个索引值，用于指定 DBgrid 中的列和 Datasource 相联系的数据集组件中字段的对应关系
Fixedcolor	该属性指定 DBgrid 边框的颜色（滚动条的颜色不会改变）
Option	该属性描述了 DBgrid 的性质
Title font	该属性设置表格中标题的字体

表 A-4　DBgrid 组件的事件

事　件　名	含　　义
Onclickcellclick	该事件在鼠标选中表中的单元格并释放鼠标右键时被触发
Oncolenter	该事件在光标移动向新的单元格的时候被触发
Oncolexit	该事件在光标离开单元格之前被触发

续表

事 件 名	含　　义
Oncolumnmoved	该事件当用户用鼠标移动表格的时候被触发
Ondragdrop	该事件当用户放下一个拖动的对象时被触发
Ondragover	当用户拖动一个对象到组件之上时被触发

（2）DBnavigator 组件

DBnavigator 组件主要用于执行在数据集中浏览数据和编辑数据的操作，如记录的定位、插入记录、删除记录、保存用户对记录的修改等。DBnavigator 的外观如图 A-10 所示，其各按钮的功能描述如表 A-5 所示。

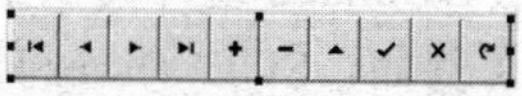

图 A-10　DBnavigator 的外观

表 A-5　DBnavigator 中各个按钮的功能描述

提 示 信 息	功 能 描 述
First Record	数据库中的指针位置指向第 1 条记录
Prior Record	使数据库中的指针位置指向当前位置的前 1 条记录
Next Record	使数据库中的指针位置指向当前位置的后 1 条记录
Last Record	使数据库中的指针位置指向最后 1 条记录
Insert Record	向数据库中插入 1 条记录
Delete Record	删除数据库中的 1 条记录
Edit Record	使数据库中的记录处于编辑状态
Post Record	提交对数据库进行的修改
Cancel Edit	关闭编辑状态，回到浏览状态
Refresh Data	刷新数据控制组件中的数据

DBnavigator 组件的主要属性如下。

- Datasource：通过这个属性使本组件与被其控制的数据集联系起来。
- Visiblebuttons：决定了本组件在用户界面上显示的按钮的组合。nbFirst、nbPrior、nbNext、nbLast、nbIansert、nbDelete、nbEdit、nbPost、nbCancel、nbRefresh 这 10 个属性分别对应着 10 个按钮。不同的组合使 DBnavigator 组件显示出不同的状态。
- Hints：程序运行时，鼠标移至 DBnavigator 某按钮时弹出的提示信息，通过单击 Hints 属性右边的省略号可以进入提示信息编辑对话框。
- ShowHint：为 True 时，能在运行时刻显示提示信息。
- Visible：决定运行中 DBnavigator 组件是否可见。

通过对该属性的控制，可以实现在运行中动态的增加或减少 DBnavigator 中的按钮。

（3）DBtext 组件

DBtext 组件类似于 Standard 页上 Label 组件。DBtext 组件主要用于显示数据集中字段类型为文本型的字段值，不能用于编辑数据库中的数据。

DBtext 的 Workwrap 属性设置为 True 时，允许当所显示值的长度超过 DBtext 设计的长度时折行显示。

（4）DBedit 组件

DBedit 组件显示和编辑数据源中记录的字段，可以参照 DBtext 组件建立 DBedit 在数据库应用程序中的应用。

（5）DBmemo 组件

在 DBgrid 中不同显示数据类型为 Graph 和 Memo 字段中的内容，可以使用 DBmemo 及 DBImage 分别显示字段中的内容。

DBmemo 组件提供了 1 个显示和编辑数据库中多行文本的工具。

（6）DBimage 组件

DBimage 组件提供了 1 种显示数据库中图像字段的方法。

例如，SQL server 的 image 类型字段即可用该组件显示。表 A-6 列出了 DBimage 组件的主要属性和方法。

表 A-6　DBimage 组件的主要属性和方法

属性和方法	含　义
Autodisplay	决定是否在运行时自动显示图形
Stretch	为 True 时，通过 DBimage 组件显示的图形将根据 DBimage 组件的大小自动调整尺寸
Copytoclipboard	该过程将把当前 TDBimage 组件中显示的图形赋值到剪切板
Cuttoclipboard	该过程可以把当前 TDBimage 中的图形剪切到剪切板
Loadpicture	该过程将从一个文件中加载图片到当前的 TDBimage 组件中
Pastefromclipboar	该过程将剪切板上的内容粘贴到当前 TDBimage 组件中

除了上述组件外，用于数据显示/编辑的组件还有 DBlistbox、DBcombobox、DBcheckbox、DBradiogroup、DBlookuplistbox、DBlookupcombobox 等，可根据需要选择使用。

A.4　设计数据模块连接数据库

以下介绍设计数据模块连接数据库的方法。

1. 创建数据模块

创建数据模块的步骤如下。

① 启动 Delphi 7。

② 在主选菜单中选择"File"→"New"→"DataModule"，将新建数据模块的 Name 属性设置为"DMCP"，如图 A-11 所示，此时将新建一个空数据模块 DMCP，如图 A-12 所示。

图 A-11　设置 Name 属性

图 A-12　新建的空数据模块 DMCP

③ 向数据模块中添加连接组件。

向数据模块中添加连接组件的步骤为，在"ADO"组件面板上选择"ADOConnection"组件，将其放入 DMCP。将 ADOConnection 组件的 Name 属性设置为 ADOCP，如图 A-13 所示。

④ 设置 ADOCP 的 ConnectionString 属性，选择如图 A-13 所示的"ConnectionString"属性右边的文本框，单击"…"按钮，将出现如图 A-14 所示的设置数据库连接串生成器对话框。

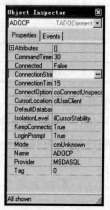

图 A-13　设置为"ADOCP"

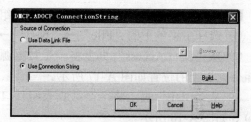

图 A-14　数据库连接串生成器对话框

⑤ 选择"Use Connection String"，单击"Build…"按钮，在其中选择"Microsoft OLE DB Provider for SQL Server"，然后单击"下一步"按钮。

⑥ 在所出现的界面中输入数据库服务器名、选择身份认证方式、选择数据库 edu_d，然后单击"确定"按钮。

⑦ 在如图 A-13 所示的的界面中将 ADOCP 组件的 LoginPrompt 属性设置为 False。

至此，ADOConnection 组件的属性设置完成，以后所要用到的数据集组件的 Connection 属性均设置为 ADOCP。加入 ADOconnection 组件后的数据模块界面，如图 A-15 所示。

【例 A-2】　在 Delphi 7 中设计程序将 edu_d 数据库中 stu_info 表的所有记录显示出来。

设计步骤如下：

① 按图 A-16 所示进行界面设计：在窗体中放置一个 Lable 组件，其 Caption 属性为"学生信息"；然后再放置一个 ADOConnection、一个 Datasource、一个 ADOtable 和一个 DBGrid 组件，这 4 个组件的属性按表 A-7 所示进行设置。

图 A-15　含 ADOConnection 组件的数据模块界面

图 A-16　例 8-2 的设计界面

② 单击"运行"按钮，运行该程序。

表 A-7　组件对象属性表

组 件 类 型	组 件 名	属 性 名	属 性 值
ADOConnection	ADOConnection1	ConnectionString	由生成器生成连接字符串
		Loginprompt	False
ADOTable	ADOTable1	Connection	ADOConnection1
		Tablename	edu_d
		Active	True
Datasource	Datasource1	Dataset	Adotabl1
Dbgrid	Dbgrid1	Datasource	Datasource1

【例 A-3】　直接在窗体中放置数据访问组件，创建一个简单数据库应用程序。

① 选择主菜单下的"File"→"New"→"Application"，创建一个应用程序。

② 从"Data Access"页上将一个数据源组件 Datasource 拖放到主窗体上。数据库组件在组件面板上的位置如图 A-17 所示。

③ 从"BDE"页上将一个数据表组件 Table 拖放到主窗体上。数据表组件在组件面板上位置如图 A-18 所示。

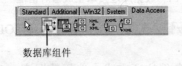
数据库组件

数据表组件

图 A-17　数据库组件在组件面板上的位置　　　图 A-18　数据表组件在组件面板上的位置

④ 从"Data Control"页上将一个表格显示数据表中的记录。DBnavigator 组件用于对数据表进行编辑和浏览。两个组件在组件面板的位置如图 A-19 所示。

DBgrid 组件　　　　　　　　DBnavigator 组件

图 A-19　表格、导航组件在组件面板上的位置

⑤ 按表 A-8 设置各组件对象的属性。

表 A-8　窗体和组件对象属性表

组 件 类 型	组 件 名	属 性 名	属 性 值
窗体（Form）	Formdbapp	Caption	第一个 Delphi 数据库应用
数据表（Table）	Tabstu	Databasename	LocalServer
		Tablename	DBo.STU_INFO
		Active	True
数据源（Datasource）	Dsstu	Dataset	Tabstu
表格显示（DBgrid）	Grdstu	Datasource	Dsstu
数据浏览（DBnavigator）	Nagstu	Datasource	Dsstu

设置完毕后，可以在主窗体上看到 XS 表已经显示出来。不用写一行代码，而且没有运

行程序，在 DBgrid 上已看到数据库的表 XS 的内容，即看到执行后的结果，这在 Delphi 中称为 Live Data。

⑥ 运行程序，现在就可以直接在 DBgrid 上添加、修改、删除数据。

例 A-2 所创建的就是一个基本数据维护的应用程序，不用书写任何代码。由此可见，Delphi 在数据库程序设计方面的确称得上是一套快速开发工具（RAD Tools）。

【例 A-4】 使用数据模块，创建与例 A-2 完成同样功能的应用程序。

① 选择主菜单下的"File"→"New"→"Application"命令，创建一个应用程序。

② 选择主菜单下的"File"→"new"→"Data module"命令，创建一个数据模块。

③ 向数据模块中添加一个数据源组件 DataSource 和一个数据表组件 Table，添加了这两个组件后的数据模块，如图 A-20 所示。

图 A-20　数据模块

④ 向主窗体中添加一个表格显示组件 DBgrid 和一个数据浏览组件 DBnavigator，如图 A-21 所示。

⑤ 保存数据模块单元为 DMUstu，保存主窗体单元为 formmain。

⑥ 用鼠标单击主窗体，选择主选单下的"File"→"Use Unit"命令，选择数据模块对应的单元文件。在本例中对应的单元文件就是 SDMUstu，如图 A-22 所示。单击"OK"按钮，使主窗体的单元文件能够引用数据模块的单元文件。查看主窗体的单元文件 Formmain 代码，会发现在实现部分增加了一条语句：uses DMUstu，该语句由本步操作过程产生，表明主窗体引用了这个数据模块。

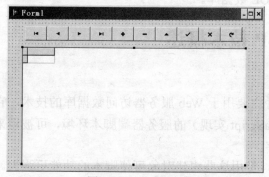

图 A-21　主窗体

图 A-22　在主窗口中引用数据模块

⑦ 按表 A-9 设置各组件对象的属性。

表 A-9　组件对象属性表

组 件 类 型	组 件 名	属 性	属 性 值
数据模块（Data Module）	Dmstu	Name	Dmstu
数据表（Table）	Tabstu	Databasename	Student
		Tablename	Students
		Active	True
数据源（Datasource）	Dsstu	Dataset	Tabstu
表格显示（DBgrid）	Grdstu	Datasource	Dmstu.dsstu
数据浏览（DBnavigator）	Nagstu	Datasource	Dmstu.dsstu

⑧ 按"F9"键运行程序。

附录 B　ASP/SQL Server 开发与编程

过去，基于客户-服务器（Client/Server）的计算模式为实现企业级的信息共享起到了十分重要的作用。但 C/S 模式也有其固有的弱点，如软件实现复杂度高、维护代价高、缺乏开放标准、不能跨平台运行等。随着计算机网络技术和 Internet 的迅速发展，特别是 Web 技术的兴起与普及，C/S 模式正向基于 Web 的网络计算体系演变。当前基于 Web 的计算平台已经成为网络计算平台的主流。

基于 Web 的计算技术采用 B/C/S（Browser/Client/Server）三层体系结构。用户界面统一使用浏览器，Web 服务器作为信息系统的客户机，代表用户访问服务器，其中最重要的就是数据库服务器。这样，软件开发工作主要集中于服务器端应用程序，无须开发客户端应用程序，服务器端的所有应用程序都通过 Web 浏览器在客户机上运行。由于各种操作系统都支持 Web 浏览器的运行，所以基于 Web 的应用可以方便地实现跨平台操作。

在基于 Web 的三层计算模式中，Web 服务器访问数据库的技术是应用系统开发的关键。有多种在 Web 环境下操作数据库的方法，较有代表性的技术是 CGI（Common Gateway Interface，公共网关接口）、Web Server API（如 NSAPI、ISAPI）、JDBC、ASP（Active Server Pages）。下面主要介绍使用 ASP 技术操作 SQL 数据库。

B.1　ASP 技术概述

1．ASP 概述

ASP 是微软公司随其 IIS3.0 推出的一种主要用于 Web 服务器访问数据库的技术，它提供使用 VBscript 或 Jscript（Microsoft 的 JavaScript 实现）的服务器端脚本环境，可被用来创建和运行动态、交互的 Web 服务器应用程序。

ASP 提供了一些内建（build-in）对象，使用这些内建对象可使脚本的功能更强大。在 ASP 中还可以使用另外的 Activex 控件扩展功能和自定义的 Activex 控件。ASP 最吸引人的是它提供的访问数据库的能力，使用 ADO 对象就可以很方便地与数据库建立连接，对数据库进行操作。

使用 ASP 时，在 HTML 中嵌入服务器脚本，所形成的文件扩展名为.asp，这种文件也称为 Activex 脚本文件。当浏览器向服务器请求.asp 文件时，服务器端脚本将不被发送到浏览器，而是在 Web 服务器上执行。

通常用 Vbscript 脚本语言编写脚本程序嵌入 HTML 中。与编写 HTML 文件一样，可以使用任何文本编辑程序编写 ASP 脚本文件，而使用 Visual Interdev 开发 ASP 应用程序是很方便和高效的。

2．IIS/Web 服务器的配置

要调试 ASP 脚本程序，双击文件图标或在浏览器中打开文件都是不行的，必须通过 Web 服务器端的处理才能在浏览器中浏览到结果页面。实际上，Web 服务器将扫描 ASP

脚本文件，执行服务器脚本，将执行结果替换文件中的服务器脚本部分形成 HTML 发送到浏览器。

ASP 的执行由 IIS/Web 服务器完成。要使得 Web 服务器执行制定的脚本，必须进行适当的配置。可以将要执行的 ASP 脚本配置为 1 个站点，也可以配置为 1 个虚拟目录。

在 Windows XP Server/IIS 中创建 Web 站点的方法如下：

① 首先启动 Internet 服务管理器："开始" → "管理工具" → "Internet 服务管理器"。

② 在"管理 Web 站点"上单击鼠标右键，选择"新建" → "站点"，依次输入站点名，选择站点 IP 地址和端口号，制定站点主目录路径及用户对站点的访问权限，站点就创建完成了。此时，在 Internet 服务管理器中可以看到新建的站点及其内容（如 test1）。

③ 要修改已有站点的配置值，首先选中站点，在站点名上单击鼠标右键，选择属性，将出现"站点属性编辑"对话框，在该对话框中可以修改 Web 站点标识、主目录、文档等属性。

新建虚拟目录与虚拟目录属性的修改方法与站点类似，只要选择新建虚拟目录或选择虚拟目录名即可。

④ 创建站点后，就可以在浏览器中访问 ASP 脚本，因为刚才创建了站点 test1，并将 s1.asp 指定为该站点的默认文档，所以在浏览器的地址栏中输入 http://localhost，即可访问 s1.asp 文件。

3．ASP 使用的脚本语言

ASP 中可嵌入的脚本语言可以是 VBScript 和 JScript。此外，还可通过 plug-in 方式，使用由第三方提供的脚本语言，如 perl、tel 等。

ASP 默认的脚本语言是 VBScript，若要嵌入 JScript 脚本，需要用 Script 标记 Language 属性制定语言的名称，并用"runat＝ " server " "属性指定脚本由服务器执行。

B.2　ASP 的内建对象

ASP 对象是特别为 Web 页面设计提供的，这些对象可以搜索及存储随浏览器发送的信息、响应浏览器等。ASP 内建对象列于表 B-1 中。

表 B-1　ASP 内建对象

对 象 名	描　　述
Server	提供服务器的信息
Application	记录不同网页的共享信息
Session	记录来访用户的信息
Request	获取浏览器的信息
Response	发送用户信息
Objectcontext	提交或终止由 ASP 脚本启动的事务
ASPError	捕捉 ASP 错误，返回错误描述

ASP 对象是全局对象，不必事先声明就可以直接使用。例如，response.write(" 你好 ")，直接使用 response 对象，传送信息到浏览器。

1．Response 对象

使用 response 对象可以控制发送给用户的信息，包括直接发送信息到浏览器，以及重新定向到其他 URL 或设置 Cookie 值。Response 对象共有 5 个属性和 8 个方法，在程序设计中，通常使用 Response 的 Write 方法向浏览器传送响应。表 B-2 列出了 Response 对象的常用属性和方法。

表 B-2　Response 对象的常用属性和方法

名　　称	类　　别	描　　述
Buffer	属性	指示缓冲页面是否完成
State	属性	返回的 http 服务器状态
Appendheader	方法	添加或更新 html 头部的内容
Clear	方法	清除缓冲的 html 的输出
End	方法	停止处理页面并返回当前的结果
Redirect	方法	通知浏览器连接指定的 URL
Write	方法	将指定的内容写入页面文件

2．Request 对象

Request 基本上是与 Response 相对应的对象，其作用是用于读取浏览器的信息。Request 对象又包含 5 个对象集合，这些对象集合的值是只读的。表 B-3 列出了这 5 个对象集合的名称和描述。

表 B-3　Request 的对象集合

名　　称	描　　述
Cookie	发送到浏览器或来自浏览器的 cookie 信息
Clientcertificate	浏览器的权限验证值
Form	发送到浏览器或浏览器发来的表单值
Querystring	http 查询串中的变量值
Servervariable	http 环境变量的值

3．Server 对象

Server 对象是最基本的 ASP 对象，它有 1 个属性 Scripttimeout 和 4 个方法，表 B-4 列出了 Server 对象的属性和方法。

表 B-4　Server 对象的属性和方法

名　　称	类　　别	描　　述
Scripttimeout	属性	脚本终止前服务器允许脚本运行的时间片长度，默认值为 90 秒
Createobject	方法	创建对象或服务器组件的实例
Htmlencode	方法	Html 编码串
Mappath	方法	转换虚拟路径为物理路径
Urlencode	方法	URL 编码串

其中，Createobject 是最有用的方法，它可以在 ASP 脚本中加入服务器组件和 Activex 对象。Active Server 组件（即服务器组件）是在 Web 服务器中作为 Web 应用程序的一部分运行的，这些组件允许用户扩充脚本功能。服务器组件一般从 ASP 中启动，但也可以从其他资源（如 ISAPI 应用程序）中启动。

服务器组件包括 Advertisment Rotator、Browser Capabilities、Context Linking、Data Access、

File Access 及 Text Stream 等，其中较常用的是 File Access 组件。File Access 组件（名为 Filesystenobject）提供访问服务器的文件系统，使用以下代码将创建 Filesystemobject 实例：

```
set objfs=creatobject( " scripting.filesystemobject " )
```

4．Application 对象

由于 Web 站点可以同时运行多个 ASP 应用程序，所以必须有一种管理这些应用程序的方法，Application 对象就是用于这个目的，它可以保存脚本程序的信息，处理请求和响应事件。Application 对象不会随网页执行结束而消失，它会存在一段时间，其存在事件在 Web 站点配置中设置，默认值是 20 分钟，即若 1 个站点在这个时间内没有用户连接，Application 存储的内容即消失。Application 对象还有另外一个特征，就是它为所有的 ASP 文件及连接者共享。

正是由于 Application 对象具有上述特征，若希望在 1 个 ASP 文件执行结束后，其变量或对象的值还能保存下来，就可以利用 Application 对象，方法是：

```
application( " 变量名 " )=变量名  或  set application( " 对象名 " )=对象名
```

5．Session 对象

Session 对象和 Application 对象一样也是各 Asp 文件的共享对象。但两者的区别是，各个用户只能共享一个 Application 对象，而每个用户却可以拥有自己的 Session 对象，Session 对象只在不同页面之间共享信息。

Session 对象有 3 个属性：SessionID、Timeout 和 Value。Timeout 用于设置 Session 对象的生存时间（默认为 20 分钟，与 application 相同）。Session 对象也提供了两个事件驱动接口：Onstart 和 Onend 事件，会话开始时激活 Onstart 事件，会话结束或超时时激活 Onend 事件。

B.3　使用 ADO 操作 SQL Server 数据库

B.3.1　ADO 数据库接口简介

1．ADO 访问 SQL Server 的编程接口

ADO 是一种功能强大的数据库应用程序接口，通过 ADO 访问 SQL Server 数据库的编程接口如图 B-1 所示。

2．ADO 编程模型

ADO 编程模型由 Connection、Command、RecordSet 三种对象构成。

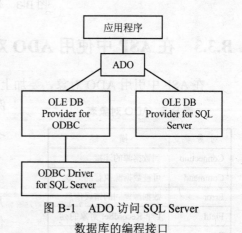

图 B-1　ADO 访问 SQL Server 数据库的编程接口

● Connection 对象：用于建立与数据源的连接，通过连接可从应用程序访问数据源。

● Command 对象：在建立 Connection 对象后，通过 Command 对象可对数据源中的数据进行各种操作，如查询、添加、删除、修改等。

● RecordSet 对象：代表某一连接表的记录集或 Command 对象的操作结果。

ADO 是采用层次框架实现的，其层次结构如图 B-2 所示。

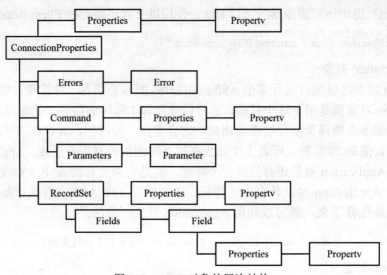

图 B-2　ADO 对象的层次结构

B.3.2　ASP 访问数据库简介

使用 ASP 技术访问数据库的处理过程如图 B-3 所示。

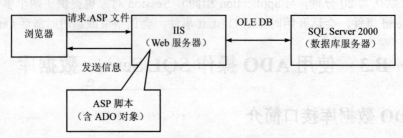

图 B-3　使用 ASP 技术访问数据库

B.3.3　在 ASP 中使用 ADO 对象

在 ASP 中引用 ADO 对象，要加上前缀 " ADODB " 。

表 B-5　ADO 对象表

对象名	描　述
Connection	到数据源的连接
Command	可被数据源执行的命令
Error	数据源返回的错误信息
Field	1 个 RecordSet 对象的列
Parameter	命令参数
RecordSet	数据源返回的记录数

例如，以下语句将创建一个 RecordSet 对象：

```
<%
    Set rs=Server.CreateObject( " ADODB.RecordSet " )
%>
```

几个常用的 ADO 对象列表于 B-5 中。

使用 ADO 的一般流程是：连接到数据源（如 SQL Server）→给出访问数据源的命令及参数→执行命令→处理返回的结果集→关闭连接。

ASP 操作数据库最重要的 3 个对象是 Connection、RecordSet 和 Command，下面对这三个对象进行较详细的讨论。

1. Connection 对象

要访问 SQL Server，首先要使用 Connection 建立 Web 服务器到数据源的连接。使用 SQL Server 的 OLE DB 提供者 SQLOLEDB，可以建立一个到 SQL Server 2000 的连接。下面的代码即可以实现到 SQL Server 2000 的连接：

```
<html><body>
<%'创建 1 个 ADO Connection 对象
Set cn=Server.CreateObject( " ADODB.Connection " )
'指定 OLE DB 提供者
cn.Provider= " SQLOLEDB "
'赋予 OLE DB 连接串
Provstr= " Server=ise_tanghk;Database=edu_d;UID=lo;PWD=1123;   "
Cn.open Provstr
Response.Write( " <br> " &cn.Attributes)
Response.Write( " <br> " &cn.CommandTimeout)
Response.Write( " <br> " &cn.Connectionstring)
Response.Write( " <br> " &cn.Cursorlocation)
Response.Write( " <br> " &cn.DefaultDatabase)
Response.Write( " <br> " &cn.IsolationLevel)
Response.Write( " <br> " &cn.Provider)
Response.Write( " <br> " &cn.Version)
%>
</body></html>
```

本例中 OLE DB 连接串由变量 ProvStr 给出，其中，参数 Server 指定 SQL Server 服务器实例名（本例中 SQL Server 服务器名为 ise-tanghk），Database 指定数据库名，UID 指定用户名，PWD 指定用户密码。注意，要在 SQL Server 服务器中加入指定用户作为该服务器的合法登录者，将 1 个用户指定为 SQL Server 服务器的合法用户。

在建立了与 SQL Server 上指定的数据库连接后，便可以给出命令序列（如查询）对 SQL Server 执行，然后返回结果集。这就要用到即将介绍的 RecordSet 对象。

本例在连接成功后，用 ASP 对象 Response 向浏览器返回该连接的属性。

Connection 对象有 6 个方法和 6 个属性，分别列于表 B-6 和表 B-7 中。

表 B-6　Connection 对象的方法

方 法 名	描　　　述
Open	打开一个数据源的连接
Close	关闭数据源的连接
Excute	在数据源上执行 1 个命令，返回 1 个结果集
BeginTrans	使数据源开始 1 个新处理
CommitTrans	结束当前处理并保存对数据源的修改
RollbackTrans	结束当前处理并取消对数据源的修改

表 B-7 Connection 对象的常用属性

属 性 名	访问属性	描　述
CommandTimeout	R/W	等待命令执行的时间（默认值 30 秒）
ConnectionString	R/W	若未传递参数给 open 方法，则在 ConnectionString 中置入数据源连接串可达到同样的目的
ConnectionTimeout	R/W	等待连接数据源的时间（默认为 15 秒）
DefaultDatabse	R/W	当未指定数据库名时所连接到的数据库
Provider	R/W	为连接提供数据的提供者
Version	R	ADO 版本号

2. RecordSet 对象

RecordSet 对象是对结果集的封装，其数据结构可认为与表相同。RecordSet（若不为空）中的数据在逻辑上由行和列组成。RecordSet 对象有比较多的属性和方法，将它们分列于表 B-8 和表 B-9 中。

RecordSet 对象还有一个十分有用的对象集合 Fields。Fields 由多个 Field 对象组成，Count 属性是它所包含的 Field 的个数，而 RecordSet 又是由多个 Fields 构成的。每个 Fields 对象对应表中的一个字段。Field 对象的属性如下：

Name：字段名；　　　Value：字段值；　　　　Type：字段类型

表 B-8 RecordSet 对象的常用属性

属 性 名	访问属性	描　述
Absolutepage	R/W	结果集的当前记录位置所在的页号
Absoluteposition	R/W	结果集的当前记录号
ActiveConnection	R/W	当前 Connection 对象
Bof	R	若当前位置在 RecordSet 首部，其值为真，否则为假
Eof	R	若当前位置在 RecordSet 尾部，其值为真，否则为假
Pagecount	R	RecordSet 所包含的页数
Maxrecords	R/W	指定结果集的最多记录数，默认值为 0，表示不限制
Pagesize	R/W	一个页面所包含的记录数
Recordcount	R	RecordSet 中记录数

表 B-9 RecordSet 对象的常用方法

方 法 名	描　述
Addnew	向 RecordSet 中添加新记录
CancelUpdate	在执行 update 方法之前取消对记录的修改
Clone	创建一个当前 RecordSet 的复制
Close	关闭与 RecordSet 的连接
Delete	删除当前记录
GetRows	从 RecordSet 及记录在数组中的位置得到记录号
Move	将当前位置移动到指定记录
MoveFirst	将当前记录移动到第 1 条记录
MoveLast	将当前记录移动到最后 1 条记录
MoveNext	将当前记录移动到下 1 条记录

方 法 名	描　　　述
MovePrevious	将当前记录移动到前 1 条记录
Open	打开与数据源连接的新的 RecordSet 对象
Requery	再执行 1 次查询
Support	判断 RecordSet 是否支持当前的方法或属性
Update	修改当前记录
UpdateBatch	成批修改记录

当建立了一个结果集 rs 后，可用 rs.Fields(0)～rs.Fields(M)分别引用各个列。

【例 B-1】　建立与 edu_d 的连接，返回 stu_info 表的所有记录，在浏览器中以表（Table）形式显示。

```
<!--#include file= " adovbs.inc " -->
<html>
<body>
<%
    Set cn=Server.CreateObject( " ADODB.Connection " )
    cn.Provider= " sqloledb "
    ProStr= " Server=ise-tanghk;Database=edu_d;UID=sa;PWD=; "
    cn.Open ProvStr
    Set rs=cn.Execute( " select * from stu_info " )
    Response.Write   " <center><table> border=1 "
    Response.Write   " <tr bgcolor=#dd8888> "
    FOR i=0 TO rs.Field.Count-1
        Response.Write   " <td> "  & rs.Fields(i).Name &   " </td> "
    NEXT
    Response.Write   " </tr> "
    WHILE Not rs.EOF
        Response.Write   " <tr> "
        FOR i=0 TO rs.Fields.Count-1
         Response.Write   " <td> "  & rs.Fields(i).Value &   " </td> "
        NEXT
        Response.Write   " </tr> "
        rs.MoveNext
WEND
Response.Write   " </table></center> "
rs.Close
cn.Close
%>
</body></html>
```

本例开始的一段代码建立与 SQL Server 及 edu_d 数据库的连接，然后调用 Connection 对象的 Execute 方法建立 RecordSet 对象。Execute 方法的参数是 1 个 T-SQL 语句。该查询执行成功后，返回的结果就形成结果集（本例是 rs）。接着利用 Fields 对象集合的 Count 和 Name 属性显示表头，然后再利用 Fields 对象集合的 Count 和 Value 属性显示表中各行的值。

以 RecordSet 的 End 属性作为循环结束的控制条件，当结果集中记录均处理完后，使用 RecordSet 和 Connection 对象的 Close 方法分别关闭结果集和连接。

例 B-1 使用 cn.Execute 创建 RecordSet 对象，对用这种方法建立的 RecordSet 对象中记录的访问只能向结果集用 MoveNext 逐步向尾部单方向移动，因此使用起来不够灵活。例如，当结果集中的记录数较多而希望分页显示时，这样的结果集就不适用了。创建 RecordSet 对象还有另外一种方法：

```
Set rs=Server.CreateObject( " ADODB.RecordSet " )
rs.Open SQL 语句, Connection 对象, RecorSet 类型, 锁定类型
```

例如，例 B-1 中，可以把语句 Set rs=cn.Execute(" select * from stu_info ")替换为：

```
Set rs=Server.CreateObject( " ADODB.RecordSet " )
rs.Open   " select * from stu_info " ,cn,ADOpenStatic
```

这种方法还有另外一种写法：

```
Set rs=Server.CreateObject( " ADODB.RecordSet " )
rs.ActiveConnection=cn
rs.Open   " select * from stu_info " ,ADOpenStatic
```

RecordSet 对象的 Open 方法有以下 4 个参数。

① SQL 语句：形成结果集的语句。若结果集由表中所有记录构成，则可直接使用表名，这个规则也适用于 Execute 方法。例如：

```
Set rs=cn.Execute( " select * from stu_info " )等价于
Set rs=cn.Execute( " stu_info " )
```

② Connection 对象：到所访问数据源的连接。

③ RecordSet 类型：指定结果集的读/写属性，有以下 4 种值。

• ADOpenForward：只读，只向前，数值为 0。

• ADOpenStatic：只读，当前记录指针可前后移动，数值为 3。

• ADOpendDynamic：读/写，当前记录指针可前后移动，数值为 1。

• ADOpenKeySet 与 ADOpenDynamic 的区别在于：使用 ADOpenKeySet 将无法查看其他用户对数据的更改，而使用 ADOpenDynamic 可查看到其他用户对数据的更改。

④ 锁定类型：指出对结果集中的数据采用的锁定类型，有以下 4 种值。

• adLockreadOnly：只读锁，为默认值，数值为 1。

• adLockPessimistic：悲观锁，数值为 2。

• adLockOptimistic：乐观锁，数值为 3。

• adLockBatchOptimistici：乐观批锁定，数值为 4。

只读锁相当于共享锁，当只对结果集中数据进行读操作时，使用这种锁定类型；悲观锁是当程序要求更改记录集中的某条记录时，阻止其他程序访问该记录；乐观锁是要修改的记录集中的记录写回数据库时才锁定记录；乐观批锁定是在更改数据记录过程中暂不将更改写回数据库，直到调用 UpdateBatch 时才将一批更新了的数据写回数据库，进行锁定。后 3 种锁定类型的锁定时机有差别，越乐观的锁定类型程序执行效率越高，但产生数据更新错误的可能性也越大。

　　另外，还要注意记录集的锁定与 Application 对象的 Lock 操作进行相比。Application 对象的 Lock 操作锁定的单位是程序，即当一个程序执行了该操作后，其他的程序只能等待它对数据更新后才能执行数据访问操作。

　　IIS 通常把包括 RecordSet 类型、锁定类型的定义值等。ADO 相关常数的定义存放在 adovbs.inc 中，所以在程序开始处用下列语句将该文件包含进来：

```
<!—#include file= " adovbs.inc " —>
```

　　若要引用包含在其他 ASP 文件中的函数或过程，也可用 include 语句将该 ASP 文件包含进来。

　　使用 RecordSet 对象可进行数据增加、删除和修改等操作。下面介绍进行这些操作的方法及引用字段数据的方法。

　　① 引用字段数据的方法

　　方法一：rs.Fields(i).Value

　　这种格式在前面的例子中已经用过，表示引用第 i 个字段的数据，可简化为 rs(i)。

　　方法二：rs.Fields(字段名).Value

　　例如：

```
rs.Fields( " xh " ).Value,rs.Fields( " xm " ).Value
```

　　这种格式可读性比第一种方法好，不用记住表中各列的顺序。这种格式有两种形式：rs.Fields("字段名")，如 rs.Fields("xh")；rs("字段名")，如 rs("xm")。

　　要注意，无论哪种格式，所表示的都是当前记录的某个字段。

　　② 数据增加

　　首先用 AddNew 要求增加 1 个记录，然后逐个字段设置值，最后用 Update 将数据加入数据库。例如，向 stu_info 数据库增加 1 个记录：

```
rs.AddNew
rs( " xh " )= " 101116 "
rs( " xm " )= " 王小明 "
rs( " bh " )= " 计 2k44 "
rs( " xbm " )=  " 男 "
rs( " csrq " )=  " 19780131 "
rs.Update
```

　　③ 数据修改

　　修改结果集中的数据，首先要用 MoveNext 等移动记录指针的方法将记录指针移动到要修改的记录位置，然后直接设置字段的新值，最后调用 Update 方法将修改了的数据写入数据库。例如，下列语句将当前记录的班级改为"计 2k43"：

```
rs( " xbm " )=  " 计 2k43 "
rs.Update
```

　　数据修改和数据增加操作都可以用 CancelUpdate 方法取消。

　　④ 数据删除

　　使用 RecordSet 对象的 Delete 方法可将结果集中的当前记录删除。例如：

```
rs.Delete
```

将删除 rs 中的当前记录。

⑤ 数据分页显示

当结果集中的记录数比较多时，采用分页显示的方式可使结果显示结构清晰，并能使用户有选择地查看信息。

实现分页显示，经常使用的方式是限定每页中所显示的记录数，并提供"上一页"、"下一页"、"第一页"、"最后一页"及允许用户直接输入页号的输入框，这样用户就可以逐页查看信息或直接查找所需要的信息了，下面的例子说明如何实现数据的分页显示。

【例 B-2】 建立与数据库 edu_d 的连接，返回 stu_info 表的所有记录，在浏览器中以表格的形式进行分页显示。

本例设计了两个 ASP 文件。showpage.asp 文件显示结果集中的一页。文件 page.asp 建立与数据库的连接，执行对表 stu_info 的查询，得到结果集 rs，然后对 rs 调用 showpage 过程分页显示。因此在文件 page.asp 中要调用文件 showpage.asp 中的过程，因此 page.asp 的开始处用语句<!--#include file= " showpage.asp " -->将该文件包含进来。

程序如下：

```
    Page.asp
<!--#include file= " adovbs.inc " -->
<!--#include file= " showpage.asp " -->
<%
Set cn=Server.CreateObject( " ADODB.Connection " )
cn.Provider= " sqloledb "
Provstr= " Server=ise-tanghk;Database=edu_d;UID=lo;PWD=1123; "
cn.Open Provstr
Set rs=Server.CreateObject( " ADODB.RecordSet " )
rs.Open  " select * from stu_info " ,cn,adOpenStatic
%>
<html>
<head><title>分页浏览数据库</title></head>
<body>
<h2 align= " center " >学生信息表</h2><hr>
<%
rs.Pagesize=8
page=CLng(Request( " pagetext " ))
IF page<1 THEN page=1
IF page>rs.PageCount THEN page=rs.PageCount
showpage rs,page
%><br><br><br>
<div align=center>
<from action= " page.asp "  method= " get " >
<%
IF page<>1 THEN
    Response.Write  " <a href=page.asp?pagetext=1>第一页</a> "
```

```
    Response.Write   " <a href=page.asp?pagetext= "  & (page-1) &  " >上一页</a> "
  END IF
  IF page<>rs.PageCount THEN
    Response.Write   " <a href=page.asp?pagetext= "  &  (page+1) &  " >下一页</a> "
  Response.Write   " <a href=page.asp?pagetext= "  &  rs.PageCount &  " >最后一页</a> "
  END IF
  %>
  <p>输入页号：<input type=text name= " pagetext "  size=3>
      总页数：<font color= " red " ><%=page%>/<%=rs.pagecount%></font></p>
  </form><div>
  </body></html>
  showpage.asp:
  <%
  sub showpage(rs,page)
   Response.Write   " <center><table border=1> "
     Response.Write   " <tr bgcolor=#dd2222> "
     FOR i=0 TO rs.Fields.Count-1
        Response.Write   " <td> "  & rs.Fields(i).Name & " </td> "
     NEXT
     Response.Write   " </tr> "
     rs.AbsolutePage=page
  FOR i=1 TO rs.PageSize
       Response.Write   " <tr> "
       FOR j=0 TO rs.Fields.Count-1
       Response.Write   " <td> "  & rs.Fields(j).Value &   " </td> "
     NEXT
     Response.Write   " <tr> "
     rs.MoveNext
     IF rs.EOF THEN EXIT FOR
  NEXT
     Response.Write   " </table></center> "
  End sub
  %>
```

3. 结合 Session 对象

通过以上的例子，我们已经了解了如何在一页中建立与数据库的连接和执行一个简单的 SQL 查询，以及对查询结果进行分页显示。但上面的例子中还存在一点不足，即每次查看一页时都要重新建立与数据库的连接，打开数据库并创建 RecordSet 对象，而这样频繁地访问服务器会很浪费资源。若能够将所建立的数据库连接和 RecordSet 对象保存下来，那么浏览新的一页时，就不必重新建立连接和创建 RecordSet 对象了，这样就可以大大减少不必要的连接断开和再连接的开销。在程序中结合 Session 对象就可以做到这一点。

前面已经提到，ASP 对象模型中的两个对象 Application 和 Session 是被多个 Web 页面共享的。Application 对象被所有的 Web 用户共享，而 Session 是被一个 Web 用户的所有页面共享的，因此 Session 对象可以在一个 Web 用户的多个页面之间共用信息。利用这个特性，将当前用户的 cn 和 rs 对象保存在 Session 对象中，当其访问下一页面时，再将 cn 和 rs 对象还原出来。

对前面的例子进行修改，将 page.asp 文件开始处与数据库建立连接及创建 RecordSet 对象的语句更换为下列语句：

```
<%
Session.Timeout=60
IF Not IsObject(Session( " edu_d_cn " )) THEN
    Set cn=Server.CreateObject( " ADODB.Connection " )
    cn.Provider= " sqloledb "
    Provstr= " Server=ise-tanghk;Dastabase=edu_d;UID=lo;PWD=1123; "
    cn.Open Provstr
    Set Session( " edu_d_cn " )=cn
ELSE
    Set cn=Session( " edu_d_cn " )
END IF
IF Not IsObject( " Session( " edu_d_rs " )) THEN
    Set rs=Server.CreateObject( " ADODB.RecordSet " )
    rs.Open   " select * from XS " ,cn,adOpenStatic
    Set Session( " edu_d_rs " )=rs
ELSE
    Set rs=Session( " edu_d_rs " )
END IF
%>
```

在以上程序段中，用 IsObecjt()系统函数判断 Session(" edu_d_cn ")对象是否存在。Session(" edu_d_cn ")是被保存的数据库连接名，若该对象不存在（即这是第一次连接数据库），则建立与数据库的连接，否则从 Session(" edu_d_cn ")恢复出连接名赋予 cn。对 rs 的处理与 cn 对象完全相同。

用 Session 对象保存值时，若被保存的是对象（如 cn，rs 等），采用如下格式：

　　　Set Session(" 标识符 ")=被保存的对象名

其中，标识符是被保存对象在 Session 对象中的保存名，恢复被保存对象的语法格式为：

　　　Set 被保存对象名=Session(" 字符串 ")

若被保存的是变量，则采用如下格式：Session(" 变量名 ")=被保存的变量名

例如，若上例中要保存变量 page 的值，则可以使用以下语句：

　　　Session(" page_save ")= page

用以下语句可以恢复 page 的值：

　　　page=Session(" page_save ")

4. Command 对象

Command 对象也是 ADO 的一个重要对象，它的主要功能是让服务器执行 SQL 命令或

在服务器端的存储过程。若不使用 Command 对象，如何使服务器执行 SQL 命令呢？可采用 Connection 对象的 Execute 方法。此外，还可以利用 RecordSet 对象的 Open 方法。但无论是 Connection 的 Execute 方法还是 RecordSet 的 Open 方法，都只适合于命令被执行一次的情形。若要多次执行某些命令，使用以上方法将会降低系统的效率，此时可使用 Command 对象。

　　一个 Command 对象代表一个 SQL 命令，或一个存储过程，或其他数据源可以处理的命令。Command 对象包含了命令文本及指定查询和存储过程调用的参数。Command 是封装数据源执行的某些命令的方法。使用 Command 对象可以将预定义的命令及参数封装，可开发出高性能的数据库应用程序。Command 对象的属性和方法分别列于表 B-10 和表 B-11 中。

表 B-10　Command 对象的属性

属 性 名	访问属性	描　　述
ActiveConnection	R/W	当前 Connection 对象
CommandText	R/W	命令串
CommandTimeout	R/W	等待命令执行的时间，默认为 30 秒
CommandType	R/W	命令的类型
Prepared	R/W	指示在执行命令前是否创建准备语句

表 B-11　Command 对象的方法

方 法 名	描　　述
CreateParameter	创建一个新的 Parameter 对象
Execute	执行指定的命令或存储过程

命令类型的设置值可以是：
- adCmdText(值为 1)，其中命令是一个查询或数据定义语句；
- adCmdTable(值为 2)，其中命令是一个表名；
- adCmdStoredProc(值为 4)，其中命令是一个服务器存储过程的引用；
- adCmdUnknow(值为 8)，其中命令是一个未知的命令。

例如，以下程序代码可使服务器执行 SQL 命令：

```
Set cmd=Server.CreateObject( " ADODB.Command " )
Set cmd.ActiveConnection=cn
Sql= " select * from stu_info where bh='计 2k44' "
cmd.CommandText=sql
Set rs=cmd.Execute
```

　　可见，利用 Command 对象使服务器执行 SQL 命令时，先要创建 Command 对象，然后设置 Command 对象的 ActiveConnection 和 CommandText 属性值，最后才引用 Execute 方法对服务器执行设定的 SQL 语句。

　　Command 对象的主要用途是执行存储过程。SQL Server 的存储过程可分为带参数和不带参数两种，对于不带参数的存储过程，使用 Command 对象和 Connection 对象都可以对服务器执行。以下例子说明了执行不带参数的存储过程的方法。

　　【例 B-3】　建立与数据库 edu_d 的连接，执行该数据库的存储过程 disp_comp，该存储过程查询 stu_info 表中政治面貌为 " 共青团员 " 的学生信息。其定义如下：

```
create procedure disp_comp
as
select *
    from stu_info
    where zzzmmm='共青团员'
go
```
'并确保连接用户有权执行该存储过程。
```
<%
Set cn=Server.CreateObject( " ADODB.Connection " )
cn.provider= " sqloledb "
provstr= " Server=ise-tanghk;Database=edu_d,UID=sa;PWD=; "
cn.Open provstr
Set cmd=Server.CreateObject( " ADODB.Command " )
Set cmdActiveConnection=cn
cmd.CommandText= " disp_comp "
Set rs=cmd.Execute
%>
<html><head><title>执行存储过程</title></head>
<body><h2 align= " center " >学生信息表</h2>
<%
Response.Write    " <center><table border=1> "
Response.Write    " <tr bgcolor=#dd2222> "
for i=0 to rs.Fields.Count-1
    Response.Write    " <td> "    & rs.Fields(i).Name &    " </td> "
next
Resposnse.Write    " </tr> "
while not rs.EOF
    Response.Write    " <tr> "
    for i=0 to rs.Fields.count-1
     Response.Write    " <td> "    & rs(i) &    " </td> "
    next
    Response.Write    " </tr> "
    rs.MoveNext
Wend
Response.Write    " </table></center> "
rs.Close
cn.Close
%>
</body></html>
```

图 B-4　使用 Command 对象
执行存储过程所得结果集

本例首先建立与数据库的连接，然后通过
Command 对象使服务器执行 edu_d 数据存储过程
disp_comp，得到结果集，最后以 html 表格形式输出
结果集中的各行记录，执行结果如图 B-4 所示。

对于不带参数的存储过程，也可以用 Connection
对象的 Excute 方法执行，如例 B-3 中服务器执行存储
过程 disp_comp，也可用如下的语句：

```
Set rs=cn.Execute( " disp_comp " )
```

而对于带参数的存储过程，则只能通过 Command 对象来执行。以下例子给出了用 Command 对象执行带参数的存储过程。

【例 B-4】通过表单接收用户输入的学生学号和班级，在 stu_info 表中查询该学生的姓名、出生时间和籍贯并输出。

设已在 edu_d 数据库上创建了 1 个有两个输入参数，名为 query_spec 的存储过程，该存储过程的定义如下：

```
CREATE PROCEDURE query_mark
{
  @num int,
    @spec char(20)
}
AS
SELECT xm,csrq,jg
FROM stu_inf
WHERE xh=@num AND bh=@spec
GO
```

　　　　执行存储过程 query_spec 并显示结果的源文件(文件名为 sp3.asp)如下：

```
<!--#include file= " adovbs.inc " -->
<%
number=Request( " number " )
speciality=Request( " speciality " )
%>
<html><head><title>执行带参数的存储过程</titlt></head>
<body>
<h2 align= " center " ><font face= " 隶书 "　color=darkred>你所查询的学生的信息</font></h2>
<hr><div align=center>
<form action= " sp3.asp "　method=get>
学号：<input type=text name= " number "　value= " <%number%> "　size=8><br><br>
班级：<input type=text name= " speciality "　value= " <%speciality%> "　size=20><br><br>
<input type=submit value= " 查询 " >    
<input type=reset value= " 重输 " >
</font></div>
<%
if number<> " "　then
    Set cn=Server.CreateObject( " ADODB.Connection " )
    cn.provider= " sqloledb "
provstr= " Server=ise-tanghk;Database=edu_d;UID=lo;pwd=1123; "
    cn.Open provstr
    Set cmd=Server.CreateObject( " ADODB.Command " )
Set para0=Server.CreateObject( " ADODB.Parameter " )
Set para1=Server.CreateObject( " ADODB.Parameter " )
```

```
Set cmd.ActiveConnection=cn
cmd.CommandType=adCmdStoredProc
cmd.CommandText=" query_spec
para0.Direction=adParamInput
para0.Type=adInteger
para0.Size=4
cmd.Parameters.Append para0
para1.Direction=adParaminput
para1.Type=adChar
para1.Size=20
cmd.Parameters.Append para1
 cmd.Parameters(0).Value=number
cmd.Parameters(1).Value=speciality
Set rs=cmd.Execute
i=0
Do While Not rs.Eof
    Response.Write  " 姓名： "  & rs( " xm " ) & <br><br>
Response.Write  " 出生时间： "  & rs( " csrq " ) & <br><br>
Response.Write  " 籍贯： "  & rs( " jg " )
    i=i+1
    rs.MoveNext
    Loop
Response.Write  " <br><br>共有 "  & i &  " 条符合条件的记录 "
    rs.Close
    cn.Close
Else
    Response.Write  " <h4 align=center>请输入要查询的条件</h4>
End if
%>
</body></html>
```

本例首先设计了 1 个包含两个文本框的表单，用户在文本框中输入学号和专业名，然后建立和数据库的连接，使用 Command 对象执行带参数的存储过程。

从本例可看出，执行带参数的存储过程的方法如下：

① 创建 Command 对象和各参数对象；

② 分别设置 Command 对象的 ActiveConnection,CommandType 和 CommandText 对象的属性值；

③ 设置各参数对象的属性值；

④ 用 Command 对象的 Append 方法将各参数对象加入到其参数表中；

⑤ 为 Command 对象的 Value 属性赋值；

⑥ 用 Command 对象的 Execute 方法执行存储过程。

本例的运行结果分别如图 B-5 和图 B-6 所示。本例使用了另一个 ADO 对象——Parameter 对象。一个 Parameter 对象对应一个过程或函数的参数，其主要属性列于表 B-12 中。

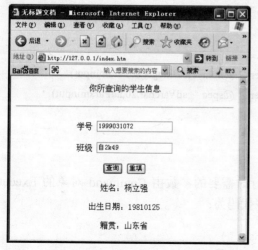

图 B-5　执行带参数存储过程——输入参数合法

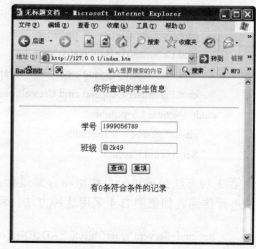

图 B-6　执行带参数存储过程——输入参数非法

ADO 中参数数据类型的标识符及值的定义列于表 B-13 中。

表 B-12　Parameter 对象的主要属性

属 性 名	描 述
Direction	输入、输出或输入/输出
Name	参数名
Size	参数的最大长度
Type	参数的数据类型
Value	参数的值

表 B-13　ADO 中参数数据类型的标识符和值的定义

数据类型	描 述
变长字符	Advarchar(200)
字符	Adchar(129)
备注	Adlongvarchar(201)
字节	Adunsignedtimyint(17)
整数	Adsmallint(2)
长整数	Adinteger(3)
单精度数	Adsingle(4)
双精度	Addouble(5)
货币	Adcurrency(6)
布尔	Adboolean(11)
日期	Addate(7)
日期时间	Addbtimestamp(135)
图片或对象	Advarbinary(204)

Command 对象用 Parameters 对象数组来存放各参数对象。要说明的是，Command 对象 CreateParameter 方法建立 1 个参数对象，并不把该参数增加到 Command 对象中，所以在参数对象创建后，要用 Append 方法将所创建的参数对象加到 Command 对象的 Parameters 集合中。

除了例 B-4 中所使用的指定参数的方法外，还有一些其他的方法指定参数。以下给出了其中的两种。第 1 种方法是使用如下的格式的语句为有名参数赋值：

    cmd("参数名")=参数值

例 B-4 若采用这种方法指定参数，程序代码为：

```
Set cmd=Server.CreateObject("ADODB.Command")
```

```
            Set cmd.ActiveConnection=cn
            cmd.CommandType=adCmdStoredProc
            cmd.CommandText= " query_spec "
            cmd.Parameters.Append cmd.CreateParameter( " @num " ,adInteger,adParaminput)
            cmd.Parameters.Append cmd.CreateParameter( " @spec " ,adVarchar,20,adParaminput)
        cmd( " @num " )=number
            cmd( " @spec " )=speciality
            Set rs=cmd.Execute
```

第 2 种方法是通过一个数组将存储过程执行时需要的参数由 Command 对象的 Execute
方法进行传递。如果例 B-4 采用这种方法，程序代码为：

```
        Set cmd=Server.CreateObject( " ADODB.Command " )
        Set cmd.ActiveConnection=cn
        cmd.CommandType=adCmdStoredProc
        cmd.CommandText= " query_spec "
        dim param(1)
        param(0)=Cint(number
        param(1)=Cstr(speciality)
        Set rs=cmd.Execute(param)
```

B.4　通过 ODBC 访问数据库

前面介绍的访问数据库使用的是 OLEDB，若使用 ODBC 数据源，则要先在系统中进行
数据源名称（Data Source Name）的设置，然后以 DSN 来启动数据库。实际上，系统 DSN
是与 ODBC 驱动程序及相应的数据库进行关联的。用户在程序中只要使用 DSN 名称，系统
便会找到对应的 ODBC 驱动程序和数据库，从而简化了程序设计的工作。SQL Server 的
ODBC 参数需设置的包括：Driver、Server、Database、UID 及 PWD 参数。

- Driver：SQL Server 的 ODBC 驱动程序。
- Server：SQL Server 服务器名。
- Database：SQL Server 上的数据库名。
- Uid 和 pwd：分别是用户名和密码。

下面通过一个例子说明进行 DSN 的设置及在 ASP 程序中如何使用 ODBC 数据源。

【例 B-5】　使用 ODBC 驱动程序访问数据库 edu_d，输出 stu_info 中"计 2k27"班的所
有学生信息。

先创建与 edu_d 数据库相关联的 ODBC 数据源，名为 stu。创建成功后，在 ODBC 数据
源管理器中的显示如图 B-7 所示。

创建了与数据库 edu_d 相关联的 ODBC 数据源后，就着手编写通过该数据源访问数据
库的 ASP 程序。该程序首先通过 stu 建立与数据库服务器的连接，然后通过该连接传送 SQL
语句，执行对 xs 表的查询，返回结果集，再对结果集进行输出处理。

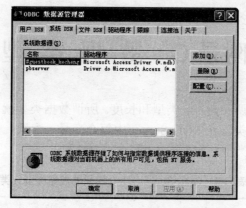

图 B-7　ODBC 数据源的创建

程序如下：

```
<html>
<%
Set cn=Server.CreateObject( " ADODB.Connection " )
cn.open  " DSN=stu;UID=lo;PWD=1123; "
Set rs=cn.Execute( " select * from xs here bh='计 2k27' " )
Response.Write  " <center><table border=1> "
Response.Write  " <tr bgcolor=#dd8888> "
For i=0 to rs.Fields.Count−1
    Response.Write  " <td> "  & rs.Fields(i).Name
Next
Response.Write  " </tr> "
while Not rs.Eof
    Response.Write  " <tr> "
    For i=0 to rs.Fields.Count−1
     Response.Write  " <td> "  & rs(i) &  " </td> "
    Next
    Response.Write  " </tr> "
    rs.MoveNext
Wend
Response.Write  " </table></center> "
rs.Close
cn.Close
%>
</body></html>
```

附录 C　数据类型

在计算机中的数据有两种特征：类型和长度。所谓数据类型就是以数据的表现方式和存储方式来划分的数据的种类。在 SQL Server 中每个变量、参数、表达式等都有数据类型。系统提供了若干类的数据类型，如表 C-1 所示。

表 C-1　SQL Server 2000 提供的数据类型分类

分　类	数　据　类　型
整数数据类型	INTEGER、SMALLINT、TINYINT、BIGINT
浮点数据类型	REAL、FLOAT、DECIMAL、NUMERIC
二进制数据类型	BINARY、VARBINARY
逻辑数据类型	BIT
字符数据类型	CHAR、NCHAR、VARCHAR、NVARCHAR
文本和图形数据类型	TEXT、NTEXT、IMAGE
日期和时间数据类型	DATETIME、SMALLDATETIME
货币数据类型	MONEY、SMALLMONEY
特定数据类型	TIMESTAMP、UNIQUEIDENTIFIER
用户自定义数据类型	SYSNAME
新数据类型	SQL_VARIANT、TABLE

其中，BIGINT、SQL_VARIANT 和 TABLE 是 SQL Server 2000 中新增加的 3 种数据类型。下面分类讲述各种数据类型。

C.1　整数数据类型

整数数据类型是最常用的数据类型之一，用于存储精确的非向量值，包括 3 种类型：INT（或 INTEGER）、SMALLINT 和 TINYINT，其区别在于所存储的数值范围不同。整数类型用于存储所有数字，用户可以对整数直接进行算术运算而不使用函数。在每种整数类型允许的取值范围内，不管多大的数字，其存储的空间的大小总是一样的。

1. INT（INTEGER）

长整型 INT（或 INTEGER）是 3 种整数类型中的第 1 种，可以存储从 $-2^{31} \sim 2^{31}-1$ 的所有正负整数，大约有 43 亿个数，这个范围是 $-2\,147\,483\,648 \sim 2\,147\,483\,647$。每个 INT 类型的值按 4 个字节（共 32 位）存储，其中的 31 位用于表明数的长度和大小，另有 1 位表示符号（正或负）。

2. SMALLINT

短整型 SMALLINT 是第 2 种整数类型，可以存储从 $-2^{15} \sim 2^{15}-1$ 的所有正负整数，共 65536 个数，即 $-32768 \sim 32767$。SMALLINT 类型的存储空间只有 INT 类型的一半，即两个字节（共 16 位），其中的 15 位用来表示数的长度和大小，1 位表示符号（正或负）。

3. TINYINT

微整型 TINYINT 是第 3 种整数类型，可以存储从 $0\sim2^8-1$ 的所有正整数，共 256 个数，即 $0\sim255$。TINYINT 类型的存储空间只有 INT 类型的 1/4，即——1 个字节（共 8 位）。用于数据范围不大且只需正整数的情况，如成绩等。

4. BIGINT

BIGINT 数据类型存储为 -2^{63}（$-9\,223\,372\,036\,854\,775\,807$）$\sim2^{63}-1$（$9\,223\,372\,036\,854\,775\,807$）的所有正负整数。每个 BIGINT 类型的数据占用 8 个字节的存储空间。

C.2　浮点数据类型

浮点数据类型用于存储十进制小数。浮点数值的数据在 SQL Server 中采用上舍入（Round up 或称为只入不舍）方式进行存储。所谓上舍入是指，当（且仅当）要舍入的数是一个非零数时，对其保留数字部分的最低有效位上的数值加 1，并进行必要的进位。若一个数是上舍入数，其绝对值不会减少。例如，对 3.141 592 653 589 79 分别进行 2 位和 12 位舍入时，结果为 3.15 和 3.141 592 653 590。

1. REAL 数据类型

REAL 数据类型可精确到第 7 位小数，其范围为 $-3.40^{-38}\sim3.40^{38}$。每个 REAL 类型的数据占用 4 个字节的存储空间。

2. FLOAT

FLOAT 数据类型可精确到第 15 位小数，其范围为从 $-1.79^{-308}\sim1.79^{308}$。每个 FLOAT 类型的数据占用 8 个字节的存储空间。FLOAT 数据类型可写为 FLOAT[n]的形式。n 指定 FLOAT 数据的精度。n 为 1$\sim$15 之间的整数值。当 n 取 1$\sim$7 时，实际上是定义了一个 REAL 类型的数据，系统用 4 个字节存储它；当 n 取 8$\sim$15 时，系统认为其是 FLOAT 类型，用 8 个字节存储它。

3. DECIMAL

DECIMAL 数据类型可以提供小数所需要的实际存储空间，但也有一定的限制，可以用 2$\sim$17 个字节来存储为 $-10^{38}-1\sim10^{38}-1$ 的数值。可将其写为 DECIMAL[(p[,s])]的形式，p 和 s 确定了精确的比例和数位。其中 p 表示可供存储的值的总位数（不包括小数点），默认值为 18；s 表示小数点后的位数，默认值为 0。如 decimal（15,5），表示共有 15 位数，其中整数 10 位，小数 5 位。

4. NUMERIC

NUMERIC 数据类型与 DECIMAL 数据类型完全相同。

注意：SQL Server 为了和前端的开发工具配合，其所支持的数据精度默认最大为 28 位。但可以通过使用命令来执行 sqlserver.exe 程序以启动 SQL Server，可改变默认精度。命令语法如下：SQLSERVR[/D master_device_path][/P precisim_leve1]。

C.3　二进制数据类型

1. BINARY

BINARY 数据类型用于存储二进制数据，其定义形式为 BINARY（n），n 表示数据的长度，取值为 1～8000。在使用时必须指定 BINARY 类型数据的大小，至少应为 1 个字节。BINARY 类型数据占用 n+4 个字节的存储空间。在输入数据时必须在数据前加上字符"0X"作为二进制标识，例如，要输入"abc"则应输入"0xabc"。若输入的数据过长将会截掉其超出部分。若输入的数据位数为奇数，则会在起始符号"0x"后添加一个 0，如上述的"0xabc"会被系统自动变为"0x0abc"。

2. VARBINARY

VARBINARY 数据类型的定义形式为 VARBINARY（n）。它与 BINARY 类型相似，n 的取值也为 1～8000，若输入的数据过长，将会截掉其超出部分。不同的是 VARBINARY 数据类型具有变动长度的特性，因为 VARBINARY 数据类型的存储长度为实际数值长度+4 个字节。当 BINARY 数据类型允许 NULL 值时，将被视为 VARBINARY 数据类型。

一般情况下，由于 BINARY 数据类型长度固定，因此它比 VARBINARY 类型的处理速度快。

C.4　逻辑数据类型

BIT 数据类型占用 1 个字节的存储空间，其值为 0 或 1。如果输入 0 或 1 以外的值，将被视为 1。BIT 类型不能定义为 NULL 值（所谓 NULL 值是指空值或无意义的值）。

C.5　字符数据类型

字符数据类型是使用最多的数据类型。它可以用来存储各种字母、数字符号、特殊符号。一般情况下，使用字符类型数据时须在其前后加上单引号或双引号。

1. CHAR

CHAR 数据类型的定义形式为 CHAR[(n)]。以 CHAR 类型存储的每个字符和符号占一个字节的存储空间。n 表示所有字符所占的存储空间，n 的取值为 1～8000，即可容纳 8000 个 ANSI 字符。若不指定 n 值，则系统默认值为 1。若输入数据的字符数小于 n，则系统自动在其后添加空格来填满设定好的空间。若输入的数据过长，将会截掉其超出部分。

2. NCHAR

NCHAR 数据类型的定义形式为 NCHAR[(n)]。它与 CHAR 类型相似。不同的是 NCHAR 数据类型 n 的取值为 1～4000。因为 NCHAR 类型采用 UNICODE 标准字符集（CharacterSet），UNICODE 标准规定每个字符占用两个字节的存储空间，所以它比非 UNICODE 标准的数据类型多占用 1 倍的存储空间。使用 UNICODE 标准的好处是因其使用 2 个字节做存储单位，每个存储单位的容纳量就大大增加了，可以将全世界的语言文字都囊括在内，在一个数据列中就可以同时出现中文、英文、法文、德文等，而不会出现编码冲突。

3. VARCHAR

VARCHAR 数据类型的定义形式为 VARCHAR[(n)]。它与 CHAR 类型相似，n 的取值也为 1～8000，若输入的数据过长，将会截掉其超出部分。不同的是，VARCHAR 数据类型具有变动长度的特性，因为 VARCHAR 数据类型的存储长度为实际数值长度，若输入数据的字符数小于 n，则系统不会在其后添加空格来填满设定好的空间。

　　一般情况下，由于 CHAR 数据类型长度固定，因此它比 VARCHAR 类型的处理速度快。

4．NVARCHAR

NVARCHAR 数据类型的定义形式为 NVARCHAR[[(n)]。它与 VARCHAR 类型相似。不同的是，NVARCHAR 数据类型采用 UNICODE 标准字符集（Character Set），n 的取值为 1～4000。

C.6　文本和图形数据类型

这类数据类型用于存储大量的字符或二进制数据。

1．TEXT

TEXT 数据类型用于存储大量文本数据，其容量理论上为 $1～2^{31}-1$（2 147 483 647）个字节，在实际应用时需要视硬盘的存储空间而定。

在 SQL Server 2000 之前的版本中，数据库中一个 TEXT 对象存储的实际上是一个指针，它指向一个以 8KB（8192 个字节）为单位的数据页（Data Page）。这些数据页是动态增加并被逻辑链接起来的。在 SQL Server 2000 中，则将 TEXT 和 IMAGE 类型的数据直接存放到表的数据行中，而不是存放到不同的数据页中。这就减少了用于存储 TEXT 和 IMAGE 类型的空间，并相应减少了磁盘处理这类数据的 I/O 数量。

2．NTEXT

NTEXT 数据类型与 TEXT 类型相似，不同的是 NTEXT 类型采用 UNICODE 标准字符集(Character Set)，因此其理论容量为 $2^{30}-1$(1 073 741 823)个字节。

3．IMAGE

IMAGE 数据类型用于存储大量的二进制数据 Binary Data。其理论容量为 $2^{31}-1$（2 147 483 647）个字节，存储数据的模式与 TEXT 数据类型相同。通常用来存储图形等 OLE（Object Linking and Embedding，对象连接和嵌入）对象。在输入数据时同 BINARY 数据类型一样，必须在数据前加上字符"0x"作为二进制标识。

C.7　日期和时间数据类型

DATETIME 和 SMALLDATETIME 类型用来存储日期和时间。用时间数据类型来存储时间和日期比用 CHAR 或 VARCHAR 类型方便得多。如果用户用时间数据类型存储数据，显示数据时 SQL Server 会自动采用人们所熟悉的方式。另外，还可用特别的日期时间功能来使用这些数据。

1．DATETIME 类型

第 1 种时间类型是 DATETIME，可存储从公元 1753 年 1 月 1 日到公元 9999 年 12 月 31 日之间的时间和日期。

DATETIME 类型占用 8 个字节。前 4 个字节存储 1900 年 1 月 1 日以前或以后的天数，负数表示该日期以前，正数则代表这天以后的日期；后 4 个字节存储子夜 12:00 以后的毫秒数。

DATETIME 值可精确到 1/300 秒（3.333 毫秒），以下的值将被忽略。例如，1 毫秒、2 毫秒或 3 毫秒都被视为 0 毫秒，4 毫秒、5 毫秒或 6 毫秒被视为 3 毫秒。

当用户在 DATETIME 中存储值时，默认的显示形式是 MM DD YYYY hh:mm AM/PM。在输入 DATETIME 值时，用户可以使用大写或小写的字符来存储日期，在月、日、年之间使用一个或多个空格，当输入不带日期的时间时，日期的默认值为 1900 年 1 月 1 日。如果用户输入一个没有时间的日期，则时间默认为 12:00AM。如果二者都省略，默认值为 1900 年 1 月 1 日 12:00AM。

如果用户省略了年份中表示世纪的两位，后两位小于 50，则被视为 21 世纪（即前两位为 20），大于或等于 50 则视为 20 世纪（即前两位为 19）。如果用户要存入的年份与默认值不同，用户就必须指明世纪（输入完整的年份，即 4 位数的年份）。

DATETIME 值的数字格式允许把斜杠（/）、连字符（-）和小数点（.）用作不同日期单元的分隔符。

2．SMALLDATETIME 类型

SMALLDATETIME 是用于定义存储结构，是表列的第 2 种日期和时间数据类型。用 SMALLDATETIME 数据类型可以存储从公元 1900 年 1 月 1 日到公元 2079 年 6 月 6 日之间的日期和时间。

一个 SMALLDATETIME 数据类型值的总存储空间是 4 个字节。SQL Server 使用 2 个字节存储从基础日期 1900 年 1 月 1 日以来的天数，另外 2 个字节存储用午夜以后的秒数表示的时间。SMALLDATETIME 数据类型的精度为 1 秒。可以使用 SMALLDATETIME 来存储在有限范围内的和 DATETIME 相比精度更低的值。

3．DATETIME

DATETIME 数据类型用于存储日期和时间的结合体。它可以存储从公元 1753 年 1 月 1 日零时起到公元 9999 年 12 月 31 日 23 时 59 分 59 秒之间的所有日期和时间，其精确度可达 1/300 秒，即 3.33 毫秒。DATETIME 数据类型所占用的存储空间为 8 个字节。其中，前 4 个字节用于存储 1900 年 1 月 1 日以前或以后的天数，数值分正负，正数表示在此日期之后的日期，负数表示在此日期之前的日期。后 4 个字节用于存储从此日零时起所指定的时间经过的毫秒数。如果在输入数据时省略了时间部分，则系统将 12:00:00:000AM 作为时间默认值；如果省略了日期部分，则系统将 1900 年 1 月 1 日作为日期默认值。

4．SMALLDATETIME

SMALLDATETIME 数据类型与 DATETIME 数据类型相似，但其日期时间范围较小，为从 1900 年 1 月 1 日到 2079 年 6 月 6 日，精度较低，只能精确到分钟，其分钟个位上为根据秒数四舍五入的值，即以 30 秒为界四舍五入。例如，DATETIME 时间为 14:38:30.283 时，SMALLDATETIME 认为是 14:39:00。SMALLDATETIME 数据类型使用 4 个字节存储数据，其中，前 2 个字节存储从基础日期 1900 年 1 月 1 日以来的天数，后两个字节存储此日零时起所指定的时间经过的分钟数。

可以使用 SET DATEFORMAT 命令来设定系统默认的日期-时间格式。

C.8　货币数据类型

货币数据类型用于存储货币值。在使用货币数据类型时，应在数据前加上货币符号，系

统才能辨识其为哪国的货币，如果不加货币符号，则默认为"¥"。

1. MONEY

MONEY 数据类型的数据是一个有 4 位小数的 DECIMAL 值，其取值为 -2^{63}（-922 337 203 685 477.580 8）~$2^{63}-1$（+922 337 203 685 477.580 7），数据精度为万分之一货币单位。MONEY 数据类型使用 8 个字节存储。

2. SMALLMONEY

SMALLMONEY 数据类型类似于 MONEY 类型，但其存储的货币值范围比 MONEY 数据类型小，其取值为-214 748.364 8~214 748.364 7，存储空间为 4 个字节。

C.9　特定数据类型

SQL Server 中包含了一些用于数据存储的特殊数据类型。

1. TIMESTAMP

TIMESTAMP 数据类型提供数据库范围内的唯一值，此类型相当于 BINARY8 或 VARBINARY（8），但当它所定义的列在更新或插入数据行时，此列的值会被自动更新，一个计数值将自动地添加到此 TIMESTAMP 数据列中。每个数据库表中只能有一个 TIMESTAMP 数据列。如果建立一个名为 TIMESTAMP 的列，则该列的类型将被自动设为 TIMESTAMP 数据类型。

2. UNIQUEIDENTIFIER

UNIQUEIDENTIFIER 数据类型存储一个 16 位的二进制数字，此数字称为 GUID（Globally Unique Identifier，即全球唯一鉴别号）。此数字由 SQLServer 的 NEWID 函数产生的全球唯一的编码。在全球各地的计算机中，经由此函数产生的数字不会相同。

C.10　用户自定义数据类型

SYSNAME 数据类型是系统提供给用户的，便于用户自定义数据类型。它被定义为 NVARCHAR（128），即它可存储 128 个 UNICODE 字符或 256 个一般字符。

C.11　新数据类型

SQL Server 2000 中增加了 3 种数据类型：BIGINT、SQL_VARIANT 和 TABLE。其中，BIGINT 数据类型已在整数类型中介绍，下面介绍其余两种。

1. SQL_VARIANT

SQL_VARIANT 数据类型可以存储除了文本、图形数据（TEXT、NTEXT、IMAGE）和 TIMESTAMP 类型数据外的其他任何合法的 SQL Server 数据。此数据类型大大方便了 SQL Server 的开发工作。

2. TABLE

TABLE 数据类型用于存储对表或视图处理后的结果集。这一新类型使得变量可以存储一个表，从而使函数或过程返回查询结果更加方便快捷。

附录 D　SQL Server 2000 常用内置函数

D.1　数据转换函数

函 数 名	功 能 描 述
AVG()	计算某列平均值
COUNT()	统计符合查询条件的行数
GROUPING	它产生一个附加的列，当用 CUBE 或 ROLLUP 运算符添加行时，附加的列输出值为 1，当所添加的行不是由 CUBE 或 ROLLUP 产生时，附加列值为 0。仅在与包含 CUBE 或 ROLLUP 运算符的 GROUP BY 子句相联系的选择列表中才允许分组
MAX()	返回某列的最大值
MIN()	返回某列的最小值
SUM()	计算数值表达式中非 NULL 值的总和
CAST(expression AS date_type)	将表达式的值转化为指定的数据类型
CONVERT(data_type[(length)],expression[,style])	将表达式的值转化为指定的数据类型，可以指定长度

D.2　字符串函数

函数及语法格式	功 能
ASCII(char_expr)	返回最左边字符的 ASCII 值
CHAR(integer_expr)	返回 0～255 之间整型值所对应的字符，超出这个范围，则返回 NULL
SOUND(char_expr)	返回字符串一个 4 位代码，用以比较字符的相似性，忽略元音字母
DIFFEREN(char_expr1,char_expr2)	比较两个字符串的 SOUNDEX 值，返回值为 0～4，4 表示最佳匹配
LOWER(char_expr)	将字符串中所有字符变成小写字母
UPPER(char_expr)	将字符串中所有字符变成大写字母
LTRIM(char_expr)	删除字符串最左边的空格
RTRIM(char_expr)	删除字符串最右边的空格
CHARINDEX(expr1,expr2[,start_location])	返回字符串（expr2）中指定表达式（expr1）出现的位置，start_location 为在 expr2 中第一次出现的位置，默认为 0
PATIONDEX(%pattern%,expr)	返回在 expr 中 parrtern 第一次出现的位置，pattern 中可以使用通配符
REPLICATE(char_expr,integer)	将字符表达式重复指定的次数
REVERSE(char_string)	将字符串反序排列
RIGHT(char_expr,integer_expr)	在字符串中从右向左取指定长的子串，不能用于 text 和 image 型数据
SPACE(integer_expr)	返回指定长度的空格串
STR(float_expr[,length[,decimal]])	将数值型数据按指定的长度转换为字符数据
STUFF(char_expr1,start,length,char_expr2)	从 char_expr1 中 start 位置开始删除长度为 length 的子串，并将 char_expr2 插入到 char_expr1 中从 start 开始的位置
SUBSTRING(char_expr1,start,length)	在字符串中从指定的 start 位置开始截取长度为 length 的子串

D.3　算　术　函　数

函数及语法格式	功　　能
ABS(numeric_expr)	绝对值
ACOS(float_expr)	反余弦函数
ASIN(float_expr)	反正弦函数
ATAN(float_expr)	反正切函数
ATAN2(float_expr1,float_expr2)	反正切函数（正切值为 float_expr1/float_expr2 弧度）
COS(float_expr)	弧度值的余弦
SIN(float_expr)	弧度值的正弦
TAN(float_expr)	弧度值的正切
DEGREES(Numeric_expr)	返回与数值表达式相同的角度值，数值表达式为数值型数，但不能为 bit 型数据
RADIANS(Numeric_expr)	返回弧度值，约束条件同 DEGREE
CEILING(Numeric_expr)	大于或等于指定数值的最小整数
FLOOR(Numeric_expr)	小于或等于指定数值的最大整数
EXP(float_expr)	取浮点表达式的指定值
LOG(float_expr)	浮点表达式的自然对数
LOG10(float_expr)	浮点表达式的以 10 为底的对数
POWER(Numeric_expr,y)	数值表达式的 y 次幂，返回值与 numeric_expr 类型相同，y 的数据类型为数值性，不能是 bit 型数据
RAND(integer_expr)	以整型值为种子，返回 0～1 之间的随机浮点数
ROUND(numberic_expr,length[,function])	四舍五入函数，长度为正数时，对小数位进行四舍五入；长度为负数时，对整数部分进行四舍五入。当 function 为非零值时，数据被截断，其默认值为 0
SIGN(numeric_expr)	对给定的数值表达式，返回 1、0、-1，3 个值
SQRT(float_expr)	取浮点表达式的平方根

D.4　文本（text）与图像（image）函数

函数及语法格式	功　　能
TEXTVALID(table.column,text_ptr)	判断给定的文本指针是否有效，返回值为 0 或返回指向存储文本表列的第一页的指针，返回值为 16 位
TEXTPRT(column)	varbinary 数据，此指针用于 UPDATETEXT、WRITETE 和 READTEXT 命令

D.5　日期与时间函数

函数及语法格式	功　　能
DATENAME(datepart,date)	返回日期中指定的部分。Datapart 部分的取值为：year、quarter、month、dayofyear、day、week、weekday、hour、minute、second、millisecond
DATEPART(datepart,date)	对日期中指定的部分返回一个整数值。Datapart 的取值与 DATANAME 相同
GETDATE()	返回系统当前时间

函数及语法格式	功 能
DATEADD(datepart,number,date)	对日期/时间中指定部分增加给定的数量，从而返回一个新的日期值。Datapart 的取值与 DATANAME 相同，只是不包括 Weekday
DATEADD(datepart,startdate,enddate)	返回两个日期/时间之间指定部分的差。Datapart 的取值与 DATANAME 相同，只是不包括 Weekday
DAY(date)	返回指定日期中的天数，与 DATAPART(day,date)功能相同
MONTH(date)	返回指定日期中的月份，与 DATAPART(month,date)功能相同
YEAR(date)	返回指定日期中的年份，与 DATAPART(year,date)功能相同

D.6 系 统 函 数

函数及语法格式	功 能
APP_NAME()	返回当前应用程序的名称
DATABASEPROPERTY(database,property)	返回指定数据库的属性信息
DATALENGTH(expression)	返回表达式的长度（以字节表示）
DB_ID(['database_name'])	返回数据库的 ID
DB_NAME(database_ID)	返回数据库的 ID 返回的数据库名称
HOST_ID()	返回服务器端计算机的 ID 号
HOST_NAME()	返回服务器端计算机的名字
ISNULL(check_expr,replacement_value)	用指定的值来代替空值
NULLIF(expr1,expr2)	当两个表达式相等时返回空值
OBJECT_ID(object_id)	返回数据库对象的 ID
OBJECT_NAME(object_id)	返回数据库对象的名字
SUSER_ID(['login'])	返回登录用户的 ID
SUSER_NAME([server_user_id])	返回登录用户的用户名
TYPEPROPERTY(type,property)	返回数据类型信息
USER_ID(['user'])	用户数据库的用户 ID
USER_NAME([id])	用户数据库的用户名

参 考 文 献

1　萨师煊，王珊．数据库系统概论．第 3 版．北京：高等教育出版社，2000
2　施伯乐，丁宝康，汪卫．数据库系统教程．第 2 版．北京：高等教育出版社，2003
3　李建中，王珊．数据库系统原理．第 2 版．北京：电子工业出版社，2004
4　王行言，汤荷美，黄维通．数据库技术及应用．第 2 版．北京：高等教育出版社，2004
5　岳国英．SQL Server 2000 数据库技术实用教程．北京：中国电力出版社，2005
6　王珊，李盛恩．数据库基础与应用．北京：人民邮电出版社，2002
7　王鹏，董群．数据库技术及其应用．北京：人民邮电出版社，2000
8　王能斌．数据库系统原理．北京：电子工业出版社，2000
9　冯晓君，李莹，蔡炯．数据库与工程应用．北京：化学工业出版社，2002
10　雷景生，靳婷，张志清等．数据库系统及其应用．北京：电子工业出版社，2005
11　刘方鑫，罗昌隆，刘同明．数据库原理与技术．北京：电子工业出版社，2004
12　郑阿奇．SQL Server 实用教程．第 2 版．北京：电子工业出版社，2005
13　李卓玲．数据库系统原理与应用．北京：电子工业出版社，2001
14　陈玉峰．SQL Server 2000 数据库开发教程．北京：科学出版社，2003
15　冯玉才．数据库基础．第 2 版．北京：电子工业出版社，1993
16　俞盘祥，沈金发．数据库系统原理．北京：清华大学出版社，1998
17　王珊，陈红．数据库系统原理教程．北京：清华大学出版社，1998
18　Date C J．数据库系统导论．第 7 版．孟小峰，王珊等．北京：机械工业出版社，2000
19　Ramakrishnan R．数据库系统概论（影印版）．北京：清华大学出版社，2000
20　（美）克里克（Kroenke，D．M）．数据库处理——基础、设计与实现．施伯乐等．
　　第 7 版．北京：电子工业出版社，2001

反侵权盗版声明

电子工业出版社依法对本作品享有专有出版权。任何未经权利人书面许可，复制、销售或通过信息网络传播本作品的行为；歪曲、篡改、剽窃本作品的行为，均违反《中华人民共和国著作权法》，其行为人应承担相应的民事责任和行政责任，构成犯罪的，将被依法追究刑事责任。

为了维护市场秩序，保护权利人的合法权益，我社将依法查处和打击侵权盗版的单位和个人。欢迎社会各界人士积极举报侵权盗版行为，本社将奖励举报有功人员，并保证举报人的信息不被泄露。

举报电话：（010）88254396；（010）88258888

传　　真：（010）88254397

E-mail：　dbqq@phei.com.cn

通信地址：北京市万寿路 173 信箱

　　　　　电子工业出版社总编办公室

邮　　编：100036